# 变形预测模型及其工程应用

陆付民 等 编著

科学出版社

北 京

## 内 容 简 介

本书系统介绍变形预测模型的建立方法。全书分为 8 章，内容包括变形监测与预报的相关理论、回归模型、灰色模型、时间序列分析模型、卡尔曼滤波模型、神经网络模型、小波分析模型、非线性模型。本书凝练了作者 30 余年来从事变形预测模型方面工作的研究成果，同时吸收了目前变形预测模型研究方面的最新成果，具有较强的系统性。本书注重理论联系实际，将相关模型结合起来建立相应的综合预测模型。书中附有大量的计算实例，便于读者理解和应用。

本书可供测绘工程、土木工程、水利水电工程、岩土工程、地质工程等专业的工程技术人员使用，也可作为高等院校相关专业的研究生或高年级本科生的参考用书。

**图书在版编目(CIP)数据**

变形预测模型及其工程应用/陆付民等编著. —北京：科学出版社，2022.8
ISBN 978-7-03-072850-0

Ⅰ. ①变… Ⅱ. ①陆… Ⅲ. ①边坡稳定-变形观测②土坝-变形观测③建筑物-变形观测 Ⅳ. ①TU413.6②TU196

中国版本图书馆 CIP 数据核字（2022）第 146143 号

责任编辑：童安齐 / 责任校对：王万红
责任印制：吕春珉 / 封面设计：东方人华平面设计部

科 学 出 版 社 出版
北京东黄城根北街 16 号
邮政编码：100717
http://www.sciencep.com
北京中科印刷有限公司 印刷
科学出版社发行　各地新华书店经销
*
2022 年 8 月第　一　版　开本：B5（720×1000）
2022 年 8 月第一次印刷　印张：17 3/4
字数：345 000

**定价：150.00 元**

（如有印装质量问题，我社负责调换〈中科〉）
销售部电话 010-62136230　编辑部电话 010-62143239

# 前　言

变形预测模型的研究对于预测变形体的变形及判断变形体的稳定性具有十分重要的意义。

本书强调指出：变形预测模型多种多样，应根据变形体所处的地质环境及变形特性和已有的监测内容确定。如果只监测了变形体的变形量，而没有进行影响因子（如降雨量、气温、水位）监测，可建立变形与时间相关关系的变形预测模型，此时，如果监测是等时间间隔监测且变形具有平稳性的特性，则可建立时间序列分析模型；若变形逐渐趋缓，可建立指数趋势模型或基于指数趋势模型的卡尔曼滤波模型；如果滑坡监测内容比较丰富，可进行相关分析，建立变形与时间、地下水位、降雨量、气温、水位相关关系的多因子模型或基于多因子模型的卡尔曼滤波模型，必要时建立多种模型进行比较分析。任何变形模型都是对变形监测点变形规律的一种描述，如果抛开变形监测点所处的具体环境，空洞地谈论哪种模型好、哪种模型不好没有任何实际意义。从理论上讲，建模时考虑的因素越多，则建模的合理性越高。但如果把某些次要因素考虑得太多，反而冲淡了主要因素对变形的影响，不利于提高建模的精度，尤其是建立统计变形分析模型时这种情况显得更为突出。因此建模时，既要考虑模型的合理性，又要考虑模型的适用性，而适用性的重要表现形式是变形模型必须具有足够的预测精度。因此，预测精度是判断所建变形模型好坏的一个重要尺度。

本书撰写分工如下：陆付民撰写第 1 章，第 2 章，第 3 章 3.3 节至 3.7 节、3.9 节至 3.11 节，第 4 章至第 8 章；易庆林撰写 3.1 节；吴定洪撰写 3.2 节；涂鹏飞撰写 3.8 节。

在本书撰写过程中，引用了相关参考文献，在此对原作者表示诚挚的谢意。

本书的出版获得三峡大学土木与建筑学院的大力支持，同时得到三峡大学三峡库区地质灾害教育部重点实验室的资助，在此表示真诚的谢意！

陆付民

2021 年 3 月

# 目　　录

# 第 1 章　变形监测与预报的相关理论

## 1.1　相关基础知识

### 1.1.1　变形监测的内容

变形监测指对监视对象或物体（简称变形体）进行测量以确定其空间位置随时间变化的特征，变形监测也称为变形测量或变形观测[1]。变形监测包括全球性的变形监测、区域性的变形监测及工程的变形监测。全球性的变形监测是对地球自身的动态变化如自转速率变化、极移、潮汐、全球板块运动和地壳变形的监测；区域性的变形监测是对区域性地壳变形和地面沉降的监测；对于工程的变形监测，变形体一般包括工程建（构）筑物、机械设备以及其他与工程建设有关的自然或人工对象如大坝、船闸、桥梁、隧道、高层建筑物、地下建筑物、古建筑、崩滑体、采空区、高边坡等。通过在变形体上布设一定数量的监测点，用于了解变形体的变形状态。变形体的变形分为两类，即变形体自身的形变和变形体的刚体位移。变形体自身的形变包括伸缩、错动、弯曲和扭转；刚体位移包括整体平移、整体转动、整体升降和整体倾斜。变形监测分为静态变形监测及动态变形监测，静态变形监测通过周期性监测得到，动态变形监测通过持续监测得到。

工程的变形分析与预报是 20 世纪 70 年代发展起来的一个学科方向。许多国际组织包括国际大地测量协会（International Association of Geodesy，IAG）、国际测量师联合会（International Federation of Surveyors，FIG）、国际岩石力学与岩石工程学会（International Society for Rock Mechanics and Rock Engineering，ISRM）、国际大坝委员会（International Commission on Large Dams，ICOLD）、国际矿山测量协会（International Society for Mine Surveying，ISM）都非常重视该领域的研究，并定期举行相关的学术会议。变形监测为变形分析和预报提供基础数据，监测是基础、分析是手段，预报是目的。工程的变形监测（以下简称“变形监测”）是工程测量学的一个重要分支。

变形监测的作用主要表现在两个方面，一是通过变形监测及时发现异常现象，对变形体的稳定性、安全性做出相应的判断，以便及时采取措施，防止事故的发生；二是通过监测资料的分析，更好地解释变形的机理，为研究灾害预报的理论和方法服务，检验工程设计的理论和方法是否正确，以及为以后修改相关设计规范提供依据。

变形监测的内容主要包括水平位移、垂直位移、偏距、倾斜、扰度、弯曲、裂缝等方面的监测。水平位移监测主要监测监测点在水平方向上的位移；垂直位移监测主要监测监测点在铅垂线方向的位移；偏距和扰度可以视为某一特定方向的位移；倾斜可以换算成水平方向及垂直方向上的位移。除上述监测内容外，还包括与变形有关的物理量，如应力、应变、温度、气压、水位、渗流、渗压等的监测。

变形监测最大的特点是要进行周期观测，所谓周期观测就是多次的重复观测，其中第一次称为初始周期或零周期。每一周期的观测方案包括监测网的网形、使用的仪器、作业方法甚至观测人员都要相同。

对于不同的变形监测对象及变形发展的不同阶段，变形监测所要求的精度是不同的，但具体需达到多高的精度，仍很难确定，因为设计人员很难回答各种不同的监测对象能承受多大的允许变形。由于变形监测的重要性及监测技术的快速发展，监测费用在整个工程费和运营费中所占的比例较小，设计人员从安全的角度考虑总希望把精度提高得更高一些，对于重要工程，一般要求“以当时能达到的最高精度为标准进行变形监测”。

### 1.1.2 变形模型

1. 变形体的几何模型

变形监测是通过对变形体进行空间上的离散化及数据获取在时间上的离散化实施的，空间上的离散化表现为将变形体用一定数量的、有代表性的、位于变形体上离散的点来代表，这些离散的点称为目标点。数据获取在时间上的离散化表现为对这些目标点进行周期性或连续监测，目标点通过距离、角度、高差等几何量（也称为连接元素）相互连接，变形体的相对运动是通过对目标点之间的连接元素进行周期性或连续监测得到的。参考点的坐标可以看成是不变的，目标点的坐标是变化的，根据目标点坐标随时间的变化可以了解变形体的变形。变形监测的目的就是确定目标点之间的相对运动以及目标点相对于变形体周围的绝对运动。参考点和目标点定义在一个统一的坐标系中，参考点、目标点以及它们之间的连接称为变形体的几何模型。

2. 目标点的位移向量场

在变形监测网的数据处理中，可以通过固定或拟稳基准获得两观测周期之间目标点的位移值，并可制作如图 1.1 所示的位移向量图[1]。变形体的位移向量图可以直观地反映目标点位移的大小和方向，对变形模型的选择及时间空间特性的模拟具有非常重要的参考价值。

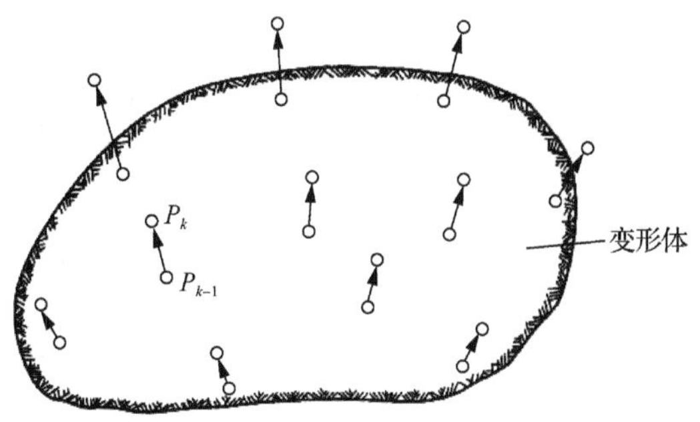


图 1.1　变形体的位移向量图

3. 变形体的变形模式

1）刚体运动模式

刚体运动包括刚体平移和旋转，刚体平移为刚体重心在坐标轴方向的移动，刚体旋转为刚体绕坐标轴的旋转（图 1.2）。

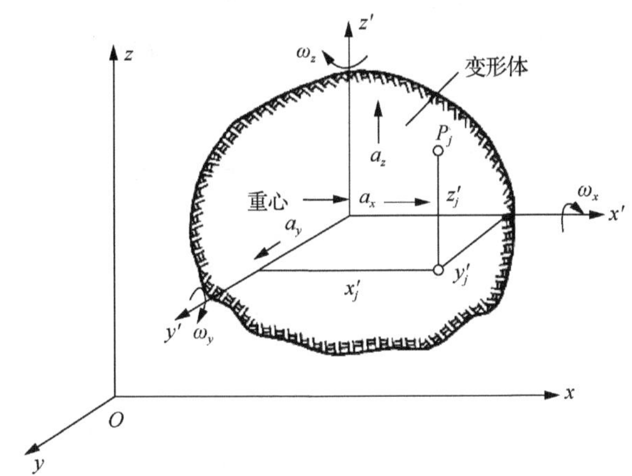


图 1.2　变形体的刚体运动模式

刚体上一点 $P_j$ 在刚体做微小运动时的运动方程[1]为

$$\begin{bmatrix} \Delta x_j \\ \Delta y_j \\ \Delta z_j \end{bmatrix} = \begin{bmatrix} 1 & 0 & 0 & 0 & z_j' & -y_j' \\ 0 & 1 & 0 & -z_j' & 0 & x_j' \\ 0 & 0 & 1 & y_j' & -x_j' & 0 \end{bmatrix} \begin{bmatrix} a_x \\ a_y \\ a_z \\ \omega_x \\ \omega_y \\ \omega_z \end{bmatrix} \tag{1.1}$$

式中：$\Delta x_j$、$\Delta y_j$、$\Delta z_j$分别为$P_j$点在坐标轴方向的位移分量；$x'_j$、$y'_j$、$z'_j$分别为$P_j$点的重心坐标；$a_x$、$a_y$、$a_z$分别为刚体重心在坐标轴方向的平移量；$\omega_x$、$\omega_y$、$\omega_z$分别为刚体绕坐标轴的微小旋转。

2）相对变形模式

相对变形描述了变形体自身的形变如伸缩、错动、弯曲、扭转等，又称为均匀应变，由应变张量描述，即[1]

$$\begin{bmatrix}\delta x_j\\ \delta y_j\\ \delta z_j\end{bmatrix}=\begin{bmatrix}\varepsilon_{xx} & \varepsilon_{xy} & \varepsilon_{xz}\\ \varepsilon_{yx} & \varepsilon_{yy} & \varepsilon_{yz}\\ \varepsilon_{zx} & \varepsilon_{zy} & \varepsilon_{zz}\end{bmatrix}\begin{bmatrix}x'_j\\ y'_j\\ z'_j\end{bmatrix} \tag{1.2}$$

式中：$\delta x_j$、$\delta y_j$、$\delta z_j$分别为$P_j$点相对于重心的坐标变化；$\varepsilon_{xx}$、$\varepsilon_{yy}$、$\varepsilon_{zz}$分别为应变参数；$\varepsilon_{xy}$、$\varepsilon_{xz}$、$\varepsilon_{yz}$分别为剪切参数，且$\varepsilon_{yx}=\varepsilon_{xy}$，$\varepsilon_{zx}=\varepsilon_{xz}$，$\varepsilon_{zy}=\varepsilon_{yz}$。

3）综合变形模式

变形体的变形可以简单用刚体运动和相对变形叠加来描述。通过对目标点位移向量图的分析并结合地质力学信息，可将变形体分为若干子块（图 1.3），每个子块具有均匀的刚体运动及相对变形特性。

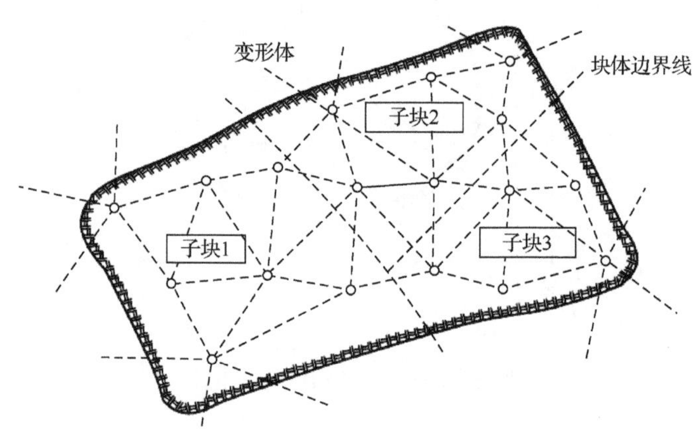


图 1.3　变形体的分块示意图

若某一目标点$P_j$位于某一子块上，对式（1.1）和式（1.2）叠加可得$P_j$点的坐标变化向量（或称位移向量）$\boldsymbol{X}_{j,k}$

$$\boldsymbol{X}_{j,k}=\begin{bmatrix}x_j\\ y_j\\ z_j\end{bmatrix}_k=\begin{bmatrix}\Delta x_j\\ \Delta y_j\\ \Delta z_j\end{bmatrix}+\begin{bmatrix}\delta x_j\\ \delta y_j\\ \delta z_j\end{bmatrix}=\boldsymbol{H}_j\boldsymbol{t} \tag{1.3}$$

其中

$$\boldsymbol{H}_j'=\begin{bmatrix}1&0&0&0&z_j'&-y_j'&x_j'&0&0&y_j'&z_j'&0\\0&1&0&-z_j'&0&x_j'&0&y_j'&0&x_j'&0&z_j'\\0&0&1&y_j'&-x_j'&0&0&0&z_j'&0&x_j'&y_j'\end{bmatrix}$$

式（1.3）中，向量$\boldsymbol{t}$包括刚体运动和相对形变的 12 个参数。当一个子块上有 4 个目标点时，则可求解上述 12 个参数，若一个子块上超过 4 个目标点时，则可用最小二乘法求解 12 个参数。

4. 变形体的变形模型

1）动态变形模型

引起变形的原因有多种，如地壳运动、基础变形、地下开采、地下水位变化、工程建筑物的各种荷载作用等。变形原因的时间特征往往表现为近似线性变化、周期变化、急剧变化以及随机变化等多种情况，人们将引起变形的原因称为变形影响因子或变形因子。

一个随时间变化的变形影响因子所引起的变形体在 $t$ 时刻的变形量不仅与 $t$ 时刻的变形影响因子的大小有关，而且与 $t$ 时刻以前各时刻的变形影响因子的大小有关。动态变形模型的一般数学表达式[1]为

$$y(t)=\int_0^{\infty}g(\tau)x(t-\tau)\mathrm{d}\tau \tag{1.4}$$

式中：$y(t)$为$t$时刻的变形量；$x(t-\tau)$为$t-\tau$时刻变形影响因子的大小；$g(\tau)$为权函数，相当于$x(t-\tau)$对$y(t)$的贡献；$\tau$为返回的时间间隔。

$g(\tau)$与变形影响因子及变形体有关。在矿山开挖引起的地表沉陷、建筑物自重荷载增加引起的基础沉陷、温度变化引起的混凝土变形等情况下，权函数$g(\tau)$可以根据附加物理量（如传递常数和时间常数）进行估计。对于变形影响因子呈跳跃变化（突变）、线性变化（渐变）和周期变化（周变）所引起的变形体的典型变形可用图 1.4（a）～（c）表示。图中$x_0$、$x_E$为始末时刻变形影响因子的取值，$y_0$、$y_E$为始末时刻的变形量，$H_{\infty}$为传递常数，$T$为时间常数，$T_p$为变化周期，$T_v$为时间延迟。前两种变形称为非周期变形，后一种变形称为周期变形。

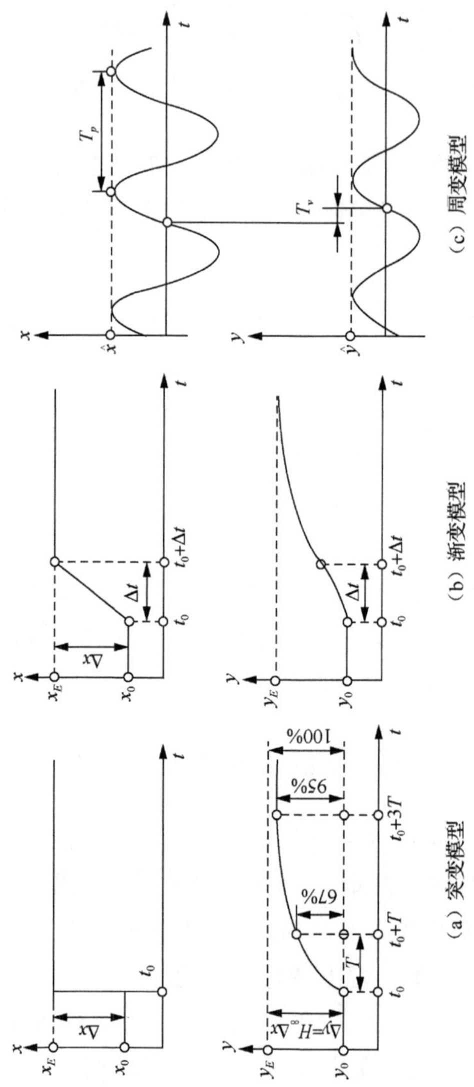


图 1.4　典型变形影响因子下的变形模型

（1）非周期变形。

A．突变模型。

图 1.4（a）所对应的动态变形模型[1]为

$$y(t)=H_\infty\left[1-\exp\left(-\frac{t-t_0}{T}\right)\right] \tag{1.5}$$

最大变形速度在时刻 $t_0$ 处，有

$$\left(\frac{\mathrm{d}y}{\mathrm{d}t}\right)_{t_0}=\frac{H_\infty}{T}(x_E-x_0) \tag{1.6}$$

末时刻的变形量（最终状态）为

$$y_E=y_0+H_\infty(x_E-x_0) \tag{1.7}$$

B．渐变模型。

图 1.4（b）所对应的动态变形模型[1]如下。

当 $t_0\leqslant t\leqslant t_0+\Delta t$ 时

$$y(t)=y_0+H_\infty\frac{x_E-x_0}{\Delta t}\left\{(t-t_0)-T\left[1-\exp\left(-\frac{t-t_0}{T}\right)\right]\right\} \tag{1.8}$$

当 $t>t_0+\Delta t$ 时

$$y(t)=y_0+H_\infty\frac{x_E-x_0}{\Delta t}\left\{\left[1-\exp\left(\frac{\Delta t}{T}\right)\right]\left[\Delta t+T\exp\left(-\frac{t-t_0}{T}\right)\right]\right\} \tag{1.9}$$

变形在 $t_0$ 时刻有延迟，在 $t_0+\Delta t$ 时刻的变形速度达到最大，有

$$\left(\frac{\mathrm{d}y}{\mathrm{d}t}\right)_{t_0+\Delta t}=H_\infty\frac{x_E-x_0}{\Delta t}\left[1-\exp\left(-\frac{\Delta t}{T}\right)\right] \tag{1.10}$$

（2）周期变形。

对于呈周期变化的变形影响因子，即图 1.4（c）的情况，变形影响因子随时间的变化 $x(t)$ 及响应（变形） $y(t)$ 可表示为

$$x(t)=\hat{x}\sin\left(2\pi\frac{t}{T_p}+\varphi_x\right) \tag{1.11}$$

$$y(t)=\hat{y}\sin\left(2\pi\frac{t}{T_p}+\varphi_y\right) \tag{1.12}$$

式（1.11）及式（1.12）中 $\hat{x}$、$\varphi_x$ 为变形影响因子的振幅和初相，$\hat{y}$、$\varphi_y$ 为变形的振幅和初相，$T_p$ 为周期。传递因子定义为

$$H=\frac{\hat{y}}{\hat{x}}=\frac{H_\infty}{\sqrt{1+\left(2\pi\dfrac{t}{T_p}\right)^2}} \tag{1.13}$$

变形的时间延迟为

$$T_v=T_p\frac{\varphi_y-\varphi_x}{2\pi}=\frac{T_p}{2\pi}\arctan\left(2\pi\frac{t}{T_p}\right) \tag{1.14}$$

由式（1.13）及式（1.14）可知，当 $T_p \gg t$ 时，$H\to H_\infty$，$T_v\to 0$；当 $T_p \ll t$ 时，$H\to 0$，$T_v\to\dfrac{T_p}{4}$。

2）运动变形模型

在许多情况下，变形影响因子的大小呈随机性变化且不可量测，或者虽然可量测但难以建立影响因子与变形间的函数模型。例如，滑坡其外部变形影响因子是间接长时间起作用，使稳定性参数发生变化，若不能采用一般动态变形模型来描述变形体的变形，或只是为了证实有无变形发生，这时可采用运动变形模型来描述，即把变形视为时间的下列函数[1]：

$$y(t)=y(t_0)+\dot{y}(t_0)(t-t_0)+\ddot{y}(t_0)\frac{(t-t_0)^2}{2} \tag{1.15}$$

如图 1.5 所示，上述模型在任一起始时刻 $t_0$ 附近的变形与变形的速度 $\dot{y}(t_0)$ 和加速度 $\ddot{y}(t_0)$ 有关。特别当 $\ddot{y}(t_0)>0$ 时，滑坡不稳定；只有 $\ddot{y}(t_0)<0$ 时，滑坡才趋于稳定。

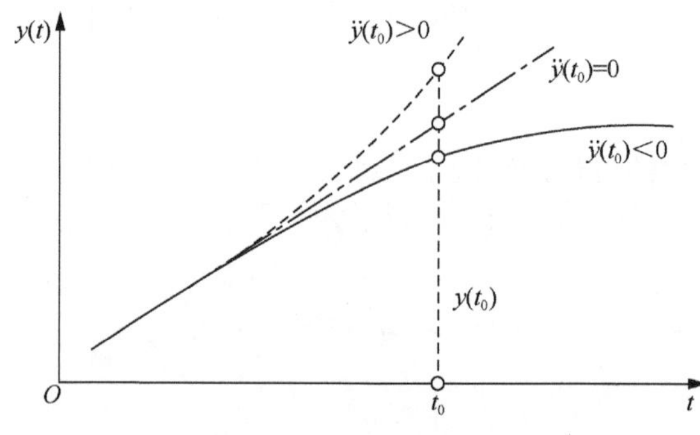


图 1.5　运动变形模型

## 1.2　变形监测方案设计

变形监测方案设计的本质是利用测量技术获取变形体的变形及其时间变化特性。变形监测方案设计的内容包括测量方法的选择、监测网的布设、测量精度及观测周期的确定等。

### 1.2.1　变形监测网的布设

变形监测网由参考点和目标点组成，参考点布设在变形体外，是变形监测网的基准，目标点布设在变形体上，目标点位置的变化反映了变形体的变形。参考点一般选在距变形体较近且稳定的地方，一般要求钻孔深埋并与基岩固结在一起。用于观测水平位移的参考点一般设置钢筋混凝土观测墩及强制对中装置，用于观测垂直位移的参考点一般设置平峒标或深埋双金属标。目标点必须与变形体固连在一起，以便能反映其代表部位的变形。目标点应有一定的代表性及一定的密度。目标点不仅要布设在变形体表面，而且还要布设在变形体内部的不同部位，呈立体式分布。

变形监测网分为一维网、二维网和三维网，变形监测网的布设形式主要取决于变形监测的目的及变形体的形状，此外还与地形与环境条件有关。采用传统测量技术可布设成三角网、边角网及导线网；利用空间测量技术可布设成 GPS 网。

进行变形监测网设计时，应顾及监测网的精度、可靠性、灵敏度及观测费用。

1. 精度

精度是描述误差分布离散程度的一种度量，通常用方差或均方差描述[2]。

对于一般的监测网可用高斯-马尔可夫模型来描述，即

$$E(\boldsymbol{L}) = \boldsymbol{AX} \tag{1.16}$$

$$D(\boldsymbol{L}) = \sigma_0^2 \boldsymbol{Q} = \sigma_0^2 \boldsymbol{P}^{-1} \tag{1.17}$$

式中：$\boldsymbol{L}$ 为 $n$ 维观测向量；$\boldsymbol{X}$ 为 $t$ 维未知参数向量（通常选择监测网中待定点的坐标或高程作为未知参数）；$\boldsymbol{A}$ 为 $n$ 行 $t$ 列系数矩阵；$\boldsymbol{Q} = \boldsymbol{P}^{-1}$，为 $n$ 行 $n$ 列权阵；$\sigma_0^2$ 为单位权方差；$E(\boldsymbol{L})$ 及 $D(\boldsymbol{L})$ 分别为 $\boldsymbol{L}$ 的数学期望和方差。

根据最小二乘原理，相应的平差结果为

$$\hat{\boldsymbol{X}} = (\boldsymbol{A}^{\mathrm{T}}\boldsymbol{PA})^{-1}\boldsymbol{A}^{\mathrm{T}}\boldsymbol{PL} \tag{1.18}$$

$$\boldsymbol{D}_{XX} = \sigma_0^2 \boldsymbol{Q}_{XX} = \sigma_0^2 (\boldsymbol{A}^{\mathrm{T}}\boldsymbol{PA})^{-1} \tag{1.19}$$

未知参数的方差阵$\boldsymbol{D}_{XX}$或协因数阵$\boldsymbol{Q}_{XX}$在监测网精度评定中起着非常重要作用，所需的各种精度指标都可以由它导出来。因此，可以认为$\boldsymbol{D}_{XX}$或$\boldsymbol{Q}_{XX}$包含了控制网的全部精度信息，人们称$\boldsymbol{D}_{XX}$或$\boldsymbol{Q}_{XX}$为控制网的精度矩阵。

监测网中某一个元素的精度称为网的局部精度，如某一条边长、某一个方向、某一个点位的精度。局部精度可以看作未知参数的某个线性函数，即

$$\varphi = \boldsymbol{f}^{\mathrm{T}}\hat{\boldsymbol{X}} \tag{1.20}$$

则$\varphi$的精度即方差为

$$\sigma_{\varphi}^{2} = \boldsymbol{f}^{\mathrm{T}}\boldsymbol{D}_{XX}\boldsymbol{f} \tag{1.21}$$

当$\boldsymbol{f}$取不同的值时可以得到不同的$\sigma_{\varphi}$。

如单个坐标未知数的精度及点位精度分别为

$$m_{x_i} = \sigma_0\sqrt{Q_{x_i x_i}} \tag{1.22}$$

$$m_{y_i} = \sigma_0\sqrt{Q_{y_i y_i}} \tag{1.23}$$

$$m_i = \sigma_0\sqrt{Q_{x_i x_i} + Q_{y_i y_i}} \tag{1.24}$$

2. 可靠性

可靠性的概念由荷兰巴尔达（Barrda）教授于 1968 年针对观测数据中的粗差提出来的。测量控制网的可靠性是指控制网探测观测值粗差和抵抗残存粗差对平差成果影响的能力，可靠性分为内部可靠性和外部可靠性。

1）内部可靠性

内部可靠性是指某一观测值中至少必须出现多大的粗差$\nabla l_i$（下界值），才能以所给定的检验功效$\beta_0$在显著水平为$\alpha$的统计检验中被发现。观测值$l_i$中可发现粗差的下界值为

$$\nabla_0 l_i = \frac{\sigma_{l_i}\delta_0}{\sqrt{r_i}} \tag{1.25}$$

式中：$\sigma_{l_i}$为观测值$l_i$的中误差；$\delta_0$为非中心参数；$r_i$为控制网的多余观测分量。

为了直接进行不同类型观测值的可靠性比较，令

$$\delta_{0i} = \frac{\delta_0}{\sqrt{r_i}} \tag{1.26}$$

式中：$\delta_{0i}$为度量观测值内部可靠性的指标。

2）外部可靠性

外部可靠性是指无法探测出（小于$\nabla_0 l_i$）而保留在观测数据中的残存粗差对平差结果的影响。此时最大残存粗差$\nabla_0 l_i$对平差参数的影响为

$$\nabla_0 \boldsymbol{X}_i = \boldsymbol{Q}_{XX} \boldsymbol{A}^{\mathrm{T}} \boldsymbol{P} \begin{bmatrix} 0 \\ \vdots \\ \nabla_0 l_i \\ \vdots \\ 0 \end{bmatrix} \tag{1.27}$$

由于式（1.27）与平差的基准有关，且使用不方便，为此定义如下影响因子：

$$\delta_{0i}'^2 = (\nabla_0 \boldsymbol{X}_i)^{\mathrm{T}} \boldsymbol{Q}_{XX}^{-1} (\nabla_0 \boldsymbol{X}_i) \tag{1.28}$$

可以证明$\delta_{0i}'^2$与平差的基准无关，由此可以得到

$$\delta_{0i}' = \delta_0 \sqrt{\frac{1-r_i}{r_i}} \tag{1.29}$$

式中：$\delta_{0i}'$为描述观测值的外部可靠性指标。

3）多余观测分量

由于内部可靠性及外部可靠性均与多余观测分量$r_i$有关，当显著水平$\alpha$和检验功效$\beta_0$一定时，它们完全随$r_i$的变化而变化，为此$r_i$可以作为评价内部可靠性及外部可靠性的公共指标。其中

$$r_i = (\boldsymbol{Q}_{VV} \boldsymbol{P})_{ii} \tag{1.30}$$

式中：$r_i$为矩阵$\boldsymbol{Q}_{VV} \boldsymbol{P}$主对角线上的元素。多余观测分量与多余观测数$r$有如下关系：

$$r = \sum r_i \tag{1.31}$$

从式（1.26）及式（1.29）可以看出，多余观测分量较大时，其内部可靠性及外部可靠性也一定较好，反之亦然。因此，多余观测分量不仅代表该观测值在总的多余观测数中所占的地位，而且也可以作为可靠性评价的一个重要度量，即局部可靠性。同时，多余观测数$r$越大，对发现粗差越有利。因此可以用多余观测的平均值作为另一个重要度量，即整体可靠性指标。

$$\overline{r} = \frac{\mathrm{tr}(\boldsymbol{Q}_{VV} \boldsymbol{P})}{n} = \frac{r}{n} \tag{1.32}$$

在监测网设计阶段，多余观测分量应满足

$$r_i \geqslant 0.2 \sim 0.5$$

$$r_i \to \overline{r}$$

3. 灵敏度

变形监测网以灵敏度准则作为其特殊准则，这是由变形监测网不同于一般控制网的性质、特点和用途决定的。众所周知，变形监测的目的是要证明监测对象是否存在显著变形。与一般的控制网相比，变形监测网最主要的特点是具有周期性和方向性，即通过多期观测发现监测对象在某一特定方向上的变形，如重力坝主要是发现垂直于坝体方向的变形。变形监测网的灵敏度正是用来描述监测网发现变形体在某一特定方向上变形的能力。因此，灵敏度应作为变形监测网的主要质量准则。

1）变形监测网的总体灵敏度

设监测网两期观测分别平差后，公共坐标未知数 $\boldsymbol{X}$ 的平差值分别为 $\hat{\boldsymbol{X}}_1$ 和 $\hat{\boldsymbol{X}}_2$。消去附加参数（如定向角未知数）后与 $\hat{\boldsymbol{X}}_1$ 和 $\hat{\boldsymbol{X}}_2$ 相应的法方程系数阵分别为 $\boldsymbol{N}_1$ 和 $\boldsymbol{N}_2$。根据所考虑的变形模型，可得位移向量 $\boldsymbol{d}$ 与变形参数向量 $\boldsymbol{C}$ 之间的关系式

$$\boldsymbol{d} = \boldsymbol{MC} \tag{1.33}$$

式中：$\boldsymbol{M}$ 为变形模型的系数矩阵。$\boldsymbol{C}$ 的估值可由下式按最小二乘法求得：

$$\boldsymbol{d} + \boldsymbol{V}_d = \boldsymbol{M}\hat{\boldsymbol{C}} \tag{1.34}$$

$$\boldsymbol{P}_d = \boldsymbol{N}_1(\boldsymbol{N}_1 + \boldsymbol{N}_2) - \boldsymbol{N}_2 \tag{1.35}$$

$$\hat{\boldsymbol{C}} = (\boldsymbol{M}^{\mathrm{T}} P_d \boldsymbol{M})^{-1} \boldsymbol{M}^{\mathrm{T}} \boldsymbol{P}_d \boldsymbol{d} \tag{1.36}$$

$$\boldsymbol{Q}_{\hat{C}} = (\boldsymbol{M}^{\mathrm{T}} \boldsymbol{P}_d \boldsymbol{M})^{-1} \tag{1.37}$$

式中：$\boldsymbol{P}_d$ 为矩阵的平行加。可以证明由式（1.36）及式（1.37）求得的 $\hat{\boldsymbol{C}}$ 和 $\boldsymbol{Q}_{\hat{C}}$ 是唯一的，与各期的平差基准无关。

对所给模型做如下显著性检验：

$$H_0: \ E(\boldsymbol{C}) = 0$$

$$H_1: \ E(\boldsymbol{C}) = \hat{\boldsymbol{C}} \neq 0$$

构造如下统计量：

$$\left.\frac{\hat{\boldsymbol{C}}^{\mathrm{T}} \boldsymbol{Q}_{\hat{C}} \hat{\boldsymbol{C}}}{\sigma_0^2}\right|_{H_0} \sim \chi^2(f) \tag{1.38}$$

$$\left.\frac{\hat{\boldsymbol{C}}^{\mathrm{T}} \boldsymbol{Q}_{\hat{C}} \hat{\boldsymbol{C}}}{\sigma_0^2}\right|_{H_1} \sim \chi^2(f，\delta^2) \tag{1.39}$$

$$\delta^2 = \frac{\hat{\boldsymbol{C}}^{\mathrm{T}} \boldsymbol{Q}_{\hat{C}}^{-1} \hat{\boldsymbol{C}}}{\sigma_0^2} \tag{1.40}$$

式中：$f$ 为自由度，且 $f = rk(\boldsymbol{Q}_{\hat{C}})$；$\delta^2$ 为非中心参数。

运用式（1.38）及式（1.39）就可以对变形模型做整体检验。

在变形监测网设计阶段，更有意义的是相反的问题，即给定显著水平 $\alpha_0$ 和检验功效 $\beta_0$，问非中心参数 $\delta^2$ 应达到多大，才能导致拒绝 $H_0$ 而接受 $H_1$，即能发现的最小变形是多少。

对某一感兴趣的方向 $\boldsymbol{g}$，变形参数向量 $\boldsymbol{C}$ 可以分解为

$$\boldsymbol{C} = a_0 \boldsymbol{g} \tag{1.41}$$

式中：$a_0$ 为 $\boldsymbol{C}$ 在 $\boldsymbol{g}$ 方向上的长度；$\boldsymbol{g}$ 为变形方向的单位向量，且 $\|\boldsymbol{g}\|=1$。由给定的显著水平 $\alpha_0$ 和检验功效 $\beta_0$ 及自由度 $f$，可查有关的诺谟图得到非中心参数的临界值 $\delta_0^2$。将式（1.41）代入式（1.40）得

$$a_0' = \frac{\sigma_0 \delta_0}{\sqrt{\boldsymbol{g}^{\mathrm{T}} \boldsymbol{Q}_{\hat{C}}^{-1} \boldsymbol{g}}} \tag{1.42}$$

$$V_{0C}(\boldsymbol{g}) = a_0' \boldsymbol{g} = \frac{\sigma_0 \delta_0 \boldsymbol{g}}{\sqrt{\boldsymbol{g}^{\mathrm{T}} \boldsymbol{Q}_{\hat{C}}^{-1} \boldsymbol{g}}} \tag{1.43}$$

式中：$a_0'$ 为以检验功效 $\beta_0$ 所能发现的变形参数向量 $\boldsymbol{C}$ 在 $\boldsymbol{g}$ 方向上的最小长度；$V_{0C}(\boldsymbol{g})$ 为在 $\boldsymbol{g}$ 方向上以检验功效 $\beta_0$ 所能发现的变形参数的下限值。人们称 $a_0'$ 或 $V_{0C}(\boldsymbol{g})$ 为变形监测网的总体灵敏度，$a_0'$ 越小，则总体灵敏度越高。

由式（1.40）得

$$\hat{\boldsymbol{C}}^{\mathrm{T}} \boldsymbol{Q}_{\hat{C}}^{-1} \hat{\boldsymbol{C}} = \sigma_0^2 \delta^2 \tag{1.44}$$

它代表一个 $\boldsymbol{U}$ 维（$\boldsymbol{U}$ 维未知坐标向量）超球，当 $\delta^2 = \delta_0^2$ 时，表示一个灵敏度超球，落于灵敏度超球内的变形参数向量，则监测网在 $\alpha_0$、$\beta_0$ 下无法检测出。

2）变形监测网的单点灵敏度

当监测网中只有部分点或单点可能发生变动时，可以只对动点进行 $\chi^2$ 检验从而得出监测网的单点灵敏度。对于变形监测网优化设计，常常讨论的是单点灵敏度，它有助于人们直观了解监测网中各处发现变形的能力，从而有效衡量设计方案的优劣。

设监测网中第 $i$ 点产生了移动，则由式（1.33）知

$$\boldsymbol{C}=\begin{bmatrix}C_{ix}\\C_{iy}\end{bmatrix},\quad \boldsymbol{M}^{\mathrm{T}}=\begin{bmatrix}0&0&\cdots&1&0&\cdots&0&0\\0&0&\cdots&0&1&\cdots&0&0\end{bmatrix}$$

式（1.37）变为

$$\boldsymbol{Q}_{\hat{C}}=(\boldsymbol{M}^{\mathrm{T}}\boldsymbol{P}_d\boldsymbol{M})^{-1}=(\boldsymbol{P}_d)_i^{-1} \tag{1.45}$$

式中：$(\boldsymbol{P}_d)_i^{-1}$ 为矩阵 $\boldsymbol{P}_d$ 与 $l^i$ 点相应的子块矩阵。将式（1.45）代入式（1.42）中得到 $l^i$ 点在给定 $\boldsymbol{g}$ 方向上的灵敏度为

$$a'_{0i}=\frac{\sigma_0\delta_0}{\sqrt{\boldsymbol{g}^{\mathrm{T}}(\boldsymbol{P}_d)_i\boldsymbol{g}}} \tag{1.46}$$

$$V_{0i}(\boldsymbol{g})=a'_{0i}\boldsymbol{g} \tag{1.47}$$

### 1.2.2 变形监测方案的制定准则

变形监测方案的制定准则包括[1]：

（1）描述或确定变形状态所需要的测量精度。对于变形监测网而言，则是确定目标点坐标 $\xi$ 、$\eta$ 或坐标差 $\Delta\xi$ 、$\Delta\eta$ 允许的精度 $\sigma_\xi$ 、$\sigma_\eta$ 或 $\sigma_{\Delta\xi}$ 、$\sigma_{\Delta\eta}$ 。

（2）所要施测的次数（观测周期）。

（3）两观测周期之间的时间间隔 $\Delta t$ 。

（4）一个观测周期所允许的观测时间 $\delta t$ 。

根据变形影响因子（如力、荷载）的预估值大小、时间特性及其对变形体发生作用的知识性判断，可以得到一个概略模型，由该模型计算出变形的预计值及其时间特性，以此为基础，可以确定测量精度、观测周期、两观测周期之间的时间间隔以及一个观测周期所允许的观测时间[1]。

### 1.2.3 典型变形的准则分析

1. 动态变形模型的准则分析

1）非周期变形

对于非周期变形，描述或确定变形状态所需要的测量精度 $\sigma_y$ 与预计的最大变形量有关，由于预计的最大变形量准确性较差，假设只有 10%或更小的准确程度，可得测量精度 $\sigma_y$ 应满足下式：

$$\sigma_y \leqslant \frac{1}{50}\Delta y = \frac{1}{50}(y_E - y_A) \tag{1.48}$$

或

$$\sigma_y \leqslant \frac{1}{5}\delta_y \tag{1.49}$$

式中：$\Delta y$ 为预计的最大变形量；$\delta_y$ 为两周期之间能以一定概率（如 $P$=95%）区分的最小变形量，也称变形分辨率。$\Delta y$ 是 $\delta_y$ 的 10 倍。有关参数的含义见图 1.6。

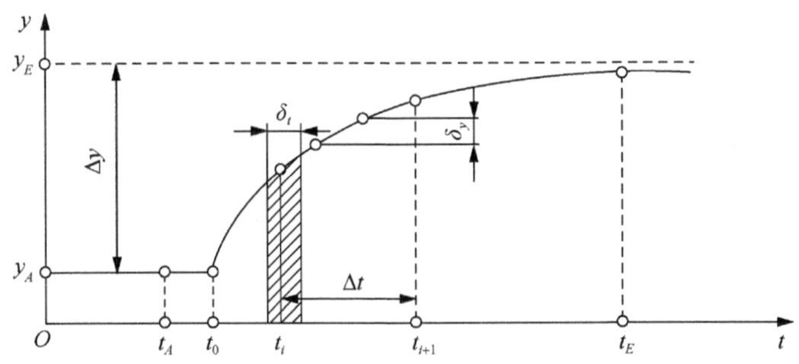


图 1.6　非周期变形监测

对于最简单的情况，即如图 1.4（a）所示的变形体在突变荷载下发生变形的情况，在初始状态（$t_A$ 时刻）施加荷载，随即就进行初始观测（$t_0$ 时刻），得变形值为 $y_A$，末期观测必须在变形趋于平缓的时刻进行，一般要求

$$t_E > t_0 + 3T \tag{1.50}$$

式中：$T$ 为与变形体有关的时间常数，可以根据试验和经验数据确定。

为了获取变形随时间的变化情况，在 $t_0$ 和 $t_E$ 之间要进行多周期观测。设第 $t_{i+1}$ 与 $t_i$ 周期之间的时间间隔为 $\Delta t$，则 $\Delta t$ 与观测时刻的变形速率 $|\dot{y}|$ 和变形分辨率 $\delta_y$ 有关，有

$$\Delta t \geqslant \frac{\delta_y}{|\dot{y}|} \tag{1.51}$$

换句话讲，两周期之间发生的变形（$\Delta t|\dot{y}|$）应不小于 $\delta_y$，由式（1.49）得两周期之间时间间隔的设计值为

$$\Delta t = \frac{5\sigma_y}{|\dot{y}|} \tag{1.52}$$

在变形初期，由于 $\dot{y}$ 较大且不精确，因此 $\Delta t$ 较小，到变形后期，随着 $\dot{y}$ 越来

越精确且越来越小，两周期之间的时间间隔 $\Delta t$ 会越来越大。设观测周期内的最大变形速率为 $\dot{y}_{\max}$，则一周期所允许的观测时间 $\delta_t$ 应满足：

$$\delta_t \leqslant \frac{\delta_y}{|\dot{y}_{\max}|} \tag{1.53}$$

显然有

$$\delta_t \leqslant \frac{\Delta t}{5} \tag{1.54}$$

$\delta_t$ 的大小对监测方案设计中测量方法的选择很有意义。

2）周期变形

在周期变化的荷载作用下，变形近似呈正弦函数变化，这种假设对于制订测量方案是足够的。此时，测量精度仍应满足式（1.48），但 $\Delta y$ 称为振荡间距（图 1.7），即

$$\Delta y = y_{\max} - y_{\min} \tag{1.55}$$

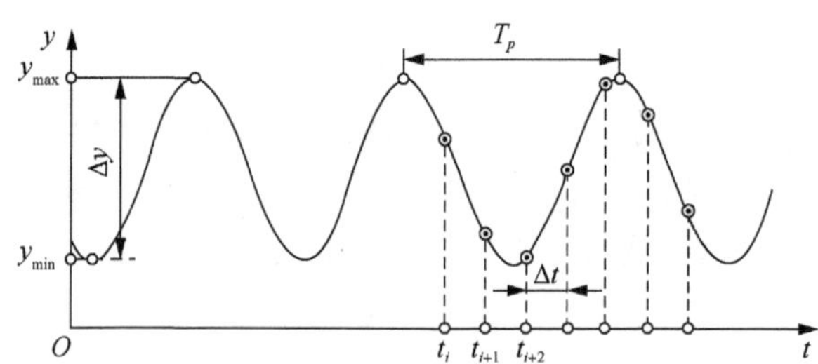


图 1.7　周期变形监测

观测周期的时间间隔按等间隔设计，与周期 $T_p$ 有关，一般取值如下：

$$\Delta t = \frac{T_p}{m} \tag{1.56}$$

其中 $m$ 的取值位于 2～20，且 $m$ 的取值应考虑在 $\Delta t$ 内所推估的变形值应不小于变形监测的分辨率 $\delta_y$，即满足式（1.51）。当 $m$ 取值为 2 时，表示只对两个极值有兴趣且准确知道所发生的时间，如进行大坝变形观测时在大坝的最高水位和最低水位时观测。当 $m$ 取值为 20 时，由式（1.56）和式（1.54）可以得出一次测量的时间 $\delta_t$ 应满足

$$\delta_t \leqslant \frac{T_p}{100} \tag{1.57}$$

2. 运动变形模型的准则分析

在许多情况下，若不能采用典型动态变形模型描述变形体的变形，则可以采用运动变形模型，这时测量精度应根据要求监测的最小变形量 $\delta_y$ 来确定，即要满足式（1.49），而 $\delta_y$ 需要根据具体情况与相关专业的技术人员共同确定。两观测周期之间的时间间隔 $\Delta t$ 应满足式（1.51）。由于在监测初期 $\dot{y}$ 难以精确得到，$\Delta t$ 也不会很精确，在监测过程中要随时估计 $\dot{y}$ 和 $\Delta t$，将其作为变量看待。每一次的观测时间 $\delta_t$ 由式（1.54）估算。

需要指出的是，对于同一变形体而言，不同位置不同方向上的变形量一般是不同的，因此各目标点所允许的坐标或坐标差的精度也不同。由于同一变形体上各目标点处的变形速率 $|\dot{y}|$ 不同，观测周期之间的时间间隔 $\Delta t$ 和每一周期的观测时间 $\delta_t$ 也会随之不同，因此在测量方案设计时应加以考虑。

### 1.2.4　选择不同的监测对象应考虑的问题

变形监测方案的制定需满足前面所提出的基本要求，对于具体问题需要具体分析，不能一成不变地生搬硬套。对于不同的监测对象应考虑以下几个方面的问题。

1. 测量精度的确定

对于监测网而言，各目标点坐标或坐标差的要求精度，由于往往不能直接测量坐标值，且参考点和目标点所描述的变形体的几何模型中也不会连接观测元素信息，因此，要将坐标精度转化为观测值的精度。首先进行监测网的观测方案设计并模拟出网的观测值及观测精度等信息，用控制网模拟优化设计方法，进行人-机交互式计算，看在哪种情况下计算得到的坐标精度符合要求，从而确定观测元素（如方向、距离、高差、GPS 基线边长等）及其测量精度。模拟计算时要根据仪器的标称精度、测量精度的经验值选取，且要考虑外界因素的影响，测量精度应有一定的富余量。直到按设计的测量方案和精度计算出各目标点坐标的精度完全满足要求为止。一般来说。变形观测是为了确保变形体的安全，测量精度应高于允许变形值的 1/20～1/10。如果是为了研究变形的过程，则观测精度要求更高。普遍的观点是：应采用所能获得的最好的测量仪器和技术，达到最高精度。变形测量的精度越高越好。

对于大坝变形观测，混凝土坝的水平位移和沉降观测的精度为 1～2mm，土坝为 3～5mm。滑坡变形的观测精度为几毫米至 50mm。不同类型的变形体，其变形观测的精度要求差别较大。对于同一变形体，不同部位及不同的变形阶段对观测精度的要求也不相同。

### 2. 观测周期数和一周期内观测时间的确定

1）观测周期数的确定

观测周期数取决于变形的大小、速度及观测的目的，且与工程的规模、监测点的数量、位置以及观测一次所需的时间有关。对于工程建筑物，在工程建筑物建成初期，变形速度较快，观测周期数应多一些，随着建筑物趋于稳定，可以适当减少观测次数，但仍应坚持长期观测，以便能及时发现异常情况。

及时进行第一周期的观测有非常重要的意义。因为延误初始测量就有可能失去已经发生的变形，以后各周期的测量成果都是与第一期的测量成果相比较的，因此应特别重视第一次观测的质量。例如，大坝第一周期的水平位移观测是在大坝承受水压力之前进行的，对于混凝土坝，还需顾及温度变化对水平位移的影响，因此，在水库蓄水前还要进行若干周期的水平位移观测。对于大坝的变形监测尤其需要注意的是是否存在向下游方向的水平位移趋势性变化。在施工期和水库蓄水时，大坝的变形发展较快，所以观测周期间的时间间隔不宜过大，它与预期的变形值及水库蓄水阶段有关。施工期间，若遇特殊情况（暴雨、洪水、地震等），应进行加密观测，在施工结束、水库开始蓄水、库水位下降以及水库放空等代表性阶段，也要进行加密观测。

在大坝运行期间，观测时刻的选择也很重要，特别是为了确定是否存在水平位移有向下游方向发生趋势性变化，一般需要每月进行一次水平位移观测。当大坝及其基础变形已经变得缓慢，这时观测周期数可以适当减少，各观测周期应尽量在每年相同的时间进行。在时效变形基本停止以后（这一过程一般需要 10 年以上），监测工作仍不能停止。

对于周期性变形，要求在一个变形周期内至少观测两次。如果观测周期的时刻选择不当，往往导致错误的结论。

2）一周期内观测时间的确定

一周期所有的测量工作需在允许的时间间隔 $\delta_t$ 内完成，否则观测周期内的变形将歪曲目标点的坐标值。对于长周期变形，$\delta_t$ 可达几天甚至数周，则可选用各种大地测量仪器和技术进行观测。对于短周期变形观测，$\delta_t$ 仅为数分甚至数秒，这时用大地测量仪器和技术进行观测将显得无能为力，此时需要考虑采用摄影测量方法（包括无人机摄影测量方法）或自动化测量方法进行观测。

### 3. 监测费用的确定

监测方案的设计和测量方法的选择必须有经济的观点，总费用可分成以下几方面。

（1）建立监测系统的一次性费用。监测网及持续性自动化测量装置所需费用包括踏勘，埋设永久性标石、标志、观测墩的费用，仪器设备的购置费、安装费、调试费、数据处理软硬件费等。

（2）每一个观测周期的花费。主要包括人员费、仪器使用费、观测费、数据处理费、临时标志费及交通费等。

（3）维护和管理费。主要包括标石标志的维护费、仪器设备的折旧费以及管理人员费用等。

## 1.3　变形监测的基本方法

### 1.3.1　常规大地测量方法

常规的大地测量方法是指用常规的大地测量仪器测量方向、角度、边长和高差等量所采用的方法的总称，包括布设成监测网形来确定变形体的一维、二维甚至三维坐标，各种交会法、极坐标法、卫星定位法，以及几何水准法、三角高程法等。常规的大地测量仪器主要有光学经纬仪、光学水准仪、电磁波测距仪、电子经纬仪、电子水准仪、全站仪及 GPS 接收机等。带马达的全站仪已经发展成智能型测地机器人，可用于变形监测的许多领域。常规大地测量方法主要用于变形监测网的布设和周期观测。对于平面监测网，究竟是采用 GPS 网还是边角网，要根据具体情况权衡设计，但单纯的测角网已不可取；对于高程监测网，究竟采用几何水准法还是电磁波测距三角高程法，也要根据具体情况确定。测量方法的选择，涉及测量误差的来源、产生、传播及改正消除方法等方面的知识，需要进行精心设计和论证。

### 1.3.2　摄影测量方法

采用摄影测量方法进行变形监测有如下优点：

（1）不需要接触被监测的变形体。

（2）外业工作量小，观测时间短，可获取快速变形过程，并能确定变形体上任意点的变形。

（3）摄影影像的信息量大，利用率高，可以对变形前后的信息进行各种后处理。

摄影测量方法的精度主要取决于像点坐标的量测精度及摄影测量的几何强度。前者与摄影机和量测仪的质量有关，后者与摄影站与变形体之间的位置关系及变形体上控制点的数量和分布有关。在数据处理中采用严密的光束法平差，将外方位元素、控制点的坐标及摄影测量中的某些系统误差、镜头畸变作为观测值或估计参数进行平差，可以进一步提高变形体上被测目标点的精度。近年来发展起来的数字摄影测量、实时摄影测量及无人机摄影测量技术在变形监测中具有较好的应用前景。

### 1.3.3 其他测量方法

1. 准直法

准直法通过布设水平基准线测量偏离水平基准线的微小距离。水平基准线通常布设在变形体以外稳定的地方且平行于被监测的变形体，如大坝、机械设备的轴线。偏离水平基准线的垂直距离称为偏距（或垂距），测量偏距的过程称为准直测量。其中光学法在实际工作中用得比较多。

光学法利用光学经纬仪或电子经纬仪的视准线构成基准线，所以又称为视准线法。若在光学经纬仪或电子经纬仪望远镜的目镜端增加一个激光发生器，则基准线是一条可见的激光束。光学法分为小角法和活动觇牌法。

小角法采用精密经纬仪测量基准线与经纬仪到测点间的小角 $\alpha_i$，并按下式计算偏距 $l_i$：

$$l_i = \frac{\alpha_i''}{\rho''} S_i \tag{1.58}$$

式中：$S_i$ 为经纬仪到测点觇牌（固定觇牌）的水平距离；$\rho''$=206 265。假设第一次测出的偏距为 $l_1$，则本次相对于第一次的偏距为

$$\Delta l_i = l_i - l_1 \tag{1.59}$$

活动觇牌法的偏距直接利用安置在测点上的活动觇牌测定，活动觇牌读数尺上的最小分划为 1mm，采用游标可直接读到 0.1mm。小角法和活动觇牌法的主要误差来源于瞄准目标点上觇牌的照准误差，两种方法测量偏距的精度基本相当。

2. 铅直法

以过基准点的铅垂线为垂直基准线，沿铅垂基准线的目标点相对于铅垂线的水平距离（也称为偏距）可通过垂线坐标仪、测尺或传感器得到。最常用的铅直法包括正垂线法和倒垂线法。

正垂线法的主要设备包括专用竖井、悬挂端点、线体、重锤、垂线坐标观测设备等组成。线体通常采用 1.5～2mm 的高强度不锈钢丝。正垂线测量装置其固定点悬挂于欲测部位的上部，垂线下部设重锤，重锤一般为 20～40kg，使该线体始终处于铅垂状态，作为测量的基准线，垂线观测设备则设置在沿线体布置的监测点上。正垂线可测量相对于顶部悬挂点的位移变化。

倒垂线法的主要设备包括倒垂锚块、线体、浮筒、观测墩、垂线坐标观测设

备。倒垂测量装置的锚固点设在基岩下一定深度，线体上引至地面，利用浮筒的浮力将线体拉直并保持一定的张紧力，浮筒置于被测对象上并随其一起位移，但垂线借助于浮子仍始终保持铅直状态，故该垂线可以认为是基准线。倒垂线锚固点的深度通常要求达到基岩的相对不动点，因此倒垂上部测点的位移可以认为是绝对位移。

正垂和倒垂经常组合使用，可求得建筑物整个高度各测点的绝对水平位移量，垂线坐标仪是垂线测量装置中的测量仪器。目前国内使用最多的遥测垂线坐标仪为差动电容式双向坐标仪，此外还有步进电机式坐标仪，以电荷偶合器件为敏感元件的 CCD 型坐标仪在工程中也得到广泛应用。

#### 3. 液体静力水准测量法

该方法基于贝努利方程，即对于连通管中处于静止状态的液体压力，满足 $P+\rho gh$（其中 $P$ 为空气压力，$\rho$ 为液体密度，$g$ 为重力加速度，$h$ 为液体水柱高）等于常数。按此原理制成的液体静力水准测量系统可以测量两点或多点之间的高差。若其中的一个观测头安置在基准点上，其他观测头安置在目标点上，进行多期观测，则可得各目标点的垂直位移。这种方法特别适合建筑物（如大坝）内部的沉降观测，尤其是适合那些使用常规水准法观测较困难且高差又不太大的情况。目前，液体静力水准测量系统采用自动读数装置，可实现持续监测，监测点可达上百个。

#### 4. 挠度和倾斜测量法

挠度曲线为相对于水平线或铅垂线（称基准线）的弯曲线，曲线上某点到基准线的距离称为挠度。例如，在建筑物的垂直面内各不同点相对于底点的水平位移就称为挠度。大坝在水压作用下产生弯曲，塔柱、塔梁的弯曲及钻孔的倾斜等，都可以通过正、倒垂线法或倾斜测量方法获得挠度曲线及其随时间的变化。对于高层建筑物而言，由于其相对高度较大，在较小的面积上有很大的集中荷载，从而导致基础与建筑物的沉陷，其中不均匀沉陷将导致建筑物的倾斜，局部构件产生弯曲而引起裂缝。对于房屋类的高层建筑物，这种倾斜和弯曲将导致建筑物挠曲。建筑物的挠度可由观测不同高度处的倾斜计算求得，其中两点之间的倾斜可以通过测量两点之间的高差及水平距离获得。大坝的挠度可采用正垂线法测得。

#### 5. 裂缝观测法

工程建筑物裂缝观测的内容包括观测裂缝的位置、走向、长度、宽度等。对于重要裂缝，一般在裂缝两端设置观测标志，用游标卡尺定期观测两标志之间距离的变化。对于混凝土大坝及土坝的裂缝观测，观测次数与裂缝的位置、长度、宽度、形状及发展变化有关。对于建筑预留裂缝及宽度较小的岩石裂缝一般采用预留内部测微计及外部测微计的方法进行观测。

6. 振动观测法

对于塔式建筑物，在温度及风力等荷载的作用下将产生来回摆动的现象，这就需要对其进行振动（摆动）观测。观测建筑物的振动一般采用专门的光电观测系统，也可以使用 GPS 技术作持续的动态振动观测。

7. 三维激光扫描法

三维激光扫描测量技术也称为实景复制技术，通过三维激光扫描仪扫描，能大范围、高精度、高分辨率、以非接触的方式快速获取目标体表面每个采样点的三维坐标。随着三维激光扫描测量技术的不断发展，其在变形监测方面的应用也取得了一定的成果[3]。

三维激光扫描测量系统包括三维激光扫描仪、系统软件、电源以及附属设备。其中，三维激光扫描仪的主要构造包括精确的激光测距系统、引导激光并以均匀角速度扫描的反射棱镜、水平方位偏转控制器、高度角偏转控制器、数据输出处理器，部分仪器还具有内置的数码相机。三维激光扫描测量系统通过水平方位偏转控制器和高度角偏转控制器控制反射棱镜的转动，使得由激光测距系统发射的激光沿横轴和竖轴方向移动并进行扫描测量，通过测得的三维扫描仪中心到目标点的斜距、激光束水平方向偏转角和竖直方向偏转角来计算每个采样点的三维坐标。

8. 自动化监测法

目前发展起来的测量技术及信号传感技术使变形监测自动化监测在工程中得到广泛应用。基于信号转换的传感技术可以将测量中确定的距离、角度、高差、倾角等几何量及其微小的变化转化为电信号。将相应的传感器安装在伸缩仪、应变仪、准直仪、铅直仪、测斜仪及液体静力水准测量系统中，通过数据采集、信号处理、数据转换、数据通信，可以将成百上千个测点的监测数据传输到数据处理中心，实现变形的持续自动化监测。

# 第2章 回归模型

## 2.1 概　　述

在风力、水力、重力、地震等外力的作用下，斜坡、大坝、建筑物等变形体的形状、大小及位置随时间发生变化的现象称为变形。自然界中，变形体的变形是不可避免的。如果变形体的变形超过了一定的限度，往往会带来灾难性的后果，给广大人民的生命和财产造成巨大的损失。为了监视变形体的变形状态，应对变形体进行变形监测。变形监测的目的一方面是为了了解变形体的变形状态，为判断变形体是否相对稳定提供依据；另一方面是为了预测变形体未来的变形。预测变形体未来变形的有效方法是建立变形预测模型。变形预测模型分为三大类，即统计模型、确定性模型和混合模型。

统计模型建立的是变形与时间、温度、水位等原因量之间的统计相关模型，如回归分析模型、时间序列模型、灰色模型等就属于统计模型。由于统计模型所需要的信息量比较少，而且建模也比较灵活，当变形与原因量之间的确定关系未知时，可建立统计模型进行变形预测。

确定性模型是在一定的假设条件下，通过应力-应变关系建立变形与荷载（原因量）之间的函数模型。确定性模型物理概念明确，但计算工作量大，所需资料要求较高。如果所作的假设与实际情况出入较大，则确定性模型所求结果不理想。

混合模型是统计模型和确定性模型的综合，具备两种模型的优点，如混凝土坝的变形与水位的关系可通过力学的方法推导出来，而温度、时效等原因量对混凝土坝变形的影响比较复杂，无法建立混凝土坝的变形与温度、时效之间的确定关系模型，此时可建立混凝土坝的变形与水位之间关系的确定性模型，再建立混凝土坝的变形与温度、时效之间的统计模型，最后将两种模型结合起来建立相应的混合模型。

## 2.2 单因子回归模型

单因子回归模型在变形分析中用得较多，当所掌握的信息较为贫乏或水位、气温、降雨等原因量对变形的影响不明显时，可采用单因子回归模型。单因子回归模型反映的是变形与时间的统计相关关系。

### 2.2.1 线性单因子回归模型

线性单因子回归模型建立的是变形（因变量）与回归系数之间线性相关的统计模型。文献[4]选取了如下较为典型的线性单因子回归模型：

$$y_1 = a_1 + a_2\sqrt{t} + a_3\mathrm{e}^t + a_4\ln t \tag{2.1}$$

$$y_2 = a_1 + a_2\sqrt{t} + a_3\sqrt[3]{t} + a_4\ln t \tag{2.2}$$

$$y_3 = a_1 + a_2\sqrt[3]{t} + a_3\mathrm{e}^t + a_4\ln t \tag{2.3}$$

$$y_4 = a_1 + a_2\sqrt{t} + a_3\mathrm{e}^t + a_4\sin t \tag{2.4}$$

$$y_5 = a_1 + a_2\sqrt{t} + a_3\ln t + a_4\sin t \tag{2.5}$$

$$y_6 = a_1 + a_2 t + a_3 t^2 + a_4 t^3 \tag{2.6}$$

$$y_7 = a_1 + a_2 t + a_3\mathrm{e}^t + a_4\ln t \tag{2.7}$$

$$y_8 = a_1 + a_2\sqrt{t} + a_3 t + a_4\sin t \tag{2.8}$$

$$y_9 = a_1 + a_2\ln t + a_3\sin t + a_4 t^2 \tag{2.9}$$

对于某一个变形监测点，如果进行了若干次变形观测。根据每次的变形观测值 $l_i$ 及相应的观测时刻 $t_i$，即可组成相应的线性单因子回归模型。

对于不同的变形监测点，由于它们所处的地理位置不同，各种环境因素对它们的影响及影响程度也不尽相同，因此，它们的变形规律也不可能完全相同，模型的形式也就不可能完全相同。

1. 回归模型的选取原则

对于一组变形观测值 $l_1, l_2, \cdots, l_n$，既可以用模型（2.1）求解，又可以用模型（2.2）求解，…，也可以用模型（2.9）求解。究竟选用哪个模型，这就需要给出选择模型的标准。模型的选取标准有两种：第一种是如果哪种模型的剩余标准差最小，则认为哪种模型最好；第二种是如果哪种模型的预测变形误差最小，则认为哪种模型最好。一般地，剩余标准差最小的模型其预测变形误差不一定最小；反过来，预测变形误差最小的模型其剩余标准差不一定最小。因此，选择模型的标准不同，则选取的最好模型也不一样。

假设有变形观测值 $l_1, l_2, \cdots, l_n, l_{n+1}, l_{n+2}$，此时，用 $l_1 \sim l_n$ 来建立回归模型，求模型的参数，用 $l_{n+1}$ 作为求最佳模型的标准，如果哪个模型的预测变形误差最小，则选取哪个模型，最后用 $l_{n+2}$ 验证求解结果。

2. 权的取法

对于变形预测模型，希望加大后面变形观测值对模型的影响，此时，可以将后面变形观测值的权取大一些。设有一组变形观测值 $l_1, l_2, \cdots, l_n$，它们对应的观测时间分别为 $t_1, t_2, \cdots, t_n$，此时可以取 $l_1$ 的权为 $p_1 = \frac{t_1}{\sum_{i=1}^{n} t_i}$，$l_2$ 的权为 $p_2 = \frac{t_2}{\sum_{i=1}^{n} t_i}$，…，$l_n$ 的权为 $p_n = \frac{t_n}{\sum_{i=1}^{n} t_i}$，显然 $l_1 \sim l_n$ 权的总和为 1。

3. 算例

根据以上思路，现选取清江隔河岩大坝右岸拱座 169m 及 184m 高程的 PL10601、PL10701 两点 1998 年 1 月至 1998 年 12 月沿水库上下游方向的水平变形观测资料进行试算。试算时，预置 9 个模型，即式（2.1）～式（2.9），以预测变形误差最小作为选择最佳模型的标准，选取最佳模型。有关结果见表 2.1，其中残差为拟合值与观测值之差。

表 2.1 PL10601 点及 PL10701 点有关计算结果

| 观测时间 | 平均水位/m | 权值 | PL10601 点的观测值/mm | PL10601 点最佳模型的残差/mm | PL10701 点的观测值/mm | PL10701 点最佳模型的残差/mm |
|---|---|---|---|---|---|---|
| 1998 年 1 月 6 日 | 180.54 | 0.0105 | 5.87 | −0.51 | 5.81 | −1.74 |
| 1998 年 2 月 17 日 | 174.12 | 0.0228 | 5.67 | 1.64 | 5.72 | 0.37 |
| 1998 年 3 月 17 日 | 182.12 | 0.0316 | 7.68 | −1.47 | 6.90 | 0.65 |
| 1998 年 5 月 18 日 | 194.12 | 0.0491 | 7.27 | −0.58 | 7.01 | 2.18 |
| 1998 年 6 月 17 日 | 193.77 | 0.0579 | 8.23 | 0.62 | 9.22 | 0.27 |
| 1998 年 7 月 13 日 | 193.49 | 0.0649 | 7.92 | 2.25 | 7.16 | 2.36 |
| 1998 年 8 月 3 日 | 199.78 | 0.0710 | 9.66 | 0.71 | 9.25 | 0.17 |
| 1998 年 8 月 7 日 | 202.36 | 0.0719 | 11.18 | −0.86 | 11.56 | −2.16 |
| 1998 年 8 月 8 日 | 203.71 | 0.0728 | 11.62 | −1.38 | 11.87 | −2.49 |
| 1998 年 8 月 11 日 | 198.00 | 0.0737 | 9.18 | 0.96 | 8.90 | 0.45 |
| 1998 年 8 月 16 日 | 203.67 | 0.0746 | 11.47 | −1.44 | 11.90 | −2.58 |
| 1998 年 8 月 17 日 | 202.72 | 0.0754 | 11.41 | −1.51 | 11.63 | −2.34 |
| 1998 年 8 月 20 日 | 198.88 | 0.0763 | 10.03 | −0.28 | 10.27 | −1.01 |
| 1998 年 9 月 24 日 | 196.25 | 0.0772 | 8.66 | 0.93 | 8.04 | 1.18 |
| 1998 年 9 月 7 日 | 197.24 | 0.0808 | 8.35 | 0.49 | 7.59 | 1.48 |
| 1998 年 10 月 6 日 | 189.28 | 0.0895 | 6.53 | 0.37 | 5.88 | 2.68 |
| 1998 年 11 月 2 日 | 189.68 | | 7.20 | | 6.90 | |
| 1998 年 12 月 8 日 | 180.65 | | 6.66 | | 6.71 | |

对于 PL10601 点，模型 5［即式（2.5）］为最佳模型（其对应的预测变形误差最小），该模型的预测变形误差 $d_5$=0.95mm（由 1998 年 11 月 2 日的观测值求得），该模型的剩余标准差 $\hat{\sigma}_5$=±0.3201mm，1998 年 12 月 8 日的预测值（由预测模型求得）为 7.69mm，而实测值为 6.66mm，两者之差为 1.03mm。

对于 PL10701 点，模型 2［即式（2.2）］为最佳模型（其对应的预测变形误差最小），该模型的预测变形误差 $d_2$=1.08mm（由 1998 年 11 月 2 日的观测值求得），该模型的剩余标准差 $\hat{\sigma}_2$=±0.5299mm，1998 年 12 月 8 日的预测值（由预测模型求得）为 7.05mm，而实测值为 6.71mm，两者之差为 0.34mm。

从表 2.1 中可以看出，PL10601 点及 PL10701 点沿水库上下游方向水平变形的最佳模型不一样，PL10601 点的最佳模型为模型 5，而 PL10701 点的最佳模型为模型 2。因此，对所有变形点套用一个固定的模型是不合适的。从计算结果看，PL10601 点的最佳模型其预测变形误差最小，但剩余标准差却不是最小的；PL10701 点的最佳模型其预测变形误差最小，但剩余标准差却最大。因此，预测变形误差小的模型，其剩余标准差不一定小，反之亦然。

由表 2.1 还可以看出，PL10601 点及 PL10701 点最佳模型的残差相对来说比较小，而且剩余标准差也比较小（都小于 0.53mm），这都说明最佳模型的拟合精度比较高。

由表 2.1 还可以看出，当库水位升高时，PL10601 点及 PL10701 点沿水库上下游方向的水平变形量增大，当库水位下降时，PL10601 点及 PL10701 点沿水库上下游方向的水平变形量减小，在 1998 年 8 月汛期，当库水位达到最高时，PL10601 点及 PL10701 点沿水库上下游方向的水平变形量达到最大值，它们沿水库上下游方向的水平变形量明显表现出与库水位呈正相关关系。

### 2.2.2 “+”函数模型

1. “+”函数的概念

“+”函数的定义为

$$u_+ = u \quad (\text{当} u \geqslant 0 \text{时}) \tag{2.10}$$

$$u_+ = 0 \quad (\text{当} u < 0 \text{时}) \tag{2.11}$$

这就是说，当某函数大于或等于 0 时是它自身；小于 0 时计为 0。因此，“+”函数都是不小于 0 的实数。

根据“+”函数的概念，我们可以建立“+”函数模型，用来模拟滑坡等崩滑体的变形状态。

2. “+”函数模型

对于滑坡而言，当滑坡局部滑动时，滑坡上部分监测点在很短的时间里将产生大的位移量，我们称其为突变位移，这一突变位移可以认为是在滑坡发生的某一瞬间发生。滑坡局部滑动前，滑坡上部分监测点的位移量按照一定的规律变化，滑坡局部滑动时，这些监测点产生突变位移，滑坡局部滑动以后，这些监测点的位移量按照另一种规律变化。为此，我们可以利用“+”函数的概念，非常方便地建立比较客观的滑坡变形预测模型。对于同一滑坡上不同的监测点，由于其布设位置不同，因此，它们的变形规律也不可能完全相同。此时，我们可以事先预置数个模型，然后让计算机自动寻找预测变形误差最小的模型。文献[5]通过大量的试算，优（预）选了拟合效果较好的五个模型，其形式如下：

$$\begin{aligned} y_1 &= a_1 + a_2 \ln t + a_3 \sqrt{t} + a_4 \mathrm{e}^t \\ &\quad + (t-t_0)_+^0 \left[ a_5 + a_6(t-t_0) + a_7 \ln(t-t_0) + \frac{a_8}{t-t_0} \right] \end{aligned} \tag{2.12}$$

$$\begin{aligned} y_2 &= a_1 + a_2 \ln t + a_3 \sqrt{t} + \frac{a_4}{t} \\ &\quad + (t-t_0)_+^0 \left[ a_5 + a_6(t-t_0) + a_7 \ln(t-t_0) + \frac{a_8}{t-t_0} \right] \end{aligned} \tag{2.13}$$

$$\begin{aligned} y_3 &= a_1 + a_2 \ln t + a_3 \sqrt[3]{t} + \frac{a_4}{t} \\ &\quad + (t-t_0)_+^0 \left[ a_5 + a_6(t-t_0) + a_7 \ln(t-t_0) + \frac{a_8}{t-t_0} \right] \end{aligned} \tag{2.14}$$

$$\begin{aligned} y_4 &= a_1 + a_2 \ln t + a_3 \mathrm{e}^t + a_4 t^2 \\ &\quad + (t-t_0)_+^0 \left[ a_5 + a_6(t-t_0) + a_7 \ln(t-t_0) + \frac{a_8}{t-t_0} \right] \end{aligned} \tag{2.15}$$

$$\begin{aligned} y_5 &= a_1 + a_2 \ln t + a_3 \sqrt{t} \\ &\quad + a_4 \mathrm{e}^t + \frac{a_5}{t} + (t-t_0)_+^0 \left[ a_6 + a_7(t-t_0) + a_8 \ln(t-t_0) + \frac{a_9}{t-t_0} \right] \end{aligned} \tag{2.16}$$

式中：$t_0$为突变位移发生的时间；$t$为观测时间；式（2.12）～式（2.15）中的$a_5$及式（2.16）中的$a_6$为突变位移量。

事实上，式（2.12）～式（2.16）在不同的观测时间对应三个不同的模型。例如，当$t<t_0$时，则式（2.12）变为

$$y_1 = a_1 + a_2 \ln t + a_3 \sqrt{t} + a_4 \mathrm{e}^t$$

当$t=t_0$时，则式（2.12）变为

$$y_1 = a_1 + a_2 \ln t + a_3 \sqrt{t} + a_4 \mathrm{e}^t + a_5$$

当$t>t_0$时，则式（2.12）变为

$$y_1 = a_1 + a_2 \ln t + a_3 \sqrt{t} + a_4 \mathrm{e}^t + a_5 + a_6(t-t_0) + a_7 \ln(t-t_0) + \frac{a_8}{t-t_0}$$

3. 算例

根据以上思路，现选取清江隔河岩库区墓平滑坡 $BJ_6$、$BJ_7$ 两点（该两点距1995年7月局部滑坡发生地较近)1993年6月至1996年11月的水平变形资料进行计算，计算时，模型的选取原则及权的取法同2.2.1节。对于 $BJ_6$ 点，式（2.13）为最佳模型；对于 $BJ_7$ 点，式（2.14）为最佳模型。有关计算结果见表2.2，其中残差为拟合值与观测值之差。

**表2.2　$BJ_6$点及$BJ_7$点有关计算结果**　　（单位：mm）

| 观测时间 | $BJ_6$点变形观测值 | $BJ_6$点最佳模型的残差 | $BJ_7$点变形观测值 | $BJ_7$点最佳模型的残差 |
|---|---|---|---|---|
| 1993年6月 | 248.98 | −11.19 | 27.73 | −18.17 |
| 1993年7月 | 504.49 | 13.28 | 57.43 | 15.27 |
| 1993年8月 | 647.63 | 9.33 | 91.40 | 21.46 |
| 1993年11月 | 834.78 | −18.96 | 196.64 | −18.42 |
| 1993年12月 | 846.69 | −7.06 | 200.52 | −9.23 |
| 1994年3月 | 880.29 | 9.38 | 214.64 | 4.03 |
| 1994年5月 | 894.35 | 23.40 | 229.22 | 1.75 |
| 1994年8月 | 975.43 | −14.81 | 244.61 | −0.24 |
| 1994年9月 | 981.35 | −5.74 | 245.17 | 2.73 |
| 1994年10月 | 990.86 | 0.17 | 247.66 | 3.41 |
| 1995年5月 | 1107.98 | 2.34 | 268.92 | −2.54 |
| 1995年7月 | 1675.37 | 1.29 | 378.20 | 0.41 |
| 1995年8月 | 1706.76 | 1.37 | 392.09 | 0.43 |
| 1995年12月 | 1725.12 | −13.27 | 399.88 | −4.18 |
| 1996年4月5日 | 1740.99 | 14.92 | 406.44 | 4.63 |
| 1996年8月1日 | 1802.37 | 0.74 | 425.51 | 0.41 |
| 1996年10月1日 | 1834.68 | −5.20 | 435.54 | −1.74 |
| 1996年11月27日 | 1848.98 | | 442.33 | |

对于 $BJ_6$ 点，1996 年 11 月 27 日的预测变形值为 1855.22mm，而实测变形值为 1848.98mm，两者之差为 6.24mm。预测误差较小。

对于 $BJ_7$ 点，1996 年 11 月 27 日的预测变形值为 441.28mm，而实测变形值为 442.33mm，两者之差为 1.05mm。预测误差较小。

### 2.2.3 非线性单因子回归模型

非线性回归模型在理论上没有线性回归模型那样成熟，有人通过变量代换的方法将非线性回归模型变换为线性回归模型。

如对于非线性模型：

$$y=\frac{t}{a+bt}$$

若令 $y'=\frac{t}{y}$，则该非线性模型变为如下线性模型：

$$y'=a+bt \tag{2.17}$$

由式（2.17）即可组成线性回归方程，求参数 $a$ 及 $b$ 的估值，由 $a$ 及 $b$ 的估值即可求出 $y'$ 的拟合值 $\hat{y}$。很显然，经过变量代换后，只能保证 $\sum(y'-\hat{y}')^2$ 为最小，而 $\sum(y-\hat{y})^2$ 并不是最小的，相应地，$a$ 及 $b$ 的估值对回归模型（2.17）是无偏估值，而 $a$ 及 $b$ 的估值对于回归模型 $y=\frac{t}{a+bt}$ 并非无偏[6]。为此，我们可以对回归模型的系数 $a$ 及 $b$ 进行优化改正，使其估值对于回归模型 $y=\frac{t}{a+bt}$ 接近无偏。

设含有 $l$ 个回归因子及 $m$ 个参数的非线性模型[6]为

$$y=f(t_1,t_2,\cdots,t_l;\ a_1,a_2,\cdots,a_m)=f(T,A) \tag{2.18}$$

将以变量代换的方法计算的回归模型的参数记为 $a_i^0$（$i=1,2,\cdots,m$），则有

$$a_i=a_i^0+\Delta a_i\ （i=1,2,\cdots,m）$$

将式（2.18）用泰勒级数展开并取一次项得

$$y=f(T,A)=f(T,A^0)+\frac{\partial f}{\partial a_1}\Delta a_1+\frac{\partial f}{\partial a_2}\Delta a_2+\cdots+\frac{\partial f}{\partial a_m}\Delta a_m \tag{2.19}$$

令 $c_i=\frac{\partial f}{\partial a_i}$，则式（2.19）变为如下形式：

$$y-f(T,A^0)=\Delta y=c_1\Delta a_1+c_2\Delta a_2+\cdots+c_m\Delta a_m \tag{2.20}$$

设有改正数

$$v_g = \hat{y} + \Delta y - y \tag{2.21}$$

若令

$$L = y - \hat{y}$$

则式（2.21）变为如下形式：

$$v_g = \Delta y - L \tag{2.22}$$

式（2.22）也可写成如下形式：

$$v_g = c_1 \Delta a_1 + c_2 \Delta a_2 + \cdots + c_m \Delta a_m - L \tag{2.23}$$

由$n$个观测值（样本数），即可组成$n$个类似于式（2.23）的方程，由最小二乘法即可求出$\Delta a_i$，进而求出$a_i$。

由于式（2.19）用泰勒级数展开时只取至一次项，因此，可采用迭代计算的方法进行计算，直至相邻两次计算的$\Delta a_i$小于预先给定的微小数值。

例如，对于非线性模型$y = \dfrac{t}{a + bt}$，有

$$\Delta y = c_1 \Delta a + c_2 \Delta b \tag{2.24}$$

其中

$$c_1 = \frac{\partial y}{\partial a} = -\frac{y^2}{t}, \quad c_2 = \frac{\partial y}{\partial b} = -y^2$$

### 2.2.4　单因子组合模型

1. 单因子组合模型的基本原理

组合模型是将几种模型通过加权的方法组成新的模型[7]。设对某一预测对象$y$，利用$k$个预测模型得到$k$个预测结果$y_i$（$i = 1,2,\cdots,k$），利用这$k$个预测结果$y_i$（$i = 1,2,\cdots,k$）构成对$y$的一个最终预测结果，即

$$y = \varphi(y_1, y_2, \cdots, y_k) \tag{2.25}$$

若取$y$为$y_i$（$i = 1,2,\cdots,k$）的线性函数，则

$$y = \varphi(y_1, y_2, \cdots, y_k) = \sum_{i=1}^{k} p_i y_i \tag{2.26}$$

式中：$p_i$为第$i$个模型的权重，且

$$\sum_{i=1}^{k} p_i = 1 \tag{2.27}$$

组合模型是建立在最大信息利用的基础上，它集结了多个模型所包含的信息，并进行最佳组合，因此，在某种程度上可以达到改善预测结果的目的。

若第$i$个模型的残差为

$$v_{ti} = y_{ti} - \hat{y}_{ti} \quad (i = 1,2,\cdots,k; \quad t = 1,2,\cdots,n) \tag{2.28}$$

则$k$个模型的残差可以构成残差矩阵：

$$\boldsymbol{V} = \left[\sum_{t=1}^{k} v_{ti} v_{tj}\right] \quad (i, j = 1,2,\cdots,k) \tag{2.29}$$

显然，$\boldsymbol{V}$为$k$阶矩阵，可以证明[7]，式（2.27）的最优权重为

$$\boldsymbol{P}_0 = \frac{\boldsymbol{V}^{-1}\boldsymbol{R}}{\boldsymbol{R}^{\mathrm{T}}\boldsymbol{V}^{-1}\boldsymbol{R}} \tag{2.30}$$

其中

$$\boldsymbol{R} = \begin{bmatrix} 1 & 1 & \cdots & 1 \end{bmatrix}^{\mathrm{T}}$$

例如，构造两个单一模型，其模型形式[8]为

$$y_1 = a_1 + b_1 \cos(30t) \tag{2.31}$$

$$y_2 = a_2 + b_2 t + c_2 t^2 \tag{2.32}$$

其中式（2.31）反映周期性变化的信息，式（2.32）反映非线性变化的信息。

式（2.31）和式（2.32）的组合模型为

$$y = p_1 y_1 + p_2 y_2 \tag{2.33}$$

将式（2.31）和式（2.32）代入式（2.33）得

$$y = (p_1 a_1 + p_2 a_2) + p_2 b_2 t + p_2 c_2 t^2 + p_1 b_1 \cos(30t) \tag{2.34}$$

2. 算例

根据以上思路，现取链子崖危岩体$T_8$监测点部分观测时间段水平位移监测资料进行计算，计算时，组合模型的形式为式（2.34），有关计算结果列于表2.3中，其中残差为拟合值与观测值之差。

**表 2.3 链子崖危岩体 $T_8$ 监测点水平位移监测值与计算结果** （单位：mm）

| 观测时间 | 变形观测值 | 残差 | 拟合值 |
|---|---|---|---|
| 2003 年 1 月 | 108.8 | −2.08 | 106.72 |
| 2003 年 2 月 | 104.5 | 0.76 | 105.26 |
| 2003 年 3 月 | 103.6 | 1.90 | 105.50 |
| 2003 年 4 月 | 105.9 | 0.68 | 106.58 |
| 2003 年 5 月 | 107.2 | 0.47 | 107.67 |
| 2003 年 6 月 | 108.5 | −0.36 | 108.14 |
| 2003 年 7 月 | 107.8 | −0.03 | 107.77 |
| 2003 年 8 月 | 108.0 | −1.20 | 106.80 |
| 2003 年 9 月 | 106.6 | −0.78 | 105.82 |
| 2003 年 10 月 | 107.4 | −1.71 | 105.69 |
| 2003 年 11 月 | 104.9 | 2.35 | 107.25 |
| 2003 年 12 月 | 106.5 | | |

由表 2.3 可以看出，模型的最大残差为 2.35mm，最小为−0.03mm，只有 2 个残差超过 2mm，该模型的剩余标准差为 1.68mm。组合模型预测 $T_8$ 点 2003 年 12 月的位移值为 108.32mm，而 $T_8$ 点 2003 年 12 月位移观测值为 106.5mm，预测误差为 1.82mm。拟合效果及预测效果相对较好。

## 2.3 多元线性回归模型

### 1. 多元线性回归模型的建立

多元线性回归模型在变形预测中用得比较多，它建立的是一个因变量与多个自变量之间线性相关的统计模型。其模型的形式[2]为

$$y_t = \beta_0 + \beta_1 x_{t1} + \beta_2 x_{t2} + \ldots + \beta_p x_{tp} + \varepsilon_t \quad (t = 1, 2, 3, \cdots, n) \tag{2.35}$$

式中：$y_t$ 为因变量；$x_{t1} \sim x_{tp}$ 为自变量；$\beta_0 \sim \beta_p$ 为待估计参数，也称为回归系数；$\varepsilon_t$ 为服从同一正态分布 $N(0, \sigma^2)$ 的随机变量，$\varepsilon_t$ 的数学期望为 0，方差为 $\sigma^2$。

若令

$$\boldsymbol{y} = [y_1 \quad y_2 \quad \cdots \quad y_n]^{\mathrm{T}}，\boldsymbol{\beta} = [\beta_0 \quad \beta_1 \quad \cdots \quad \beta_p]^{\mathrm{T}}，\boldsymbol{\varepsilon} = [\varepsilon_1 \quad \varepsilon_2 \quad \cdots \quad \varepsilon_n]^{\mathrm{T}}，$$

$$\boldsymbol{x}=\begin{bmatrix}1 & x_{11} & x_{12} & \cdots & x_{1p}\\ 1 & x_{21} & x_{22} & \cdots & x_{2p}\\ \vdots & \vdots & \vdots & & \vdots\\ 1 & x_{n1} & x_{n2} & \cdots & x_{np}\end{bmatrix}$$

则式（2.35）可写成如下形式：

$$\boldsymbol{y}=\boldsymbol{x\beta}+\boldsymbol{\varepsilon} \tag{2.36}$$

由最小二乘法得 $\boldsymbol{\beta}$ 的估值为

$$\hat{\boldsymbol{\beta}}=(\boldsymbol{x}^{\mathrm{T}}\boldsymbol{x})^{-1}\boldsymbol{x}^{\mathrm{T}}\boldsymbol{y} \tag{2.37}$$

残差为

$$v_i=\hat{y}_i-y_i \tag{2.38}$$

剩余标准差为

$$\hat{\sigma}=\sqrt{\frac{\sum_{i=1}^{n}(y_i-\hat{y}_i)^2}{n-p-1}} \tag{2.39}$$

相关指数为

$$r=\sqrt{1-\frac{\sum_{i=1}^{n}(y_i-\hat{y}_i)^2}{\sum_{i=1}^{n}(y_i-\overline{y})^2}} \tag{2.40}$$

回归平方和为

$$S_H=\sum_{i=1}^{n}(\hat{y}_i-\overline{y})^2 \tag{2.41}$$

剩余平方和或残差平方和为

$$S_S=\sum_{i=1}^{n}(y_i-\hat{y}_i)^2 \tag{2.42}$$

其中

$$\overline{y}=\frac{1}{n}\sum_{i=1}^{n}y_i\,,\qquad \hat{y}_i=\hat{\beta}_0+\hat{\beta}_1x_{i1}+\hat{\beta}_2x_{i2}+\cdots+\hat{\beta}_px_{ip}$$

若给因变量 $y_t$ 赋予一定的权 $p_i$，则

$$\hat{\boldsymbol{\beta}} = (\boldsymbol{x}^{\mathrm{T}}\boldsymbol{P}\boldsymbol{x})^{-1}\boldsymbol{x}^{\mathrm{T}}\boldsymbol{P}\boldsymbol{y} \tag{2.43}$$

式中：$\boldsymbol{P} = \begin{bmatrix} p_1 & 0 & 0 & 0 \\ 0 & p_2 & 0 & 0 \\ 0 & 0 & \ddots & 0 \\ 0 & 0 & 0 & p_n \end{bmatrix}$，为对角矩阵。

$$\hat{\sigma} = \sqrt{\frac{\sum_{i=1}^{n} p_i(y_i - \hat{y}_i)^2}{n-p-1}} \tag{2.44}$$

$$r = \sqrt{1 - \frac{\sum_{i=1}^{n} p_i(y_i - \hat{y}_i)^2}{\sum_{i=1}^{n} p_i(y_i - \overline{y})^2}} \tag{2.45}$$

$$S_H = \sum_{i=1}^{n} p_i(\hat{y}_i - \overline{y})^2 \tag{2.46}$$

$$S_S = \sum_{i=1}^{n} p_i(y_i - \hat{y}_i)^2 \tag{2.47}$$

如果剩余标准差越小或相关指数越接近于 1，则回归模型的拟合效果越好。

模型（2.35）只是一种假设，这种假设是否合理，还需要借助于一定的检验方法对其检验。检验的方法有两种，即回归模型的显著性检验和回归系数的显著性检验。

2. 回归模型的显著性检验

由于事先不能断定因变量 $y_t$ 与自变量 $x_{t1}, x_{t2}, \cdots, x_{tp}$ 之间是否具有线性关系，在求出线性回归模型后，应对线性回归模型进行统计检验，以便判断因变量 $y_t$ 与自变量 $x_{t1}, x_{t2}, \cdots, x_{tp}$ 之间是否具有真正的线性关系。

如果因变量 $y_t$ 与自变量 $x_{t1}, x_{t2}, \cdots, x_{tp}$ 之间不存在线性关系，则模型（2.35）中的 $\beta_i$（$i$=1,2,3,$\cdots$,$p$）为 0，即有原假设：

$$H_0：\beta_1 = 0, \beta_2 = 0, \cdots, \beta_p = 0$$

以原假设为模型（2.35）的约束条件，可求得如下统计量：

$$F=\frac{\dfrac{S_H}{p}}{\dfrac{S_S}{n-p-1}} \tag{2.48}$$

当原假设成立时，统计量$F$服从$F(p,n-p-1)$分布。选择显著性水平$\alpha$，可用下式检验原假设：

$$p\{|F|\geqslant F_{1-\alpha,p,n-p-1}|H_0\}=\alpha \tag{2.49}$$

若式（2.49）成立，则认为在显著水平$\alpha$下，$y_t$与$x_{t1},x_{t2},\cdots,x_{tp}$在总体上存在显著的线性关系。

3. 回归系数的显著性检验

$y_t$与$x_{t1},x_{t2},\cdots,x_{tp}$在总体上存在显著的线性关系，并不意味着$x_{t1},x_{t2},\cdots,x_{tp}$中每一个自变量对因变量$y_t$的影响都显著，为了使线性回归模型较为简单，可以剔除那些对因变量影响不显著的自变量。如果某个自变量$x_{tj}$对因变量$y_t$的作用不显著，则式（2.35）中$x_{tj}$前面的系数$\beta_j$就应该为零。因此，检验自变量$x_{tj}$是否显著的原假设为

$$H_0：\beta_j=0$$

由式（2.35）可求得

$$E(\hat{\beta}_j)=\beta_j \tag{2.50}$$

$$D(\hat{\beta}_j)=c_{jj}\sigma^2 \tag{2.51}$$

式中：$c_{jj}$为矩阵$(\boldsymbol{x}^{\mathrm{T}}\boldsymbol{x})^{-1}$中主对角线上第$j$个元素。当原假设成立时，统计量$F_x=\dfrac{\hat{\beta}_j^2/c_{jj}}{S_S/(n-p-1)}$服从$F(1,n-p-1)$分布。若$|F_x|>F_{1-\alpha,1,n-p-1}$，则认为回归系数$\beta_j$在显著性水平$\alpha$下是显著的。

在进行回归系数显著性检验时，当从原回归模型中剔除一个自变量时，将使其他自变量的回归系数发生变化，因此，对回归系数进行一次检验后，只能剔除其中的一个自变量，然后建立新的回归模型，再对新的回归系数进行显著性检验，如此反复，直至余下的回归系数影响都显著为止，然后以此回归模型为基础，进行相应的预测预报。

4. 逐步回归模型的计算步骤

逐步回归计算是建立在 $F$ 检验的基础上逐个接纳显著因子进入回归方程[2]。当回归方程中接纳一个因子后，由于因子之间的相关性，可使原先已在回归方程中的其他因子变成不显著，这需要从回归方程中剔除。所以，在接纳一个因子后，必须对已在回归方程中的所有因子的显著性进行 $F$ 检验，剔除不显著的因子，直到没有不显著的因子后，再对未选入回归方程的其他因子用 $F$ 检验来考虑是否接纳进入回归方程（一次只接纳一个）。反复运用 $F$ 检验，进行剔除和接纳，直到得到所需的最佳回归方程。

逐步回归模型的计算步骤可概括如下：

（1）由定性分析得到对因变量 $y$ 的影响因子有 $t$ 个，分别由每一因子建立 $t$ 个一元线性回归方程，求出相应的残差平方和 $S_S$，选择与最小的 $S_S$ 对应的因子作为第一个因子入选回归方程，对该因子进行 $F$ 检验，如果该因子影响显著，则接纳该因子进入回归方程。

（2）对余下的 $t-1$ 个因子，再分别依次选一个，建立二元线性方程（共 $t-1$ 个），选择与 max（$\hat{\beta}_j^2/c_{jj}$）对应的因子为预选因子，作 $F$ 检验，如果该因子影响显著，则接纳该因子进入回归方程。

（3）选第三个因子，方法同步骤（2），建立三元线性方程（共 $t-2$ 个），同样，选择与 max（$\hat{\beta}_j^2/c_{jj}$）对应的因子为预选因子，作 $F$ 检验，如果该因子影响显著，则接纳该因子进入回归方程。在选入第三个因子后，对原先已选入的回归方程的因子应重新进行显著性检验，在检验出不显著因子后，应将它剔除出回归方程，然后继续检验已入选的回归方程因子的显著性。

（4）在确认选入回归方程的因子均为显著因子后，则继续开始从未选入方程的因子中挑选显著因子进入回归方程，其方法与步骤（3）相同。

反复运用作 $F$ 检验进行因子的剔除与接纳，直至得到所需的回归方程。

## 2.4　顾及时间及水位因子的预测模型

2.2.1 节详细讨论了大坝变形与时间相关关系的模型，并且指出清江隔河岩大坝右岸拱座 PL10601 等点沿水库上、下游方向的水平变形量与水库的库水位成正相关关系，也就是说，水库的库水位是引起大坝变形的一个重要因素。显然，只顾及时间因子的大坝变形分析模型是不合适的。为此，可以以 2.2.1 节为基础，事先预置数个变形与时间相关关系的变形模型，然后让计算机在这些模型中自动寻找预测变形误差最小的模型。同样，再预置数个变形与水位相关关系的变形模型，然后让计算机在这些模型中自动寻找预测变形误差最小的模型。最后，以前面找出的变形与时间相关关系，以及变形与水位相关关系的模型为基础，组成新的变形与时间和水位相关关系的模型，实例计算表明，用这种方法确定的变形预测模型能够比较客观地描述大坝的变形规律，而且预测效果也比较理想。

1. 顾及时间因子的大坝变形模型的建立

2.2.1 节详细讨论了顾及时间因子的大坝变形模型的建立方法，在此不再重复。如 PL10501 点最佳模型的形式为

$$y = a_1 + a_2\sqrt{t} + a_3 e^t + a_4 \sin t$$

而 PL10601 点最佳模型的形式为

$$y = a_1 + a_2\sqrt{t} + a_3 \ln t + a_4 \sin t \text{。}$$

式中：$a_1 \sim a_4$ 为模型的参数；$t$ 为观测时间；$y$ 为模型的拟合值。由变形观测值及观测时间即可进行相关的计算。

2. 顾及水位因子的大坝变形模型的建立

1）模型的预置

事先预置数个变形与水位相关关系的变形模型，然后让计算机自动寻找其中的最佳变形预测模型。现预置 6 个模型，其具体形式[9]如下：

$$Y_1 = a_1 + a_2 H + a_3 H^2 + a_4 H^3 \tag{2.52}$$

$$Y_2 = a_1 + a_2 H + a_3 \ln H + \frac{a_4}{H} \tag{2.53}$$

$$Y_3 = a_1 + a_2\sqrt{H} + a_3 H + a_4 \ln H \tag{2.54}$$

$$Y_4 = a_1 + a_2 H + a_3 H^2 + a_4 \ln H \tag{2.55}$$

$$Y_5 = a_1 + a_2\sqrt{H} + a_3 H^2 + \frac{a_4}{H} \tag{2.56}$$

$$Y_6 = a_1 + a_2\sqrt{H} + \sqrt[3]{H} + H \tag{2.57}$$

式中：$a_1 \sim a_4$ 为模型参数；$H$ 为观测水位；$Y_1 \sim Y_6$ 分别为 6 个模型的拟合值。

2）模型参数的求解

对于某变形监测点，假设观测了 $n$ 次，则有 $n$ 次变形观测值，设变形观测值分别为 $y_1, y_2, \cdots, y_n$，相应的观测水位分别为 $H_1, H_2, \cdots, H_n$，根据变形观测值及相应的观测水位即可组成模型 1 到模型 6 的回归方程，由最小二乘法即可求出 6 个模型的模型参数，并可进行其他的相关计算。

如模型 1 的回归方程为

$$
\begin{cases}
y_1 + v_1 = a_1 + a_2 H_1 + a_3 H_1^2 + a_4 H_1^3 \\
y_2 + v_2 = a_1 + a_2 H_2 + a_3 H_2^2 + a_4 H_2^3 \\
\qquad\vdots \\
y_n + v_n = a_1 + a_2 H_n + a_3 H_n^2 + a_4 H_n^3
\end{cases}
\tag{2.58}
$$

在式（2.58）中，令

$$
\boldsymbol{Y} = \begin{bmatrix} y_1 \\ y_2 \\ \vdots \\ y_n \end{bmatrix},\quad
\boldsymbol{V} = \begin{bmatrix} v_1 \\ v_2 \\ \vdots \\ v_n \end{bmatrix},\quad
\boldsymbol{X} = \begin{bmatrix} 1 & H_1 & H_1^2 & H_1^3 \\ 1 & H_2 & H_2^2 & H_2^3 \\ \vdots & \vdots & \vdots & \vdots \\ 1 & H_n & H_n^2 & H_n^3 \end{bmatrix},\quad
\boldsymbol{A} = \begin{bmatrix} a_1 \\ a_2 \\ a_3 \\ a_4 \end{bmatrix},\quad
\boldsymbol{Y}_t = \boldsymbol{Y} - \boldsymbol{Y}_P
$$

其中

$$
\boldsymbol{Y}_P = \begin{bmatrix} \dfrac{\sum_{i=1}^{n} y_i}{n} \\ \dfrac{\sum_{i=1}^{n} y_i}{n} \\ \vdots \\ \dfrac{\sum_{i=1}^{n} y_i}{n} \end{bmatrix}
$$

则式（2.58）变为

$$
\boldsymbol{Y} + \boldsymbol{V} = \boldsymbol{X}\boldsymbol{A} \tag{2.59}
$$

由最小二乘法得模型参数为

$$
\boldsymbol{A} = (\boldsymbol{X}^{\mathrm{T}}\boldsymbol{X})^{-1}\boldsymbol{X}^{\mathrm{T}}\boldsymbol{Y} \tag{2.60}
$$

残差为

$$
\boldsymbol{V} = \boldsymbol{X}\boldsymbol{A} - \boldsymbol{Y} \tag{2.61}
$$

剩余标准差为

$$
S = \sqrt{\frac{\boldsymbol{V}^{\mathrm{T}}\boldsymbol{V}}{n-4}} \tag{2.62}
$$

相关指数为

$$R=\sqrt{1-\frac{\boldsymbol{V}^{\mathrm{T}}\boldsymbol{V}}{\boldsymbol{Y}_t^{\mathrm{T}}\boldsymbol{Y}_t}} \tag{2.63}$$

与 2.2.1 节类似，从 6 个模型中也可找出预测变形误差最小的最佳模型。

如 PL10501 点的最佳模型形式为

$$y=a_1+a_2H+a_3H^2+a_4\ln H$$

即式（2.55）。

而 PL10601 点的最佳模型形式为

$$y=a_1+a_2H+a_3\ln H+\frac{a_4}{H}$$

即式（2.53）。

3）顾及时间及水位因子的大坝变形模型的建立[9]

找出变形与时间相关关系及变形与水位相关关系的变形模型后，可以采用叠加的方法组成新的变形与时间和水位相关关系的变形模型。

如 PL10501 点其变形与时间和水位相关关系的变形模型为

$$y=a_1+a_2\sqrt{t}+a_3\mathrm{e}^t+a_4\sin t+a_5H+a_6H^2+a_7\ln H \tag{2.64}$$

而 PL10601 点其变形与时间和水位相关关系的变形模型为

$$y=a_1+a_2\sqrt{t}+a_3\ln t+a_4\sin t+a_5H+a_6\ln H+\frac{a_7}{H} \tag{2.65}$$

根据式（2.64）及式（2.65），由 PL10501 点及 PL10601 点的变形观测值，根据观测时间和相应的水库水位，由最小二乘法即可求出相应的模型参数 $a_1 \sim a_7$，并以此为基础进行相应的变形预报。

3. *算例*

根据以上思路，选取清江隔河岩大坝右岸拱座 145m 高程的 PL10501 点及 169m 高程的 PL10601 点，对 1998 年 1 月至 1998 年 12 月沿水库下游方向的水平变形观测资料进行了计算，有关结果见表 2.4 和表 2.5。其中模型 1 为顾及时间因子的最佳变形模型，模型 2 为顾及水位因子的最佳变形模型，模型 3 为顾及时间和水位因子的变形模型，残差为拟合值与观测值之差。

表 2.4　PL10501 点有关计算结果

| 观测时间 | 平均水位/m | 变形观测值/mm | 模型 1 的残差/mm | 模型 2 的残差/mm | 模型 3 的残差/mm |
|---|---|---|---|---|---|
| 1998 年 1 月 6 日 | 180.54 | 8.32 | −0.73 | 0.14 | −0.04 |
| 1998 年 2 月 17 日 | 174.12 | 8.03 | 1.16 | 0.11 | 0.34 |
| 1998 年 3 月 17 日 | 182.12 | 8.93 | −0.46 | −0.35 | −0.54 |
| 1998 年 5 月 18 日 | 194.12 | 8.55 | 0.36 | 1.61 | 1.04 |
| 1998 年 6 月 17 日 | 193.77 | 11.74 | −1.22 | −1.64 | −1.46 |
| 1998 年 7 月 13 日 | 193.49 | 10.59 | 0.91 | −0.54 | 0.11 |
| 1998 年 8 月 3 日 | 199.78 | 10.71 | 0.95 | 0.55 | 0.80 |
| 1998 年 8 月 7 日 | 202.36 | 11.61 | 0.01 | 0.23 | 0.22 |
| 1998 年 8 月 8 日 | 203.71 | 12.14 | −0.57 | 0.02 | −0.14 |
| 1998 年 8 月 11 日 | 198.00 | 10.84 | 0.66 | 0.05 | 0.38 |
| 1998 年 8 月 16 日 | 203.67 | 12.28 | −0.86 | −0.12 | −0.36 |
| 1998 年 8 月 17 日 | 202.72 | 12.24 | −0.91 | −0.31 | −0.49 |
| 1998 年 8 月 20 日 | 198.88 | 11.66 | −0.44 | −0.59 | −0.46 |
| 1998 年 8 月 24 日 | 196.25 | 10.66 | 0.44 | −0.11 | 0.17 |
| 1998 年 9 月 7 日 | 197.24 | 10.12 | 0.45 | 0.62 | 0.57 |
| 1998 年 10 月 6 日 | 189.28 | 9.07 | 0.11 | 0.32 | 0.12 |
| 1998 年 11 月 2 日 | 189.68 | 9.29 | | | −0.27 |
| 1998 年 12 月 8 日 | 180.65 | 8.91 | | | |

对于 PL10501 点，模型 2 的剩余标准差为±0.77mm。由模型 2 求出的 1998 年 12 月 8 日的预测值为 8.46mm，而相应的实测值为 8.91mm，两者之差为 0.45mm。模型 3 的剩余标准差为±0.74mm。由模型 3 求出的 1998 年 12 月 8 日的预测值为 8.69mm，而相应的实测值为 8.91mm，两者之差为 0.22mm。其中，模型 1 和模型 2 建模求模型参数时采用 1～10 月的观测数据（11 月的数据用作求最佳模型的标准），模型 3 建模求模型参数时采用 1～11 月的观测数据。

由表 2.4 可以看出，模型 1 的残差普遍较大，残差超过 1mm 的有 2 个，且小于 1mm 的残差中超过 0.9mm 的有 3 个。模型 2 及模型 3 的残差一般较小，模型 2 及模型 3 中残差超过 1mm 的仅有 2 个，其余的残差均小于 0.9mm。另外，模型 3 的最大残差比模型 2 的最大残差小，模型 3 的剩余标准差比模型 2 的剩余标准差小，而且模型 3 预测 PL10501 点 1998 年 12 月 8 日的变形值精度比模型 2 高。

表 2.5　PL10601 点有关计算结果

| 观测时间 | 平均水位/m | 变形观测值/mm | 模型 1 的残差/mm | 模型 2 的残差/mm | 模型 3 的残差/mm |
|---|---|---|---|---|---|
| 1998 年 1 月 6 日 | 180.54 | 5.87 | −0.51 | 0.12 | 0.06 |
| 1998 年 2 月 17 日 | 174.12 | 5.67 | 1.64 | 0.49 | 0.48 |
| 1998 年 3 月 17 日 | 182.12 | 7.68 | −1.47 | −1.60 | −1.38 |
| 1998 年 5 月 18 日 | 194.12 | 7.27 | −0.58 | 0.86 | 1.11 |
| 1998 年 6 月 17 日 | 193.77 | 8.23 | 0.62 | −0.19 | −0.01 |
| 1998 年 7 月 13 日 | 193.49 | 7.92 | 2.25 | 0.04 | 0.17 |
| 1998 年 8 月 3 日 | 199.78 | 9.66 | 0.71 | 0.25 | 0.30 |
| 1998 年 8 月 7 日 | 202.36 | 11.18 | −0.86 | −0.30 | −0.29 |
| 1998 年 8 月 8 日 | 203.71 | 11.62 | −1.38 | −0.19 | −0.21 |
| 1998 年 8 月 11 日 | 198.00 | 9.18 | 0.96 | 0.12 | 0.14 |
| 1998 年 8 月 16 日 | 203.67 | 11.47 | −1.44 | −0.06 | −0.10 |
| 1998 年 8 月 17 日 | 202.72 | 11.41 | −1.51 | −0.38 | −0.42 |
| 1998 年 8 月 20 日 | 198.88 | 10.03 | −0.28 | −0.43 | −0.45 |
| 1998 年 8 月 24 日 | 196.25 | 8.66 | 0.93 | 0.08 | 0.07 |
| 1998 年 9 月 7 日 | 197.24 | 8.35 | 0.49 | 0.70 | 0.64 |
| 1998 年 10 月 6 日 | 189.28 | 6.53 | 0.37 | 0.48 | 0.28 |
| 1998 年 11 月 2 日 | 189.68 | 7.20 |  |  | −0.40 |
| 1998 年 12 月 8 日 | 180.65 | 6.66 |  |  |  |

对于 PL10601 点，模型 2 的剩余标准差为±0.64mm。由模型 2 求出的 1998 年 12 月 8 日的预测值为 6.00mm，而相应的实测值为 6.66mm，两者之差为 0.66mm。模型 3 的剩余标准差为±0.68mm。由模型 3 求出的 1998 年 12 月 8 日的预测值为 6.47mm，而相应的实测值为 6.66mm，两者之差为 0.19mm。其中，模型 1 和模型 2 建模求模型参数时采用 1～10 月的观测数据（11 月的数据用作求最佳模型的标准），模型 3 建模求模型参数时采用 1～11 月的观测数据。

由表 2.5 可以看出，模型 1 的残差普遍较大，残差超过 1mm 的有 6 个，其中有 1 个残差超过 2mm。模型 2 的残差一般较小，残差超过 1mm 的仅有 1 个。模型 3 的残差也比较小，残差超过 1mm 的仅有 2 个，尽管模型 3 的剩余标准差比模型 2 的剩余标准差大，但模型 3 预测 PL10601 点 1998 年 12 月 8 日的变形值精度比模型 2 高。

由于模型 3 顾及了时间因子及水位因子对大坝变形监测点的影响，其建模思路比单纯顾及时间因子的模型 1 及单纯顾及水位因子的模型 2 要合理得多。模型

3 是以模型 1 和模型 2 为基础建立起来的，在某种程度上避免了模型 3 建模的盲目性。

本节以单因子（时间因子及水位因子）模型为基础，建立顾及时间因子和水位因子的变形模型，这种建模方法比单纯顾及时间因子或水位因子的变形模型要合理得多。就 PL10501 点及 PL10601 点而言，顾及时间因子和水位因子的变形模型求出的残差相对较小，预测误差皆小于 0.3mm（与 1998 年 12 月 8 日的实测值比较），其变形预测效果较好。

## 2.5　多因子时变预测模型

对于高边坡，其变形主要受时效、降雨量和温度等因素的影响，因此，高边坡变形监测点的位移（变形）统计模型由时效分量 $\delta_\theta$、降雨分量 $\delta_U$ 和温度分量 $\delta_T$ 组成，即[10]

$$\delta = \delta_\theta + \delta_U + \delta_T \tag{2.66}$$

1. 时效分量 $\delta_\theta$

高边坡产生时效变形的原因比较复杂，根据相关文献，其时效分量可以表示为

$$\delta_\theta = c_1(\theta - \theta_0) + c_2(\ln\theta - \ln\theta_0) \tag{2.67}$$

式中：$\theta$ 为位移观测日至始测日的累计天数 $t$ 除以 100；$c_1$、$c_2$ 为时效因子的回归系数。

2. 降雨分量 $\delta_U$

降雨入渗抬高地下水位，改变了边坡的含水量，从而对高边坡的变形产生一定的影响。降雨对高边坡变形的影响具有一定的时间滞后性，可选取观测日前期降雨量的均值作为降雨因子，即

$$\delta_U = \sum_{i=1}^{n} b_i U_i \tag{2.68}$$

式中：$U_i$ 为观测日前期降雨量的均值，前期降雨影响一般在 15d 以内，通过试算取复相关系数 $R$ 较大的 $n$ 个时段降雨均值作为因子；$b_i$ 为降雨因子的回归系数。

3. 温度分量 $\delta_T$

温度影响岩石裂隙的开合度及应力，因此对边坡的稳定性产生一定的影响。若缺少实测资料，可采用下列周期项进行模拟：

$$\delta_T=\sum_{i=1}^{m}\left[b_{1i}\left(\sin\frac{2\pi it}{365}-\sin\frac{2\pi it_0}{365}\right)+b_{2i}\left(\cos\frac{2\pi it}{365}-\cos\frac{2\pi it_0}{365}\right)\right]\qquad(2.69)$$

式中：$t$ 为位移观测日到起始观测日的累计天数；$t_0$ 为建模系列第一个观测日到起始观测日的累计天数；$b_{1i}$、$b_{2i}$ 为温度因子的回归系数；$i=1,2,\cdots,m$ 为年周期、半年周期、…

4. 统计模型的表达式

综上所述，根据高边坡的特性，并考虑初始测值的影响，得到高边坡变形监测的统计模型[10]为

$$\begin{aligned}\delta(t)=&a_0+c_1(\theta-\theta_0)+c_2(\ln\theta-\ln\theta_0)+\sum_{i=1}^{n}b_iU_i\\&+\sum_{i=1}^{m}\left[b_{1i}\left(\sin\frac{2\pi it}{365}-\sin\frac{2\pi it_0}{365}\right)+b_{2i}\left(\cos\frac{2\pi it}{365}-\cos\frac{2\pi it_0}{365}\right)\right]\end{aligned}\qquad(2.70)$$

式中：$a_0$ 为常数项。

## 2.6　稳健线性回归模型

### 2.6.1　稳健估计的原理

稳健估计（robust estimation）（也称抗差估计）是指在粗差不可避免的情况下，选择适当的估计方法，使参数的估值尽可能减免其影响，得出正常模式下的最优或接近最优的参数估值[11]。

稳健估计讨论问题的方式是：对于实际问题有一个假定模型，同时又认为这个模型并不准确，而只是实际问题理论模型的一个近似。它要求稳健估计方法应达到以下三个目标。

（1）假定的观测分布模型下，估值应是最优的或接近最优的。

（2）当假定的分布模型与实际的理论分布模型有较小差异时，估值受到的粗差的影响较小。

（3）当假定的分布模型与实际的理论分布模型有较大偏差时，估值不至于受到破坏性影响。

稳健估计是建立在观测数据的实际分布上而不是理论分布上，这是稳健估计理论与经典估计理论的根本区别。稳健估计的原则是充分利用观测数据中的有效信息，限制利用可用信息，排除有害信息。

1. 极大似然估计准则

设独立观测样本为 $L_1, L_2, \cdots, L_n$， $\boldsymbol{X}$ 为待估参数， $L_i$ 的分布密度函数为 $f(l_i, \hat{\boldsymbol{X}})$，其极大似然估计准则[11]为

$$f(l_1, l_2, \cdots, l_n, \hat{\boldsymbol{X}}) = f(l_1, \hat{\boldsymbol{X}}) \times f(l_2, \hat{\boldsymbol{X}}) \times \cdots \times f(l_n, \hat{\boldsymbol{X}}) = \max \tag{2.71}$$

或

$$\sum_{i=1}^{n} \ln f(l_i, \hat{\boldsymbol{X}}) = \max \tag{2.72}$$

2. 正态分布条件下的极大似然估计准则

设独立观测样本 $L_i \sim N(\mu_i, \sigma^2)$，其分布密度函数为

$$f(l_i, \hat{x}) = \frac{1}{\sqrt{2\pi}\sigma} \exp\left[-\frac{(l_i - \mu_i)^2}{2\sigma^2}\right] \tag{2.73}$$

参数 $\boldsymbol{X}$ 的极大似然估计准则为[11]

$$f(l_1, l_2, \cdots, l_n, \hat{\boldsymbol{X}}) = \left(\frac{1}{\sqrt{2\pi}\sigma}\right)^n \exp\left[-\frac{\sum_{i=1}^{n}(l_i - \hat{\mu}_i)^2}{2\sigma^2}\right] = \max \tag{2.74}$$

或

$$\sum_{i=1}^{n}(l_i - \hat{\mu}_i)^2 = \min \tag{2.75}$$

即正态分布条件下的极大似然估计准则就是最小二乘准则。

3. 稳健估计的极大似然估计准则

稳健估计基本可以分为如下三大类，即 M 估计，又称为极大似然估计；L 估计，又称为排序线性组合估计；R 估计，又称为秩估计。其中 M 估计是数据处理中最主要的稳健估计准则。

设独立观测样本为 $L_1, L_2, \cdots, L_n$， $\boldsymbol{X}$ 为待估参数， $L_i$ 的分布密度函数为 $f(l_i, \hat{\boldsymbol{X}})$，其极大似然估计准则为

$$\sum_{i=1}^{n} \ln f(l_i, \hat{\boldsymbol{X}}) = \max \tag{2.76}$$

若以 $\rho(\cdot)$代替 $\ln f(\cdot)$，则极大似然估计准则可以改写为

$$\sum_{i=1}^{n}\rho(l_i,\hat{\boldsymbol{X}})=\min \tag{2.77}$$

对式（2.77）求导并令其为0，得

$$\sum_{i=1}^{n}\varphi(l_i,\hat{\boldsymbol{X}})=0 \tag{2.78}$$

其中

$$\varphi(l_i,\hat{\boldsymbol{X}})=\frac{\partial\rho(l_i,\hat{\boldsymbol{X}})}{\partial\hat{\boldsymbol{X}}}$$

因此，M 估计就是指由式（2.76）或式（2.77）定义的一类估计。一个 $\rho$ 或 $\varphi$ 函数定义一个 M 估计。通常取对称、连续、严凸或者在正半轴上非降的函数作为 $\rho$ 函数，取 $\rho$ 函数的导数作为 $\varphi$ 函数。

确定 $\rho$ 或 $\varphi$ 函数是 M 估计的关键。作为一种稳健估计方法，在选取 $\rho$ 函数时，必须满足前面讲述的稳健估计的三个目标。

### 2.6.2　稳健估计的选权迭代法

M 估计的方法有多种，实际应用中用得较多的是选权迭代法。

设独立观测值为 $\underset{n\times1}{\boldsymbol{L}}$，未知参数向量为 $\underset{t\times1}{\hat{\boldsymbol{X}}}$，误差方程 $V$ 及权阵 $P$ 分别为

$$\boldsymbol{V}=\boldsymbol{B}\hat{\boldsymbol{X}}-\boldsymbol{l}=\begin{bmatrix}\boldsymbol{b}_1\\\boldsymbol{b}_2\\\vdots\\\boldsymbol{b}_n\end{bmatrix}\hat{\boldsymbol{X}}-\begin{bmatrix}l_1\\l_2\\\vdots\\l_n\end{bmatrix} \tag{2.79}$$

$$\boldsymbol{P}=\begin{bmatrix}p_1&&&\\&p_2&&\\&&\ddots&\\&&&p_n\end{bmatrix} \tag{2.80}$$

式中：$\boldsymbol{l}$ 为误差方程的常数项；$\boldsymbol{b}_i$ 为系数向量。

考虑误差方程，M 估计的函数 $\rho(l_i,\hat{\boldsymbol{X}})$ 可表示为

$$\rho(l_i,\hat{\boldsymbol{X}})=\rho(v_i) \tag{2.81}$$

1. 等权独立观测的选权迭代法

设式（2.80）中的权阵为单位权，即 $p_1=p_2=\cdots=p_n=1$，按 M 估计准则取 $\rho$ 函数为式（2.81），则有

$$\sum_{i=1}^{n}\rho(v_i)=\min \tag{2.82}$$

式（2.82）对 $\boldsymbol{X}$ 求导并令其为 0，同时记 $\varphi(v_i)=\dfrac{\partial\rho}{\partial v_i}$，可得

$$\sum_{i=1}^{n}\varphi(v_i)\boldsymbol{b}_i=0$$

对上式进行转置得

$$\sum_{i=1}^{n}\boldsymbol{b}_i^{\mathrm{T}}\varphi(v_i)=0$$

或

$$\sum_{i=1}^{n}\boldsymbol{b}_i^{\mathrm{T}}\frac{\varphi(v_i)}{v_i}v_i=0 \tag{2.83}$$

令 $w_i=\dfrac{\varphi(v_i)}{v_i}$，并将式（2.83）写成矩阵形式得

$$\boldsymbol{B}^{\mathrm{T}}\boldsymbol{W}\boldsymbol{V}=0 \tag{2.84}$$

式中：$\boldsymbol{W}$ 称为稳健权矩阵，且

$$\boldsymbol{W}=\begin{bmatrix} w_1 & & & \\ & w_2 & & \\ & & \ddots & \\ & & & w_n \end{bmatrix}=\begin{bmatrix} \dfrac{\varphi(v_1)}{v_1} & & & \\ & \dfrac{\varphi(v_2)}{v_2} & & \\ & & \ddots & \\ & & & \dfrac{\varphi(v_n)}{v_n} \end{bmatrix} \tag{2.85}$$

式中：$w_1\sim w_n$ 称为稳健权因子，简称权因子，是相应残差 $v_i$ 的函数。

将误差方程（2.79）代入式（2.84），得 M 估计的法方程为

$$\boldsymbol{B}^{\mathrm{T}}\boldsymbol{W}\boldsymbol{B}\hat{\boldsymbol{X}}=\boldsymbol{B}^{\mathrm{T}}\boldsymbol{W}\boldsymbol{l} \tag{2.86}$$

当选定 $\rho$ 函数后，稳健权矩阵 $\boldsymbol{W}$ 就可以确定，但 $w_i$ 是 $v_i$ 的函数，故稳健估计需要对权进行迭代求解。

2. 不等权独立观测的选权迭代法

不等权独立观测的 M 估计准则[11]为

$$\sum_{i=1}^{n} p_i\rho(v_i)=\sum_{i=1}^{n} p_i\rho(\boldsymbol{b}_i\hat{\boldsymbol{X}}-l_i)=\min \tag{2.87}$$

与前面的推导类似，将式（2.87）对 $\boldsymbol{X}$ 求导并令其为 0，同时记 $\varphi(v_i)=\dfrac{\partial\rho}{\partial v_i}$，可得

$$\sum_{i=1}^{n} p_i\varphi(v_i)\boldsymbol{b}_i=0$$

令

$$w_i=\frac{\varphi(v_i)}{v_i},\quad \bar{p}_i=p_i w_i$$

则有

$$\sum_{i=1}^{n}\boldsymbol{b}_i^{\mathrm{T}}\bar{p}_i v_i=0 \tag{2.88}$$

将式（2.88）写成矩阵形式得

$$\boldsymbol{B}^{\mathrm{T}}\bar{\boldsymbol{P}}\boldsymbol{V}=0 \tag{2.89}$$

将误差方程（2.79）代入式（2.89），得 M 估计的法方程为

$$\boldsymbol{B}^{\mathrm{T}}\bar{\boldsymbol{P}}\boldsymbol{B}\hat{\boldsymbol{X}}=\boldsymbol{B}^{\mathrm{T}}\bar{\boldsymbol{P}}\boldsymbol{l} \tag{2.90}$$

式中：$\bar{\boldsymbol{P}}$ 为等价权阵；$\bar{p}_i$ 为等价权元素，为观测权 $p_i$ 与权因子 $w_i$ 的乘积。当 $p_1=p_2=\cdots=p_n=1$ 时，$\bar{\boldsymbol{P}}=\boldsymbol{W}$，准则（2.87）就是准则（2.82），可见准则（2.82）是准则（2.87）的特例。

式（2.90）与最小二乘估计中的法方程形式完全一致，仅用等价权阵 $\bar{\boldsymbol{P}}$ 代替观测权阵 $\boldsymbol{P}$。由于 $\bar{\boldsymbol{P}}$ 是残差 $\boldsymbol{V}$ 的函数，计算前 $\boldsymbol{V}$ 未知，只能通过给其赋予一定的初值，采用迭代的方法估计参数 $\hat{\boldsymbol{X}}$，由此得参数 $\hat{\boldsymbol{X}}$ 的稳健估计为

$$\hat{\boldsymbol{X}}=(\boldsymbol{B}^{\mathrm{T}}\bar{\boldsymbol{P}}\boldsymbol{B})^{-1}\boldsymbol{B}^{\mathrm{T}}\bar{\boldsymbol{P}}\boldsymbol{l} \tag{2.91}$$

3. 选权迭代算法

选权迭代算法的迭代过程如下[11]：

（1）列出误差方程，令各权因子初值均为 1，即令 $w_1 = w_2 = \cdots = w_n = 1$，$\boldsymbol{W} = \boldsymbol{I}$，$\overline{\boldsymbol{P}}^{(0)} = \boldsymbol{P}$，其中 $\boldsymbol{P}$ 为观测权阵。

（2）解算法方程（2.90），得出参数 $\hat{\boldsymbol{X}}$ 及残差 $\boldsymbol{V}$ 的第一次估值，即

$$\hat{\boldsymbol{X}}^{(1)} = (\boldsymbol{B}^{\mathrm{T}}\boldsymbol{P}\boldsymbol{B})^{-1}\boldsymbol{B}^{\mathrm{T}}\boldsymbol{P}\boldsymbol{l}$$

$$\boldsymbol{V}^{(1)} = \boldsymbol{B}\hat{\boldsymbol{X}}^{(1)} - \boldsymbol{l}$$

（3）由 $\boldsymbol{V}^{(1)}$ 按 $w_i = \dfrac{\varphi(v_i)}{v_i}$ 确定各观测值新的权因子，由 $\overline{p}_i = p_i w_i$ 构造新的等价权阵 $\overline{\boldsymbol{P}}^{(1)}$，再解算法方程（2.90），得出参数 $\hat{\boldsymbol{X}}$ 及残差 $\boldsymbol{V}$ 的第二次估值，即

$$\hat{\boldsymbol{X}}^{(2)} = (\boldsymbol{B}^{\mathrm{T}}\overline{\boldsymbol{P}}^{(1)}\boldsymbol{B})^{-1}\boldsymbol{B}^{\mathrm{T}}\overline{\boldsymbol{P}}^{(1)}\boldsymbol{l}$$

$$\boldsymbol{V}^{(2)} = \boldsymbol{B}\hat{\boldsymbol{X}}^{(2)} - \boldsymbol{l}$$

（4）由 $\boldsymbol{V}^{(2)}$ 构造新的等价权阵 $\overline{\boldsymbol{P}}^{(2)}$，再解算法方程，通过类似迭代计算，直到前后解的差值符合限差要求为止。

（5）最后结果为

$$\hat{\boldsymbol{X}}^{(\mathrm{k})} = (\boldsymbol{B}^{\mathrm{T}}\overline{\boldsymbol{P}}^{(k-1)}\boldsymbol{B})^{-1}\boldsymbol{B}^{\mathrm{T}}\overline{\boldsymbol{P}}^{(k-1)}\boldsymbol{l}$$

$$\boldsymbol{V}^{(k)} = \boldsymbol{B}\hat{\boldsymbol{X}}^{(k)} - \boldsymbol{l}$$

由于 $\overline{p}_i = p_i w_i$，而 $\varphi(v_i) = \dfrac{\partial\rho}{\partial v_i}$，$w_i = \dfrac{\varphi(v_i)}{v_i}$，随着 $\rho$ 函数的选取不同，构成了权函数的多种不同形式，但权函数是一个在计算过程中随改正数变化的量，其中 $w_i$ 与 $v_i$ 的大小成反比，$v_i$ 越大，$w_i$ 就越小，因此经过几次迭代，可以使含有粗差的观测值的权函数接近于 0，使其在计算过程中不起作用，而相应的观测值残差在很大程度上反映了其粗差值。这种通过在计算过程中变权实现参数估计稳健性的方法称为选权迭代法。

### 2.6.3 常用稳健最小二乘估计方法

常用稳健最小二乘估计方法有 6 种，其中 $u_i$ 表示标准化的残差，即 $u_i = \dfrac{v_i}{\hat{\sigma}}$，$w(u_i)$ 表示权函数。

1）胡伯尔（Huber）法

$$w(u_i)=\begin{cases}1 & (|u_i|\leqslant 1.345)\\ \dfrac{1.345}{|u_i|} & (|u_i|>1.345)\end{cases}$$

2）L1 法

$$w(u_i)=\frac{1}{|u_i|}$$

3）丹麦（Danish）法

$$w(u_i)=\begin{cases}1 & (|u_i|\leqslant 1.5)\\ \exp\left[1-\left(\dfrac{u_i}{1.5}\right)^2\right] & (|u_i|>1.5)\end{cases}$$

4）杰曼-麦克卢尔（German-McClure）法

$$w(u_i)=\frac{1}{(1+u_i^2)^2}$$

5）IGG 法［中国科学院大地测量与地球物理研究所（Institure of Geodesy and Geophysics，IGG）周江文教授提出的一种方法］

$$w(u_i)=\begin{cases}1 & (|u_i|<1.5)\\ \dfrac{1.5}{|u_i|} & (1.5\leqslant|u_i|<2.5)\\ 0 & (|u_i|\geqslant 2.5)\end{cases}$$

6）IGGⅢ法

$$w(u_i)=\begin{cases}1 & (|u_i|<1.5)\\ \dfrac{1.5}{|u_i|}\left(\dfrac{3.0-|u_i|}{1.5}\right)^2 & (1.5\leqslant|u_i|<3.0)\\ 0 & (|u_i|\geqslant 3.0)\end{cases}$$

## 2.7 再生权最小二乘线性回归模型

对于一个参数估计问题，用 $n$ 表示观测值的数量，$t$ 表示未知数的数量，$r$ 表示多余观测值的数量（自由度），则 $r=n-t$，$r>0$。$\underset{n\times1}{\boldsymbol{L}}$ 表示观测值向量，$\underset{n\times n}{\boldsymbol{P}}$ 表示观测值 $\boldsymbol{L}$ 的权阵，其主对角线元素为 $p_j$，初始值为 $p_j^0=1.0$（$j=1,2,\cdots,n$）。$\underset{n\times1}{\hat{\boldsymbol{L}}}$ 表示观测值 $\boldsymbol{L}$ 的估值，$\underset{n\times1}{\boldsymbol{V}}$ 表示观测值 $\boldsymbol{L}$ 的改正数，且 $\hat{\boldsymbol{L}}=\boldsymbol{L}+\boldsymbol{V}$，$\underset{n\times t}{\boldsymbol{B}}$ 表示观测方程的系数矩阵，$\underset{n\times1}{\boldsymbol{d}}$ 表示观测方程的常数项向量，$\underset{t\times1}{\hat{\boldsymbol{X}}}$ 表示未知数向量的估值，且 $\hat{\boldsymbol{X}}=\boldsymbol{X}^0+\hat{\boldsymbol{x}}$，其中 $\hat{\boldsymbol{x}}$ 为 $X^0$ 的改正数。

观测方程的一般形式为

$$\hat{\boldsymbol{L}}=F(\hat{\boldsymbol{X}}) \tag{2.92}$$

观测方程的线性化形式为

$$\hat{\boldsymbol{L}}=\boldsymbol{B}\hat{\boldsymbol{x}}+\boldsymbol{d}+\boldsymbol{B}\boldsymbol{X}^0 \tag{2.93}$$

误差方程为

$$\boldsymbol{V}=\boldsymbol{B}\hat{\boldsymbol{x}}-\boldsymbol{l} \tag{2.94}$$

其中

$$\boldsymbol{l}=-(\boldsymbol{d}+\boldsymbol{B}\boldsymbol{X}^0-\boldsymbol{L})$$

由最小二乘法得未知数的解、观测值的改正数及单位权方差的估值为

$$\hat{\boldsymbol{x}}=(\boldsymbol{B}^{\mathrm{T}}\boldsymbol{P}\boldsymbol{B})^{-1}\boldsymbol{B}^{\mathrm{T}}\boldsymbol{P}\boldsymbol{l} \tag{2.95}$$

$$\boldsymbol{V}=\boldsymbol{B}(\boldsymbol{B}^{\mathrm{T}}\boldsymbol{P}\boldsymbol{B})^{-1}\boldsymbol{B}^{\mathrm{T}}\boldsymbol{P}\boldsymbol{l}-\boldsymbol{l} \tag{2.96}$$

$$\hat{\sigma}_0^2=\frac{\boldsymbol{V}^{\mathrm{T}}\boldsymbol{P}\boldsymbol{V}}{r} \tag{2.97}$$

将式（2.94）分为如下两个部分[11]：

$$\boldsymbol{V}_t=\boldsymbol{B}_t\hat{\boldsymbol{x}}-\boldsymbol{l}_t \tag{2.98}$$

$$\boldsymbol{V}_r=\boldsymbol{B}_r\hat{\boldsymbol{x}}-\boldsymbol{l}_r \tag{2.99}$$

式中：$\boldsymbol{B}_t$ 为 $t$ 行 $t$ 列满秩矩阵，可通过对系数矩阵 $\boldsymbol{B}$ 进行线性变换确定。

由式（2.98）得

$$\hat{\boldsymbol{x}} = \boldsymbol{B}_t^{-1}(\boldsymbol{V}_t + \boldsymbol{l}_t) \tag{2.100}$$

将式（2.100）代入式（2.99）得

$$\boldsymbol{V}_r = \boldsymbol{B}_{rt}\boldsymbol{V}_t - \boldsymbol{W}_{rt} \tag{2.101}$$

其中

$$\boldsymbol{B}_{rt} = \boldsymbol{B}_r\boldsymbol{B}_t^{-1}, \quad \boldsymbol{W}_{rt} = -(\boldsymbol{B}_r\boldsymbol{B}_t^{-1}\boldsymbol{l}_t - \boldsymbol{l}_r)$$

按照偶然误差的绝对值不会超过一定限值的规律，用 $\eta\hat{\sigma}_0$ 限制单位权真误差的范围，$\eta$ 称为单位权真误差取值范围的值域系数，简称值域系数。由式（2.101）可解得满足限制条件（2.103）的 $m$（$m\to\infty$）组真误差的估值 $\boldsymbol{V}^{(1)},\boldsymbol{V}^{(2)},\cdots,\boldsymbol{V}^{(m)}$ 为

$$\boldsymbol{V}^{(i)} = \begin{bmatrix} v_1^{(i)} & v_2^{(i)} & \cdots & v_n^{(i)} \end{bmatrix}^{\mathrm{T}} \quad (i=1,2,\cdots,m) \tag{2.102}$$

$$\left|v_j^{(i)}\right| \leqslant \frac{\eta\hat{\sigma}_0}{\sqrt{p_j}} \quad (i=1,2,\cdots,m;\ j=1,2,\cdots,n) \tag{2.103}$$

式（2.101）称为再生权函数式，式（2.103）称为再生权函数限制条件。

在实际计算中，$v_j^{(i)} \in \boldsymbol{V}_t$ 以 $-\dfrac{\eta\hat{\sigma}_0}{\sqrt{p_j}}$ 为初值、$\dfrac{\eta\hat{\sigma}_0}{\sqrt{p_j}}$ 为终值、$\dfrac{\eta\hat{\sigma}_0}{\theta\sqrt{p_j}}$ 为步长取值，$v_j^{(i)} \in \boldsymbol{V}_r$ 则由式（2.101）确定。$2\theta+1$ 是 $v_j^{(i)} \in \boldsymbol{V}_t$ 在区间 $\left[-\dfrac{\eta\hat{\sigma}_0}{\sqrt{p_j}}, \dfrac{\eta\hat{\sigma}_0}{\sqrt{p_j}}\right]$ 中取值的节点数，$\theta$ 则是 $v_j^{(i)} \in \boldsymbol{V}_t$ 在区间 $\left[-\dfrac{\eta\hat{\sigma}_0}{\sqrt{p_j}}, 0\right]$ 或 $\left[0, \dfrac{\eta\hat{\sigma}_0}{\sqrt{p_j}}\right]$ 中取值的节点数，称为半节点数。

用同一个观测值真误差的多个（$m$ 个）估值计算得到的该观测值的方差称为观测值的再生方差，简称再生方差。用观测值的再生方差计算得到的该观测值的权称为观测值的再生权，简称再生权。

不同观测值的再生方差、再生方差的平均值及再生权分别按式（2.104）～式（2.106）计算。

$$\dot{\sigma}_j^2 = \frac{1}{m}\sum_{i=1}^{m}(v_j^{(i)})^2 \quad (j=1,2,\cdots,n) \tag{2.104}$$

$$\bar{\sigma}_0^2 = \frac{1}{n}\sum_{j=1}^{n}\dot{\sigma}_j^2 \tag{2.105}$$

$$\dot{p}_j = \frac{\bar{\sigma}_0^2}{\dot{\sigma}_j^2} \quad (j=1,2,\cdots,n) \tag{2.106}$$

不同的参数估计问题具有不同的再生权函数式和相同的再生权函数限制条件。两个基本参数$\eta$和$\theta$通过仿真实验的方法确定。由于$\theta$的限制，$m$ 不会是无穷大。$\boldsymbol{B}_t$和$\boldsymbol{B}_r$具有不唯一性，但是对参数估计结果没有显著影响。

用观测值的再生权作为观测值的权，按最小二乘法求解参数的方法称为再生权最小二乘法。

# 第 3 章　灰 色 模 型

国内的一些学者经过多年的理论研究，在 20 世纪 80 年代提出了灰色系统理论。针对客观世界广泛存在信息不完备的情况，借助人们所接受的用颜色深浅形容信息明确程度的思想，把信息完全明确的系统称为“白色系统”，信息完全不明确的系统称为“黑色系统”，把部分信息明确、部分信息不明确的系统称为“灰色系统”。灰色系统理论的研究对象是“部分信息已知，部分信息未知”的“贫信息”不确定系统，它提供了贫信息条件下解决系统问题的新途径，把一切随机过程看作是在一定范围内变化的、与时间有关的灰色过程，采用数据生成的方法，将杂乱无章的原始数据整理成规律性较强的生成数列后再作研究。灰色系统理论认为系统的行为现象尽管是朦胧的，数据是杂乱无章的，但它是有序和有整体功能的，在杂乱无章的数据后面，必然潜藏着某种规律。

## 3.1　灰色系统理论的基本理论

### 3.1.1　基本概念

1. 灰色系统

灰色系统是一种信息不完全的系统[2]。信息不完全包括：①系统因素不完全明确；②因素关系不完全清楚；③系统结构不完全知道；④系统的作用原理不完全明了。

2. 灰数、灰元、灰关系

灰数、灰元、灰关系是灰色系统的标志。灰数是指信息不完全的数，即只知其大概范围而不知其确切值的数，灰数是一个数集，记为$\otimes$；灰元是指信息不完全的元素；灰关系是指信息不完全的关系。

3. 灰数的白化值

灰数的白化值是指以$a$为区间，$a_i$为$a$中的数，若$\otimes$在$a$中取值，则称$a_i$为$\otimes$的一个可能的白化值。

4. 数据生成

将原始数据列 $x$ 中的数据 $x(k)$，$x=\{(k)\,|\,k=1,2,\cdots,n\}$，按照某种要求做数据处理称为数据生成。

### 3.1.2 累加生成与累减生成

累加生成与累减生成是灰色系统理论中占据特殊地位的两种数据生成方法，常用于建模，也称为建模生成。

累加生成（accumulated generating operation，AGO）即对原始数据列中各时刻的数据依此累加，从而形成新的序列。

设原始序列为

$$x^{(0)}=\{x^{(0)}(k)\,|\,k=1,2,\cdots,n\}$$

对 $x^{(0)}$ 做一次累加生成（记作 1-AGO）

$$x^{(1)}(k)=\sum_{i=1}^{k}x^{(0)}(i)$$

则得到一次累加生成序列

$$x^{(1)}=\{x^{(1)}(k)\,|\,k=1,2,\cdots,n\}$$

若对 $x^{(0)}$ 作 $m$ 次累加生成（记作 $m$-AGO），则有

$$x^{(m)}(k)=\sum_{i=1}^{k}x^{(m-1)}(i)$$

累减生成（inverse accumulated generating operation，IAGO）是 AGO 的逆运算，即对生成序列的前后两数据进行差值运算。

$$x^{(m-1)}(k)=x^{(m)}(k)-x^{(m)}(k-1)$$

$$\vdots$$

$$x^{(0)}(k)=x^{(1)}(k)-x^{(1)}(k-1)$$

### 3.1.3 灰色关联分析

灰色系统理论提出的灰关联度分析方法，是基于行为因子序列的微观或宏观几何接近，以分析和确定因子间的影响程度或因子对主行为的贡献测度而进行的一种分析方法。灰色关联是指事物之间的不确定性关联，或系统因子与主行为因子之间的不确定性关联。它根据因素之间发展态势的相似或相异程度来衡量因素间的关联程度。由于关联分析是按发展趋势作分析，因而对样本量的大小没有太

高的要求，分析时也不需要典型的分布规律，而且分析的结果一般与定性分析相吻合，具有广泛的实用价值。

1. 构造灰关联因子集

对抽象系统进行关联分析时，首先要确定表征系统特征的数据列。表征的方法有直接法和间接法。直接法指对直接能得到反映系统行为特征的序列，可直接进行灰关联分析；间接法指对不能直接找到表征系统的行为特征数列，这就需要寻找表征系统行为特征的间接量，称为映射量，然后用此映射量进行分析。

在灰色系统理论中，确定表征系统特征的数据列，并对数据进行处理，称为构造灰关联因子集。关联因子集是灰关联分析的重要概念。一般来说，进行灰关联分析时，都要把原始因子转化为灰关联因子集。

设时间序列（原始序列）

$$x=\{(k)\mid k=1,2,\cdots,n\}$$

常用的转化方式有以下 6 种。

1）初值化

$$x'(k)=\frac{x(k)}{x(1)}\quad (k=1,2,\cdots,n)$$

2）平均化

$$x'(k)=\frac{x(k)}{\frac{1}{n}\sum_{k=1}^{n}x(k)}\quad (k=1,2,\cdots,n)$$

3）最大值化

$$x'(k)=\frac{x(k)}{\max\limits_{k}x(k)}\quad (k=1,2,\cdots,n)$$

4）最小值化

$$x'(k)=\frac{x(k)}{\min\limits_{k}x(k)}\quad (k=1,2,\cdots,n)$$

5）区间值化

考虑

$$x_i=\{x_i(k)\mid k=1,2,\cdots,n\},\quad (i=1,2,\cdots,m)$$

令

$$\max\max X = \max_i \max_k x_i(k), \quad \min\min X = \min_i \min_k x_i(k),$$

则

$$x_i'(k) = \frac{x_i(k) - \min\min X}{\max\max X - \min\min X}$$

6）正因子化

令 $X_{\min} = \min_k x(k)$

$$x'(k) = x(k) + 2|X_{\min}| \quad (k=1,2,\cdots,n)$$

2. 灰关联度计算公式

设 $x_0 = \{x_0(k) | k = 1,2,\cdots,n\}$ 为参考序列，$x_i = \{x_i(k) | k = 1,2,\cdots,n\}$（$i$=1,2,⋯,$m$）为比较序列，则有如下定义：

$x_i(k)$ 与 $x_0(k)$ 的关联系数为

$$\xi_i(k) = \frac{\min_i \min_k |x_0(k) - x_i(k)| + \rho \max_i \max_k |x_0(k) - x_i(k)|}{|x_0(k) - x_i(k)| + \rho \max_i \max_k |x_0(k) - x_i(k)|} \tag{3.1}$$

式中：$\rho$ 为分辨系数，$\rho$ 越小分辨率越大，一般 $\rho$ 取值区间为[0,1]，通常取 $\rho$=0.5。

于是，可求出 $x_i(k)$ 与 $x_0(k)$ 的关联系数

$$\xi_i = \{\xi_i(k) | k = 1,2,\cdots,n\}$$

则灰关联度定义为

$$\gamma_i = \gamma(x_0, x_i) = \frac{1}{n}\sum_{k=i}^{n} \xi_i(k) \tag{3.2}$$

灰关联度有如下特性：

1）规范性

$$0 < \gamma(x_0, x_i) \leqslant 1$$

2）偶对称性

$$\gamma(x, y) = \gamma(y, x) \quad (x, y \in x)$$

3）整体性

若 $x_i$（$i$ =1,2,⋯,$m$），其中 $m \geqslant 3$，则有

$$\gamma(x_i, x_j) \neq \gamma(x_j, x_i) \quad (i \neq j;\ i,j=1,2,\cdots,n)$$

4）接近性

$\Delta_i(k)=|x_0(k)-x_i(k)|$越小，则$\gamma(x_0, x_i)$越大，即$x_0$与$x_i$越接近。

## 3.2 GM（1,1）模型

1. GM（grey models）（1,1）模型的建立

设非负离散序列[2]为

$$x^{(0)}=\{x^{(0)}(1), x^{(0)}(2),\cdots, x^{(0)}(n)\}$$

式中：$n$为序列的长度，对$x^{(0)}$作一次累加生成，则得到一个生成序列

$$x^{(1)}=\{x^{(1)}(1), x^{(1)}(2),\cdots, x^{(1)}(n)\}$$

对此生成序列建立一阶微分方程

$$\frac{\mathrm{d}x^{(1)}}{\mathrm{d}t}+\otimes a x^{(1)}=\otimes u \tag{3.3}$$

记为GM（1,1）。式（3.3）中$\otimes a$和$\otimes u$是灰参数，其白化值（灰区间中的一个可能值）为$\hat{\boldsymbol{a}}=[a \quad u]^{\mathrm{T}}$。

用最小二乘法求解得[2]

$$\hat{\boldsymbol{a}}=[a \quad u]^{\mathrm{T}}=(\boldsymbol{B}^{\mathrm{T}}\boldsymbol{B})^{-1}\boldsymbol{B}^{\mathrm{T}}\boldsymbol{y}_N \tag{3.4}$$

其中

$$\boldsymbol{B}=\begin{bmatrix} -\frac{1}{2}[x^{(1)}(2)+x^{(1)}(1)] & 1 \\ -\frac{1}{2}[x^{(1)}(3)+x^{(1)}(2)] & 1 \\ \vdots & \vdots \\ -\frac{1}{2}[x^{(1)}(n)+x^{(1)}(n-1)] & 1 \end{bmatrix}, \quad \boldsymbol{y}_N=\begin{bmatrix} x^{(0)}(2) \\ x^{(0)}(3) \\ \vdots \\ x^{(0)}(n) \end{bmatrix}$$

将$\hat{\boldsymbol{a}}$代入式（3.3），则得到下列微分方程：

$$\hat{x}^{(1)}(k+1)=\left[x^{(0)}(1)-\frac{u}{a}\right]\mathrm{e}^{-ak}+\frac{u}{a} \tag{3.5}$$

对$\hat{x}^{(1)}(k+1)$作累减生成（IAGO），可得还原数据

$$\hat{x}^{(0)}(k+1)=\hat{x}^{(1)}(k+1)-\hat{x}^{(1)}(k) \tag{3.6}$$

或

$$\hat{x}^{(0)}(k+1)=(1-\mathrm{e}^{a})\left[x^{(0)}(1)-\frac{u}{a}\right]\mathrm{e}^{-ak} \tag{3.7}$$

当 $k<n$ 时，称 $\hat{x}^{(0)}(k)$ 为模型的模拟值；当 $k=n$ 时，称 $\hat{x}^{(0)}(k)$ 为模型的滤波值；当 $k>n$ 时，称 $\hat{x}^{(0)}(k)$ 为模型的预测值。

建模的主要目的是预测，为了提高模型的预测精度和预测效果，建模数据应取等间隔数据。

对模型精度即模型拟合程度评定的方法有三种，即残差大小检验、关联度检验和后验差检验。灰色模型的精度一般采用后验差检验，后验差检验是对残差分布的统计特性进行检验，它由后验差比值 $C$ 和小误差概率 $P$ 共同描述。

设由 GM（1,1）模型得到

$$\hat{x}^{(0)}=\{\hat{x}^{(0)}(1),\hat{x}^{(0)}(2),\cdots,\hat{x}^{(0)}(n)\}$$

计算残差

$$e(k)=x^{(0)}(k)-\hat{x}^{(0)}(k)\qquad (k=1,2,\cdots,n)$$

记原始数列 $x^{(0)}$ 及残差数列 $e$ 的方差分别为 $S_1^2$、$S_2^2$，则

$$S_1^2=\frac{1}{n}\sum_{k=1}^{n}(x^{(0)}(k)-\overline{x}^{(0)})^2 \tag{3.8}$$

$$S_2^2=\frac{1}{n}\sum_{k=1}^{n}(e(k)-\overline{e})^2 \tag{3.9}$$

其中

$$\overline{x}^{(0)}=\frac{1}{n}\sum_{k=1}^{n}x^{(0)}(k),\quad \overline{e}=\frac{1}{n}\sum_{k=1}^{n}e(k)$$

后验差比值为

$$C=\frac{S_2}{S_1}$$

小误差概率为

$$P=\{|e(k)|<0.6745S_1\}$$

表 3.1 列出了根据 $C$、$P$ 取值的模型精度等级[2]。

表 3.1 模型精度等级

| 模型精度等级 | $P$ | $C$ |
| --- | --- | --- |
| 1 级（好） | $0.95 \leqslant P$ | $C \leqslant 0.35$ |
| 2 级（合格） | $0.80 \leqslant P < 0.95$ | $0.35 < C \leqslant 0.5$ |
| 3 级（勉强） | $0.70 \leqslant P < 0.80$ | $0.50 < C \leqslant 0.65$ |
| 4 级（不合格） | $P < 0.7$ | $0.65 < C$ |

模型精度判别式为

$$模型精度等级=\max\{P\ 所在的级别, C\ 所在的级别\}$$

2. 算例[12]

某建筑物沉降等时间观测数据序列，以及拟合值与残差列于表 3.2 中，其中残差为拟合值与观测值之差。

表 3.2 GM（1,1）模型的拟合值与残差 （单位：mm）

| 数据类型 | 数据值 | | | | | |
| --- | --- | --- | --- | --- | --- | --- |
| | 序列 1 | 序列 2 | 序列 3 | 序列 4 | 序列 5 | 序列 6 |
| 观测数据 | 3.8 | 7.7 | 11.0 | 13.9 | 16.4 | 18.8 |
| 拟合值 | 3.8 | 8.8 | 10.7 | 13.1 | 15.9 | 19.4 |
| 残差 | 0.0 | 1.1 | −0.3 | −0.8 | −0.5 | 0.6 |

由上述数据计算的 GM（1,1）模型后验差比值 $C$ 为 0.14；小误差概率 $P$ 为 1。表明模型精度为 1 级（好）。

由上述 6 组数据建立的 GM（1,1）模型预测某建筑物第 7 个序列及第 8 个序列的沉降值分别为 23.6mm 和 28.8mm；某建筑物第 7 个序列及第 8 个序列的沉降观测值分别为 23.6mm 和 27.2mm；预测误差分别为 0.0mm 和−1.6mm，预测效果比较理想。

## 3.3 中心逼近式灰色 GM（1,1）模型

1. 建模方法[13]

设等间隔监测数据序列为 $x^{(0)}=\{x^{(0)}(1),x^{(0)}(2),\cdots,x^{(0)}(n)\}$，对 $x^{(0)}$ 作一次累加生成，得

$$x^{(1)}=\{x^{(1)}(1),x^{(1)}(2),\cdots,x^{(1)}(n)\}$$

对一次累加生成序列开 $m$ 次方，以便弱化序列变化的幅度，记为 $x^{\frac{1}{m}}$

$$x^{\frac{1}{m}} = \left\{ x^{\frac{1}{m}}(1), x^{\frac{1}{m}}(2), \cdots, x^{\frac{1}{m}}(n) \right\}$$

利用最小二乘法计算参数

$$\hat{a} = [a \quad u]^{\mathrm{T}}$$

$$\hat{\boldsymbol{a}} = [a \quad u]^{\mathrm{T}} = (\boldsymbol{B}^{\mathrm{T}}\boldsymbol{B})^{-1}\boldsymbol{B}^{\mathrm{T}}\boldsymbol{y}_N \tag{3.10}$$

其中

$$\boldsymbol{B} = \begin{bmatrix} -\frac{1}{2}\left(x^{\frac{1}{m}}(2) + x^{\frac{1}{m}}(1)\right) & 1 \\ -\frac{1}{2}\left(x^{\frac{1}{m}}(3) + x^{\frac{1}{m}}(2)\right) & 1 \\ \vdots & \vdots \\ -\frac{1}{2}\left(x^{\frac{1}{m}}(n) + x^{\frac{1}{m}}(n-1)\right) & 1 \end{bmatrix}, \quad \boldsymbol{y}_N = \begin{bmatrix} x^{\frac{1}{m}}(2) - x^{\frac{1}{m}}(1) \\ x^{\frac{1}{m}}(3) - x^{\frac{1}{m}}(2) \\ \vdots \\ x^{\frac{1}{m}}(n) - x^{\frac{1}{m}}(n-1) \end{bmatrix}$$

则微分方程的解为

$$\hat{x}^{\frac{1}{m}}(k+1) = \left(\hat{x}^{\frac{1}{m}}(1) - \frac{u}{a}\right)\mathrm{e}^{-ak} + \frac{u}{a} \tag{3.11}$$

对式（3.11）作 $m$ 次方，再作累减生成，则得到监测数据序列的预测值。

2. 应用实例[13]

现对某滑坡的变形监测资料进行相关计算，计算结果列于表 3.3 中。其中模型 1 为传统的 GM（1,1）模型，模型 2 为 $m$=2 时的中心逼近式灰色 GM（1,1）模型，模型 3 为 $m$=3 时的中心逼近式灰色 GM（1,1）模型，模型 4 为 $m$=6 时的中心逼近式灰色 GM（1,1）模型，残差为拟合值与观测值之差。

**表 3.3　某滑坡变形监测资料计算结果**

| 观测时间/d | 监测值/m | 模型 1 的残差/m | 模型 2 的残差/m | 模型 3 的残差/m | 模型 4 的残差/m |
|---|---|---|---|---|---|
| 1 | 0. 025 | 0.000 | 0.000 | 0.000 | 0.000 |
| 2 | 0. 032 | −0.008 | −0.007 | −0.007 | −0.006 |
| 3 | 0. 055 | −0.005 | −0.003 | −0.001 | 0.001 |
| 4 | 0. 100 | 0.007 | 0.014 | 0.018 | 0.022 |
| 5 | 0. 300 | −0.072 | −0.050 | −0.040 | −0.032 |
| 6 | 0. 600 | −0.116 | −0.047 | −0.021 | −0.002 |

从表 3.3 中可以看出，中心逼近式灰色 GM（1,1）模型比传统的 GM（1,1）模型的拟合精度高，特别当 $m$ 为 6 时，效果尤为显著。

## 3.4 基于背景值优化及初始条件优化的 GM（1,1）模型

### 1. 传统 GM（1,1）模型的局限性

传统 GM（1,1）模型的不足主要表现在如下两个方面[12]。

（1）传统 GM（1,1）模型的拟合与预测精度取决于参数 $a$ 和 $u$，而 $a$ 和 $u$ 的值又依赖于原始序列和背景值的构造形式。因此，背景值 $z^{(1)}(k)=0.5[x^{(1)}(k)+x^{(1)}(k-1)]$ 的构造公式是导致拟合误差的关键因素之一。

（2）传统 GM（1,1）模型在建模过程中用实际值 $x^{(0)}(1)$ 作为预测模型的初始条件 $\hat{x}^{(0)}(1)$，这是缺乏理论依据的，尽管这样使预测序列第一点的误差最小，但这样做既不能保证整个预测序列的误差最小，而且还浪费了原始序列第一点的信息。

由此可见，为了提高原系统的精度，拓宽其适用范围，至少应从上述两方面进行改进和优化。

### 2. 基于背景值优化及初始条件优化的 GM（1,1）模型的建立

1）背景值的优化

从前面的分析可以看出，灰色预测模型的拟合和预测精度依赖于背景值 $z^{(1)}(k)$ 的构造形式，为此需对背景值进行相应的改进。

GM（1,1）模型的白化微分方程为

$$\frac{\mathrm{d}x^{(1)}(t)}{\mathrm{d}t}+ax^{(1)}(t)=u \tag{3.12}$$

对式（3.12）在[k,k+1]区间积分得

$$\int_k^{k+1}\frac{\mathrm{d}x^{(1)}(t)}{\mathrm{d}t}\mathrm{d}t+a\int_k^{k+1}x^{(1)}(t)\mathrm{d}t=u \tag{3.13}$$

即

$$x^{(1)}(k+1)-x^{(1)}(k)+a\int_k^{k+1}x^{(1)}(t)\mathrm{d}t=u \tag{3.14}$$

式（3.14）可以写成下列形式：

$$x^{(0)}(k+1)+a\int_k^{k+1}x^{(1)}(t)\mathrm{d}t=u \tag{3.15}$$

与灰色微分方程

$$x^{(0)}(k+1)+az^{(1)}(k+1)=u \tag{3.16}$$

比较可知，背景值 $z^{(1)}(k+1)$ 实际上是 $x^{(1)}(t)$ 在区间[$k$，$k$+1]上的积分，传统GM（1,1）模型用 $z^{(1)}(k+1)=0.5[x^{(1)}(k+1)+x^{(1)}(k)]$ 代替 $\int_k^{k+1} x^{(1)}(t)\mathrm{d}t$（$k$=1,2,$\cdots$,$n$），实际上是用梯形公式求出此定积分的近似值作为背景值，实际误差来源于此，如图 3.1 所示。此时，在[$k$,$k+1$]上实际曲线 $x^{(1)}(t)$ 对应的面积总是小于梯形面积。

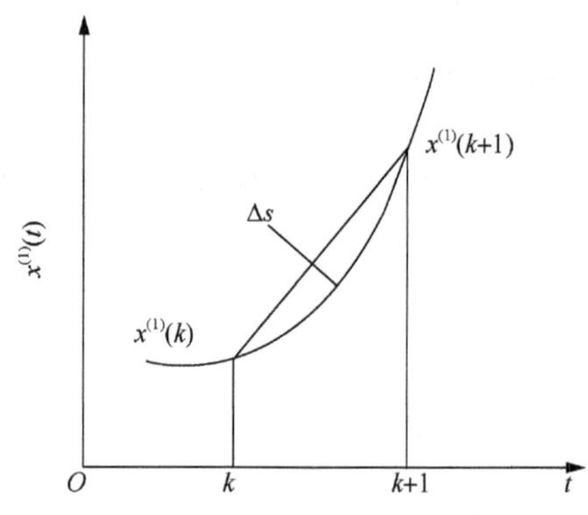


图 3.1　误差来源示意图

进一步分析可以知道，当序列数据变化平缓时，由于 $x^{(1)}(k)$ 与 $x^{(1)}(k+1)$ 的值相差不大，实际面积值接近梯形面积，模型偏差较小，此时用传统模型建模能够达到一定的预测精度；但是当序列数据变化急剧时，因为 $x^{(1)}(k)$ 与 $x^{(1)}(k+1)$ 的值相差较大，实际面积与梯形面积存在较大差异，使得预测带来较大的误差，而建筑物运营初期的变形较为急剧，为了能够保证足够的预测精度，需要对模型进行改进。

辛普森（Simpson）求积公式是一种较梯形公式更为精确的求积方法，它通过（$k, x^{(1)}(k)$）、（$k+1, x^{(1)}(k+1)$）及中点 $\left(\dfrac{2k+1}{2}, x^{(1)}\left(\dfrac{2k+1}{2}\right)\right)$ 的抛物线与直线 $x=k$、$x=k+1$ 及 $x$ 轴所围成的曲边梯形面积来接近原始积分面积。由于抛物线较直线更接近原始变化曲线，因此精度更高。

根据辛普森求积公式，可以求出如下优化后的背景值：

$$z^{(1)}(k+1)=\frac{1}{6}\left[x^{(1)}(k)+4x^{(1)}\left(\frac{2k+1}{2}\right)+x^{(1)}(k+1)\right]$$

$$(k=1,2,\cdots,n-1) \tag{3.17}$$

其中$x^{(1)}\left(\frac{2k+1}{2}\right)$可通过$x^{(1)}$中与之相邻的三点进行二次拉格朗日（Lagrange）插值求出。

2）初始条件的优化

GM（1,1）预测的实质就是利用最小二乘原理，用解出的$\hat{x}^{(1)}$去拟合$x^{(1)}$，然后由$\hat{x}^{(1)}$累减还原得到$\hat{x}^{(0)}$。此时可利用最小二乘原理对初始条件进行改进。

最小二乘原理要求误差平方和最小，即要使$\sum_{k=1}^{n}[x^{(1)}(k)-\hat{x}^{(1)}(k)]^2$最小。现记初始条件为$v$，则

$$\hat{x}^{(1)}(k+1)=\left(v-\frac{u}{a}\right)\mathrm{e}^{-ak}+\frac{u}{a}$$

于是

$$\sum_{k=1}^{n}[x^{(1)}(k)-\hat{x}^{(1)}(k)]^2=\sum_{k=1}^{n}\left\{x^{(1)}(k)-\left[\left(v-\frac{u}{a}\right)\mathrm{e}^{-a(k-1)}+\frac{u}{a}\right]\right\}^2 \tag{3.18}$$

若要使上式最小，将上式对$v$求导并令导数为0，得

$$v=\frac{\sum_{k=1}^{n}\mathrm{e}^{-a(k-1)}x^{(1)}(k)+\sum_{k=1}^{n}\frac{u}{a}[\mathrm{e}^{-2a(k-1)}-\mathrm{e}^{-a(k-1)}]}{\sum_{k=1}^{n}\mathrm{e}^{-2a(k-1)}} \tag{3.19}$$

由微积分知识可知，当$v$取上述值时，误差平方和取得最小值。因此，式（3.19）便是改进后的积分初始条件。

3. 原始数据序列的预处理

对于传统的GM(1,1)模型，在实际建模过程中还需对原始观测数据序列进行光滑性检验，序列只有在满足光滑性的前提下，建模预测的结果才会较为精确，这势必限制了模型的运用范围。

有的学者提出了一种利用指数函数提高序列光滑性的方法，拓宽了灰色预测模型的应用范围。鉴于其独特的优势，可采用这种方法对原始数据序列进行预处理。

对于原始序列$x^{(0)}(k)$，组成新的序列$x^{(0)'}(k)=w^{-x^{(0)}(k)}$（$k=1,2,\cdots,n$）。其中$w>1$，$w$的取值视具体情况而定。然后将$x^{(0)'}(k)$看作原始数据序列，用本节提出的改进方法对其进行建模分析，处理后的结果再取对数变换$-\log_w^{\hat{x}^{(0)'}(k)}$还原得到所需的预测序列$\hat{x}^{(0)}(k)$。另外，GM(1,1)模型是以等时间间隔序列为基础的，但是在实际观

测中所取得的观测资料往往是不等间隔的，此时要通过一定的处理方法将不等间隔序列变成等间隔序列，然后再运用 GM(1,1)模型进行建模分析。

4. 实例分析

现选取某建筑物西北角沉降观测点 $M_3$ 的累计沉降观测数据进行相应计算[12]，共选用了 9 期数据，前 6 期观测值用于建立模型，后 3 期作为预测比较，计算时取 $w$=1.4。有关计算结果列于表 3.4 及表 3.5 中，其中模型 1 为传统 GM（1,1）模型，模型 2 为基于背景值优化及初始条件优化的 GM（1,1）模型，残差为拟合值与观测值之差。

**表 3.4　两种预测模型的拟合值及残差**　（单位：mm）

| 序列 | 观测值 | 模型 1 的拟合值 | 模型 1 的残差 | 模型 2 的拟合值 | 模型 2 的残差 |
|---|---|---|---|---|---|
| 1 | 3.8 | 3.8 | 0.0 | 3.8 | 0.0 |
| 2 | 7.7 | 8.8 | 1.1 | 7.8 | 0.1 |
| 3 | 11.0 | 10.7 | −0.3 | 10.8 | −0.2 |
| 4 | 13.9 | 13.1 | −0.8 | 13.8 | −0.1 |
| 5 | 16.4 | 15.9 | −0.5 | 16.9 | 0.5 |
| 6 | 18.8 | 19.4 | 0.6 | 19.9 | 1.1 |

**表 3.5　两种预测模型的预测值及预测误差**　（单位：mm）

| 序列 | 观测值 | 模型 1 的预测值 | 模型 1 的预测误差 | 模型 2 的预测值 | 模型 2 的预测误差 |
|---|---|---|---|---|---|
| 7 | 23.6 | 23.6 | 0.0 | 22.9 | −0.7 |
| 8 | 27.2 | 28.8 | 1.6 | 25.9 | −1.3 |
| 9 | 30.5 | 35.0 | 4.5 | 29.0 | −1.5 |

通过对后验方差比值 $C$ 和小误差概率 $P$ 的计算分析可知：两种模型精度的等级均达到了 1 级（$P>0.95, C<0.35$）。但基于背景值优化及初始条件优化的 GM（1,1）模型的拟合精度及预测精度明显优于传统 GM（1,1）模型。

## 3.5　加权 GM（1,1）模型

在建模过程中，为了体现观测数据对模型的贡献，可对观测数据赋予一定的权值，为了体现后面的观测数据对模型的影响，可将后面数据的权值取大一些，为此，在灰色模型建模中，采用灰色加权模型，可以减少量化的盲目性和随意性，提高相应的预报精度[14]。

1. GM（1,1）加权模型的建立方法

设非负离散序列为

$$x^{(0)}=\{x^{(0)}(1),x^{(0)}(2),\cdots,x^{(0)}(n)\}$$

式中：$n$ 为序列的长度，对 $x^{(0)}$ 作一次累加生成，则得到一个生成序列

$$x^{(1)}=\{x^{(1)}(1),x^{(1)}(2),\cdots,x^{(1)}(n)\}$$

其中

$$x^{(1)}(k)=\sum_{i=1}^{k}x^{(0)}(i)$$

由原始序列 $x^{(0)}$ 及生成序列 $x^{(1)}$ 组成矩阵

$$\boldsymbol{B}=\begin{bmatrix}-\frac{1}{2}(x^{(1)}(2)+x^{(1)}(1)) & 1\\ -\frac{1}{2}(x^{(1)}(3)+x^{(1)}(2)) & 1\\ \vdots & \vdots\\ -\frac{1}{2}(x^{(1)}(n)+x^{(1)}(n-1)) & 1\end{bmatrix},\quad \boldsymbol{y}_N=\begin{bmatrix}x^{(0)}(2)\\ x^{(0)}(3)\\ \vdots\\ x^{(0)}(n)\end{bmatrix}$$

为了体现后面的观测数据对模型的影响，可按下式定权：

$$P_i=R^{i-1}\quad(i=2,3,\cdots,n) \tag{3.20}$$

式中：$R$ 为精度递增因子，取值范围为 $1<R\leqslant 2$。

$$\boldsymbol{P}=\begin{bmatrix}P_2 & & & 0\\ & P_3 & & \\ & & \ddots & \\ 0 & & & P_n\end{bmatrix} \tag{3.21}$$

求灰色参数

$$\hat{\boldsymbol{a}}=[a\quad u]^{\mathrm{T}}=(\boldsymbol{B}^{\mathrm{T}}\boldsymbol{PB})^{-1}\boldsymbol{B}^{\mathrm{T}}\boldsymbol{P}\boldsymbol{y}_N \tag{3.22}$$

则

$$\hat{x}^{(1)}(k+1)=\left[x^{(0)}(1)-\frac{u}{a}\right]\mathrm{e}^{-ak}+\frac{u}{a} \tag{3.23}$$

对 $\hat{x}^{(1)}(k+1)$ 作累减生成（IAGO），可得还原数据

$$\hat{x}^{(0)}(k+1)=\hat{x}^{(1)}(k+1)-\hat{x}^{(1)}(k) \tag{3.24}$$

或

$$\hat{x}^{(0)}(k+1)=(1-\mathrm{e}^{a})\left[x^{(0)}(1)-\frac{u}{a}\right]\mathrm{e}^{-ak} \tag{3.25}$$

2. 算例

现选取某建筑物西北角沉降观测点 $M_3$ 的累计沉降观测数据进行相应计算[14]，共选用了 9 期数据，前 6 期观测值用于建立模型，后 3 期作为预测比较，有关计算结果列于表 3.6 及表 3.7 中，计算时，取 $R=1.5$，其中模型 1 为传统 GM（1,1）模型，模型 2 为加权 GM（1,1）模型，残差为拟合值与观测值之差。

**表 3.6 两种预测模型的拟合值及残差** （单位：mm）

| 序列 | 观测值 | 模型 1 的拟合值 | 模型 1 的残差 | 模型 2 的拟合值 | 模型 2 的残差 |
|---|---|---|---|---|---|
| 1 | 3.8 | 3.8 | 0.0 | 3.8 | 0.0 |
| 2 | 7.7 | 8.8 | 1.1 | 9.3 | 1.6 |
| 3 | 11.0 | 10.7 | −0.3 | 11.1 | 0.1 |
| 4 | 13.9 | 13.1 | −0.8 | 13.2 | −0.7 |
| 5 | 16.4 | 15.9 | −0.5 | 15.7 | −0.7 |
| 6 | 18.8 | 19.4 | 0.6 | 18.7 | −0.1 |

**表 3.7 两种预测模型的预测值及预测误差** （单位：mm）

| 序列 | 观测值 | 模型 1 的预测值 | 模型 1 的预测误差 | 模型 2 的预测值 | 模型 2 的预测误差 |
|---|---|---|---|---|---|
| 7 | 23.6 | 23.6 | 0.0 | 22.2 | −1.4 |
| 8 | 27.2 | 28.8 | 1.6 | 26.5 | −0.7 |
| 9 | 30.5 | 35.0 | 4.5 | 31.5 | 1.0 |

通过对后验方差比值 $C$ 和小误差概率 $P$ 的计算分析可知：两种模型精度的等级均达到了 1 级（$P=1,C<0.35$）。但加权 GM（1,1）模型的拟合精度及预测精度明显优于 GM（1,1）模型。

## 3.6 非等间距 GM（1,1）模型

GM（1,1）模型是以等间距序列为基础的，但在实际的变形观测中，观测时间间距往往是非等间距的。因此建立 GM（1,1）模型时就需要将非等间距序列经过一定的处理，转化为等间距序列。

1. *计算方法*[15]

对于非等间距序列 $x^{(0)}=\{x^{(0)}(1),x^{(0)}(2),\cdots,x^{(0)}(n)\}$，可采用下列方法转换为等间距数列。

（1）计算各观测周期距首次周期的时间间隔：

$$t_i=T_i-T_1 \quad (i=1,2,\cdots,n)$$

式中：$T_i$ 为各期的原始观测时间。

（2）求平均时间间隔：

$$\Delta t_0=\frac{\sum_{i=1}^{n-1}\Delta t_i}{n-1}=\frac{1}{n-1}(t_n-t_1) \tag{3.26}$$

其中

$$\Delta t_i=t_{i+1}-t_i \quad (i=1,2,\cdots,n-1)$$

（3）求各期的时距 $t_i$ 与平均时距 $\Delta t_0$ 的单位时间差系数：

$$\mu(t_i)=\frac{t_i-(i-1)\Delta t_0}{\Delta t_0} \tag{3.27}$$

（4）求各期的总差值：

$$\Delta x^{(0)}(i)=\mu(t_i)(x^{(0)}(i)-x^{(0)}(i-1)) \tag{3.28}$$

（5）计算等间距点的灰数值：

$$a^{(0)}(i)=x^{(0)}(i)-\Delta x^{(0)}(i) \tag{3.29}$$

则有等间距序列：

$$a^{(0)}=\{a^{(0)}(1),a^{(0)}(2),\cdots,a^{(0)}(n)\}$$

（6）由等间距序列用 GM（1,1）模型计算 $a$ 和 $u$。

（7）计算：

$$a' = \ln\frac{2-a}{2+a}, \quad A' = \frac{2u}{2+a} \tag{3.30}$$

（8）还原非等间距的响应函数（原始观测序列的拟合值）

$$\hat{x}^{(0)}(i) = A'\mathrm{e}^{\frac{a't_i}{\Delta t_0}} \tag{3.31}$$

2. 实例[15]

某建筑工程为确保施工安全，在施工过程中进行了沉降监测。表 3.8 为其中一个监测点的部分实测数据。

**表 3.8 某沉降监测点的实测数据（2012 年）**

| 观测时间 | 2 月 24 日 | 3 月 16 日 | 3 月 30 日 | 4 月 13 日 | 5 月 4 日 |
|---|---|---|---|---|---|
| 沉降量/ mm | 14.8 | 16.0 | 17.0 | 18.6 | 20.0 |

计算步骤如下。

（1）求各观测周期距首次周期的时间间隔（以 d 为单位），即

$$t_i = （0,20,34,48,69）$$

（2）求平均时间间隔，即

$$\Delta t_0 = \frac{69-0}{5-1}=17.25\text{（d）}$$

（3）求各期的时距 $t_i$ 与平均时距 $\Delta t_0$ 的单位时间差系数，即

$$\mu(t_i) = （0.000\ 000\ 0,0.159\ 420\ 3,-0.028\ 985\ 5,-0.217\ 391\ 3,0.000\ 000\ 0）$$

（4）求各期的总差值，即

$$\Delta x^{(0)}(i) = （0.000\ 000,0.191\ 304,-0.028\ 986,-0.347\ 826,0.000\ 000）$$

（5）求等间距点的灰数值，即

$$a^{(0)} = \{14.800\ 000,15.808\ 695,17.028\ 985,18.947\ 826,20.000\ 000\}$$

（6）由等间距数列用 GM（1,1）模型计算 $a$ 和 $u$，即

$$a = -0.080\ 488, \quad u = 14.012\ 012$$

（7）计算 $a'$ 及 $A'$，即

$$a' = 0.080\ 532, \quad A' = 14.599\ 599$$

（8）还原非等间距的响应函数（原始观测序列的拟合值），即

$$\hat{x}^{(0)}(i)=14.599\ 599\mathrm{e}^{0.004\ 668t_i}$$

有关计算结果列于表 3.9 中，其中残差为拟合值与实测值之差。

**表 3.9 某沉降监测点的计算结果（2012 年）** （单位：mm）

| 观测时间 | 实测值 | 拟合值 | 残差 |
| --- | --- | --- | --- |
| 2 月 24 日 | 14.8 | 14.60 | −0.20 |
| 3 月 16 日 | 16.0 | 16.03 | 0.03 |
| 3 月 30 日 | 17.0 | 17.11 | 0.11 |
| 4 月 13 日 | 18.6 | 18.27 | −0.33 |
| 5 月 4 日 | 20.0 | 20.15 | 0.15 |

从表 3.9 中可以看出，残差最大值为−0.33mm，最小残差只有 0.03mm，表明非等间距 GM（1,1）模型的拟合精度较高。利用该模型预测该监测点 2012 年 6 月 8 日的沉降量为 23.72mm，而该监测点 2012 年 6 月 8 日的实测沉降量为 23.3mm，预测误差为 0.42mm，预测精度也较高。

## 3.7 灰色 GM（2,1）模型

灰色模型具有利用“少数据”“小样本”的优点。作为预测模型，常用 GM（$n$,1）模型，即只有一个变量的 GM 模型，对数据序列要求是“综合效果”的时间序列。由于 $n$ 越大，计算越复杂，但精度未必就高，因此一般取 $n$ 为 3 阶以下。GM（1,1）模型只有一个指数分量，故变化是单调的。GM（2,1）为二阶模型，有两个特征根，其动态过程能反映单调的、非单调的或摆动（振荡的）等不同情况。

国内已有不少学者将灰色模型应用于滑坡变形预测，但大多数是采用灰色 GM（1,1）模型，而对于灰色 GM（2,1）模型在滑坡预测中的应用则较少见。本节建立 GM（2,1）模型对滑坡变形进行预测，并将其预测结果与 GM（1,1）模型的预测结果进行比较，以检验其对滑坡变形的预测精度。

### 1. 灰色 GM（2,1）模型的基本原理

GM（2,1）模型的微分方程[16]为

$$\frac{\mathrm{d}^2x^{(1)}}{\mathrm{d}t^2}+a_1\frac{\mathrm{d}x^{(1)}}{\mathrm{d}t}+a_2x^{(1)}=u \tag{3.32}$$

其系数向量 $\hat{\boldsymbol{a}}=\begin{bmatrix}a_1 & a_2 & u\end{bmatrix}^{\mathrm{T}}$ 可由最小二乘法求得，即[16]

$$\hat{\boldsymbol{a}}=\begin{bmatrix}a_1 & a_2 & u\end{bmatrix}^{\mathrm{T}}=[\boldsymbol{X}(\boldsymbol{A},\boldsymbol{B})^{\mathrm{T}}\boldsymbol{X}(\boldsymbol{A},\boldsymbol{B})]^{-1}\boldsymbol{X}(\boldsymbol{A},\boldsymbol{B})^{\mathrm{T}}\boldsymbol{Y}_N \tag{3.33}$$

其中

$$\boldsymbol{A}=\begin{bmatrix}-a^{(1)}(x^{(1)},2)\\-a^{(1)}(x^{(1)},3)\\\vdots\\-a^{(1)}(x^{(1)},n)\end{bmatrix},\quad \boldsymbol{B}=\begin{bmatrix}-\frac{1}{2}(x^{(1)}(1)+x^{(1)}(2)) & 1\\-\frac{1}{2}(x^{(1)}(2)+x^{(1)}(3)) & 1\\\vdots & \vdots\\-\frac{1}{2}(x^{(1)}(n-1)+x^{(1)}(n)) & 1\end{bmatrix},\quad \boldsymbol{Y}_N=\begin{bmatrix}a^{(2)}(x^{(1)},2)\\a^{(2)}(x^{(1)},3)\\\vdots\\a^{(2)}(x^{(1)},n)\end{bmatrix}$$

一般情况下，其时间响应函数为

$$x^{(1)}(t+1)=c_1\mathrm{e}^{\gamma_1 t}+c_2\mathrm{e}^{\gamma_2 t}+\frac{u}{a_2} \tag{3.34}$$

式中：$\gamma_1$ 和 $\gamma_2$ 为两个特征根，按以下不同情况可分析系统的主要动态特征。

（1）若 $\gamma_1=\gamma_2$，则动态过程是单调的。

（2）若 $\gamma_1\neq\gamma_2$，且为实数，则动态过程可能是非单调的。

（3）若 $\gamma_1$ 与 $\gamma_2$ 为共轭复根，则动态过程是周期摆动的。

### 2. 灰色 GM（2,1）模型的建模步骤[16]

（1）对数据序列 $x^{(0)}=\{x^{(0)}(1),x^{(0)}(2),\cdots,x^{(0)}(n)\}$ 作一次累加生成，得到

$$x^{(1)}=\{x^{(1)}(1),x^{(1)}(2),\cdots,x^{(1)}(n)\}$$

其中

$$x^{(1)}(t)=\sum_{k=1}^{t}x^{(0)}(k)\quad (t=1,2,\cdots,n)$$

然后作累加生成数据序列的一次累差

$$a^{(1)}(x^{(1)},1)=x^{(1)}(1)-x^{(1)}(0)=x^{(0)}(1)$$

$$a^{(1)}(x^{(1)},2)=x^{(1)}(2)-x^{(1)}(1)=x^{(0)}(2)$$

$$\vdots$$

$$a^{(1)}(x^{(1)},n)=x^{(1)}(n)-x^{(1)}(n-1)=x^{(0)}(n)$$

再作累加数据序列的二次累差

$$\begin{aligned}a^{(2)}(x^{(1)},2) &= a^{(1)}(x^{(1)},2) - a^{(1)}(x^{(1)},1)\\ &= x^{(0)}(2) - x^{(0)}(1)\end{aligned}$$

$$a^{(2)}(x^{(1)},3) = x^{(0)}(3) - x^{(0)}(2)$$

$$\vdots$$

$$a^{(2)}(x^{(1)},n) = x^{(0)}(n) - x^{(0)}(n-1)$$

（2）构造矩阵：

$$\boldsymbol{X}(\boldsymbol{A},\boldsymbol{B}) = \begin{bmatrix} -a^{(1)}(x^{(1)},2) & -\dfrac{1}{2}(x^{(1)}(1)+x^{(1)}(2)) & 1 \\ -a^{(1)}(x^{(1)},3) & -\dfrac{1}{2}(x^{(1)}(2)+x^{(1)}(3)) & 1 \\ \vdots & \vdots & \vdots \\ -a^{(1)}(x^{(1)},n) & -\dfrac{1}{2}(x^{(1)}(n-1)+x^{(1)}(n)) & 1 \end{bmatrix},\quad \boldsymbol{Y}_N = \begin{bmatrix} a^{(2)}(x^{(1)},2) \\ a^{(2)}(x^{(1)},3) \\ \vdots \\ a^{(2)}(x^{(1)},n) \end{bmatrix}$$

（3）求 $\dfrac{\mathrm{d}^2x^{(1)}}{\mathrm{d}t^2} + a_1\dfrac{\mathrm{d}x^{(1)}}{\mathrm{d}t} + a_2x^{(1)} = u$ 的系数向量：

$$\hat{\boldsymbol{a}} = \begin{bmatrix} a_1 & a_2 & u \end{bmatrix}^{\mathrm{T}} = [\boldsymbol{X}(\boldsymbol{A},\boldsymbol{B})^{\mathrm{T}}\boldsymbol{X}(\boldsymbol{A},\boldsymbol{B})]^{-1}\boldsymbol{X}(\boldsymbol{A},\boldsymbol{B})^{\mathrm{T}}\boldsymbol{Y}_N$$

（4）解系数特征方程并得到系统响应方程：

$$\gamma^2 + a_1\gamma + a_2 = 0$$

则

$$\gamma_1 = \frac{-a_1 + \sqrt{a_1^2 - 4a_2}}{2},\quad \gamma_2 = \frac{-a_1 - \sqrt{a_1^2 - 4a_2}}{2}$$

若 $a_1^2 - 4a_2 > 0$，则微分方程的解为

$$x^{(1)}(t+1) = c_1\mathrm{e}^{\gamma_1 t} + c_2\mathrm{e}^{\gamma_2 t} + c^*$$

式中：$c_1$、$c_1$ 为系数；$c^*$ 为待定常数。

当 $t=0$，则

$$x^{(1)}(1) = c_1 + c_2 + c^* = x^{(0)}(1)$$

$$\left.\frac{\mathrm{d}x^{(1)}(t+1)}{\mathrm{d}t}\right|_{t=0} = c_1\gamma_1 + c_2\gamma_2 \approx x^{(1)}(2) - x^{(1)}(1) = x^{(0)}(2)$$

由此可组成联立方程

$$c_1 + c_2 + c^* = x^{(0)}(1)$$

$$c_1\gamma_1 + c_2\gamma_2 = x^{(0)}(2)$$

由上述两式解得

$$c_1 = x^{(0)}(1) - \frac{x^{(0)}(2) - (x^{(1)}(1) - c^*)\gamma_1}{\gamma_1 - \gamma_2} - c^*$$

$$c_2 = \frac{x^{(0)}(2) - (x^{(1)}(1) - c^*)\gamma_1}{\gamma_1 - \gamma_2}$$

应用待定系数法求得 $c^*$ 的特解为

$$c^* = \frac{u}{a_2}$$

若 $a_1^2 - 4a_2 < 0$，则微分方程的解为

$$x^{(1)}(t+1) = \mathrm{e}^{at}(A_1 \cos\beta t + A_2 \sin\beta t) + c^*$$

式中：$a = -\frac{a_1}{2}$；$\beta = \frac{\sqrt{4a_2 - a_1^2}}{2}$；$A_1$ 及 $A_2$ 为系数，同样可以推导出

$$A_1 = x^{(0)}(1) - c^*，\quad A_2 = \frac{x^{(0)}(2) - a(x^{(0)}(1) - c^*)}{\beta}$$

（5）将灰参数代入时间函数，求生成数据序列计算值 $\hat{x}^{(1)}(t)$，再求 $\hat{x}^{(0)}(t)$。

3. 模型应用实例[16]

现选取某滑坡 SB1 监测点 6.8m 深处累计深部位移监测数据进行计算。其实测数据见表 3.10。

**表 3.10　SB1 监测点 6.8m 深处累计深部位移实测值（2010 年）**（单位：mm）

| 时间 | 实测值 | 时间 | 实测值 | 时间 | 实测值 | 时间 | 实测值 |
|---|---|---|---|---|---|---|---|
| 7 月 10 日 | 24.37 | 7 月 17 日 | 28.12 | 7 月 24 日 | 29.75 | 7 月 31 日 | 31.03 |
| 7 月 11 日 | 25.29 | 7 月 18 日 | 28.33 | 7 月 25 日 | 29.89 | 8 月 1 日 | 31.24 |
| 7 月 12 日 | 26.00 | 7 月 19 日 | 28.55 | 7 月 26 日 | 30.10 | 8 月 2 日 | 31.52 |
| 7 月 13 日 | 26.56 | 7 月 20 日 | 28.69 | 7 月 27 日 | 30.25 | 8 月 3 日 | 31.80 |
| 7 月 14 日 | 27.06 | 7 月 21 日 | 28.90 | 7 月 28 日 | 30.46 | 8 月 4 日 | 31.95 |
| 7 月 15 日 | 27.48 | 7 月 22 日 | 29.18 | 7 月 29 日 | 30.67 | 8 月 5 日 | 32.09 |
| 7 月 16 日 | 27.77 | 7 月 23 日 | 29.47 | 7 月 30 日 | 30.88 | 8 月 6 日 | 32.23 |

由实测资料可以看出，该滑坡变形的时间序列具有明显的不断增加趋势，且具有明显的非线性，可采用 GM（2,1）模型对位移值进行预测。

在实际建模中，在原始数据序列中取出一部分数据，就可以建立一个模型。一般说来，取不同的数据，建立的模型也不一样，即使都建立同样的 GM（2,1）模型，选择不同的数据，参数的值也不一样。这种变化，正是不同情况、不同条件对系统特征的影响在模型中的反映。GM（2,1）模型群中，当数据量较少时，建立全数据 GM（2,1）模型才能充分利用有限的数据反映系统的发展变化。当数据量较多时，为避免某些奇异数据对预测的影响，可建立多个部分数据的 GM（2,1）模型进行比较选择。根据某滑坡 SB1 监测点 6.8m 深处累计深部位移监测数据建立灰色 GM（2,1）模型，以说明灰色变形预测的过程。以 2010 年 8 月 7 日之前的观测数据建立模型，对 2010 年 8 月 7～11 日的累计位移值进行预测。分别选取 $n$ 为 16～30（$n$ 为模型数据序列的长度）进行模型试算，得出 $n$ 为 28 时模型预测结果均方差最小，预测精度最高。当 $n$ 为 28 时，$C=0.1282$，$P=1.0000$，满足 $C\leqslant 0.35$、$P\geqslant 0.95$ 的要求，模型精度等级为一级。

取 $n$ 为 28，建立 GM（2,1）模型，对 2010 年 8 月 7～11 日的滑坡 SB1 监测点 6.8m 深处累计位移值进行预测，并与 GM（1,1）模型进行比较。其结果见表 3.11。

**表 3.11 SB1 监测点 6.8m 深处累计深部位移实测值与预测误差（2010 年）**

（单位：mm）

| 时间 | 实测值 | GM（1,1）模型的预测误差 | GM（2,1）模型的预测误差 |
|---|---|---|---|
| 8 月 7 日 | 32.58 | 0.028 | 0.033 |
| 8 月 8 日 | 32.87 | −0.035 | −0.014 |
| 8 月 9 日 | 33.15 | −0.087 | −0.050 |
| 8 月 10 日 | 33.36 | −0.067 | −0.014 |
| 8 月 11 日 | 33.43 | 0.094 | 0.164 |

由表 3.11 可以看出，GM（1,1）模型和 GM（2,1）模型都能对某滑坡 SB1 监测点 6.8m 深处累计深部位移趋势做出较好的预测，预测的误差不超过 0.2mm，从总体精度看，GM（2,1）模型的预测结果优于 GM（1,1）模型。

在 GM（2,1）模型群中，当数据量较少时，建立全数据 GM（2,1）模型才能充分利用有限的数据反映系统的发展变化。当数据量较多时，为了避免某些奇异数据对预测结果的影响，可建立多个部分数据 GM（2,1）模型进行比较选择，找出适于该滑坡建立灰色模型的最佳数据序列长度。

灰色 GM（2,1）模型具有利用“少数据”“小样本”的优点，对于滑坡短期变形预测具有较高的精度，预测结果可用于指导现场施工，实现滑坡治理的动态管理，应用前景十分广泛。

灰色 GM（1,1）和 GM（2,1）模型都能对滑坡短期位移趋势做出较好的预测，从总体精度上看，GM（2,1）模型的预测结果优于 GM（1,1）模型。

## 3.8　GM（1,N）模型

在灰色系统理论中，由 GM（1,N）模型描述的系统状态方程，提供了系统主行为与其他行为因子之间的不确定性关联的描述方法，它根据系统因子之间发展态势的相似性，进行系统主行为与其他行为因子的动态关联分析。

GM（1,N）模型是一阶的具有 N 个变量的微分方程型模型，令 $x_1^{(0)}$ 为系统主行为因子，$x_i^{(0)}$（$i$=2,3,⋯,N）为行为因子

$$x_1^{(0)} = (x_1^{(0)}(1), x_1^{(0)}(2), \cdots, x_1^{(0)}(n))$$

$$x_i^{(0)} = (x_i^{(0)}(1), x_i^{(0)}(2), \cdots, x_i^{(0)}(n))$$

式中：$n$ 为数据序列的长度，记 $x_i^{(1)}$ 是 $x_i^{(0)}$（$i$=1,2,⋯,N）的一阶累加生成序列，则 GM（1,N）模型白化形式的微分方程[2]为

$$\frac{\mathrm{d}x_1^{(1)}}{\mathrm{d}t} + ax_1^{(1)} = b_1x_2^{(1)} + b_2x_3^{(1)} + \cdots + b_{N-1}x_N^{(1)} \tag{3.35}$$

将式（3.35）离散化，且取 $x_i^{(1)}$ 的背景值后，便可构成下面的矩阵形式：

$$\begin{bmatrix} x_1^{(0)}(2) \\ x_1^{(0)}(3) \\ \vdots \\ x_1^{(0)}(n) \end{bmatrix} = a\begin{bmatrix} -z_1^{(1)}(2) \\ -z_1^{(1)}(3) \\ \vdots \\ -z_1^{(1)}(n) \end{bmatrix} + b_1\begin{bmatrix} x_2^{(1)}(2) \\ x_2^{(1)}(3) \\ \vdots \\ x_2^{(1)}(n) \end{bmatrix} + \cdots + b_{N-1}\begin{bmatrix} x_N^{(1)}(2) \\ x_N^{(1)}(3) \\ \vdots \\ x_N^{(1)}(n) \end{bmatrix} \tag{3.36}$$

其中

$$z_1^{(1)}(k) = 0.5x_1^{(1)}(k) + 0.5x_1^{(1)}(k-1) \qquad (k=2,3,\cdots,n)$$

令

$$\boldsymbol{y}_N = \begin{bmatrix} x_1^{(0)}(2) \\ x_1^{(0)}(3) \\ \vdots \\ x_1^{(0)}(n) \end{bmatrix}, \quad \boldsymbol{B} = \begin{bmatrix} -z_1^{(1)}(2) & x_2^{(1)}(2) & \cdots & x_N^{(1)}(2) \\ -z_1^{(1)}(3) & x_2^{(1)}(3) & \cdots & x_N^{(1)}(3) \\ \vdots & \vdots & & \vdots \\ -z_1^{(1)}(n) & x_2^{(1)}(n) & \cdots & x_N^{(1)}(n) \end{bmatrix},$$

$$\hat{\boldsymbol{a}}=\begin{bmatrix}a & b_1 & b_2 & \cdots & b_{N-1}\end{bmatrix}^{\mathrm{T}}$$

则式（3.36）可以写成下列形式：

$$\boldsymbol{y}_N=\boldsymbol{B}\hat{\boldsymbol{a}} \tag{3.37}$$

最小二乘法求解得

$$\hat{\boldsymbol{a}}=(\boldsymbol{B}^{\mathrm{T}}\boldsymbol{B})^{-1}\boldsymbol{B}^{\mathrm{T}}\boldsymbol{y}_N \tag{3.38}$$

将 $\hat{\boldsymbol{a}}$ 代入式（3.35），可求得响应函数为

$$\begin{aligned}\hat{x}_1^{(1)}(k+1)=&\left[x_1^{(1)}(1)-\frac{b_1}{a}x_2^{(1)}(k+1)-\cdots-\frac{b_{N-1}}{a}x_N^{(1)}(k+1)\right]\mathrm{e}^{-ak}\\&+\frac{b_1}{a}x_2^{(1)}(k+1)+\frac{b_2}{a}x_3^{(1)}(k+1)+\cdots+\frac{b_{N-1}}{a}x_N^{(1)}(k+1)\end{aligned} \tag{3.39}$$

由式（3.39），可以根据 $k$ 时刻的已知值 $x_2^{(1)}(k+1), x_3^{(1)}(k+1),\cdots,x_N^{(1)}(k+1)$ 预报同一时刻的 $\hat{x}_1^{(1)}(k+1)$，并求其还原值

$$\hat{x}_1^{(0)}(k+1)=\hat{x}_1^{(1)}(k+1)-\hat{x}_1^{(1)}(k) \tag{3.40}$$

## 3.9 多变量灰色模型

目前许多预测模型和预测方法一般局限于单点建模和预测，对于建筑物的变形不能仅局限于对单点进行局部分析，而应该充分利用监测点之间的相关信息。因为一个监测点的变形并不是孤立的，它受到其他监测点的影响，同时它也在影响其他点的变形，所以应从变形观测系统的角度，统一描述变形体的整体变形趋势和变形规律。从整体上对变形观测数据进行正确处理，建立合理的模型对变形做出较为准确的预报。

1．模型的建立

设对某变形体有 $n$ 个相互关联的变形观测点获得了 $m$ 期的变形观测资料，其相应的变形观测序列为$\{x_i^{(0)}(k)\}$（$k$=1,2,$\cdots$, $m$；$i$=1, 2, $\cdots$, $n$），其一次累加生成序列[17]为

$$x_i^{(1)}(k)=\sum_{j=1}^{k}x_i^{(0)}(j)\quad(k=1,2,\cdots,m;\ i=1,2,\cdots,n)$$

考虑 $n$ 个点相互关联和影响，对此生成序列建立 $n$ 元一阶常微分方程组

$$\begin{cases}\dfrac{\mathrm{d}x_1^{(1)}}{\mathrm{d}t}=a_{11}x_1^{(1)}+a_{12}x_2^{(1)}+\cdots+a_{1n}x_n^{(1)}+b_1\\ \dfrac{\mathrm{d}x_2^{(1)}}{\mathrm{d}t}=a_{21}x_1^{(1)}+a_{22}x_2^{(1)}+\cdots+a_{2n}x_n^{(1)}+b_2\\ \qquad\vdots\\ \dfrac{\mathrm{d}x_n^{(1)}}{\mathrm{d}t}=a_{n1}x_1^{(1)}+a_{n2}x_2^{(1)}+\cdots+a_{nn}x_n^{(1)}+b_n\end{cases}\tag{3.41}$$

将式（3.41）写成矩阵的形式

$$\frac{\mathrm{d}\boldsymbol{X}^{(1)}}{\mathrm{d}t}=\boldsymbol{A}\boldsymbol{X}^{(1)}+\boldsymbol{B}\tag{3.42}$$

其中

$$\boldsymbol{A}=\begin{bmatrix}a_{11}&a_{12}&\cdots&a_{1n}\\a_{21}&a_{22}&\cdots&a_{2n}\\\vdots&\vdots&&\vdots\\a_{n1}&a_{n2}&\cdots&a_{nn}\end{bmatrix},\quad \boldsymbol{B}=\begin{bmatrix}b_1\\b_2\\\vdots\\b_n\end{bmatrix}$$

$$\boldsymbol{X}^{(1)}(t)=[x_1^{(1)}(t)\quad x_2^{(1)}(t)\quad\cdots\quad x_n^{(1)}(t)]^{\mathrm{T}}$$

由积分生成变换原理，对式（3.42）左乘 $\mathrm{e}^{-\boldsymbol{A}t}$ 得

$$\mathrm{e}^{-\boldsymbol{A}t}\left[\frac{\mathrm{d}\boldsymbol{X}^{(1)}}{\mathrm{d}t}-\boldsymbol{A}\boldsymbol{X}^{(1)}\right]=\mathrm{e}^{-\boldsymbol{A}t}\boldsymbol{B}$$

在区间 $[0,t]$ 上积分，整理后得

$$\boldsymbol{X}^{(1)}(t)=\mathrm{e}^{\boldsymbol{A}t}(\boldsymbol{X}^{(1)}(0)+\boldsymbol{A}^{-1}\boldsymbol{B})-\boldsymbol{A}^{-1}\boldsymbol{B}\tag{3.43}$$

式（3.43）即为生成序列模型的一般形式。

2. 模型参数 $\boldsymbol{A}$ 和 $\boldsymbol{B}$ 的求解

为了求模型的参数 $\boldsymbol{A}$ 和 $\boldsymbol{B}$，通过对式（3.41）离散化，并由最小二乘法得到

估值

$$\hat{\boldsymbol{H}} = (\boldsymbol{L}^T\boldsymbol{L})^{-1}\boldsymbol{L}^T\boldsymbol{Y} \tag{3.44}$$

其中

$$\boldsymbol{L} = \begin{bmatrix} \overline{x}_1^{(1)}(2) & \overline{x}_2^{(1)}(2) & \cdots & \overline{x}_n^{(1)}(2) & 1 \\ \overline{x}_1^{(1)}(3) & \overline{x}_2^{(1)}(3) & \cdots & \overline{x}_n^{(1)}(3) & 1 \\ \overline{x}_1^{(1)}(4) & \overline{x}_2^{(1)}(4) & \cdots & \overline{x}_n^{(1)}(4) & 1 \\ \vdots & \vdots & & \vdots & \vdots \\ \overline{x}_1^{(1)}(m) & \overline{x}_2^{(1)}(m) & \cdots & \overline{x}_n^{(1)}(m) & 1 \end{bmatrix}$$

$$\boldsymbol{Y} = \begin{bmatrix} x_1^{(0)}(2) & x_2^{(0)}(2) & \cdots & x_n^{(0)}(2) \\ x_1^{(0)}(3) & x_2^{(0)}(3) & \cdots & x_n^{(0)}(3) \\ \vdots & \vdots & & \vdots \\ x_1^{(0)}(m) & x_2^{(0)}(m) & \cdots & x_n^{(0)}(m) \end{bmatrix}, \quad \hat{\boldsymbol{H}} = \begin{bmatrix} \hat{a}_{11} & \hat{a}_{21} & \hat{a}_{31} & \cdots & \hat{a}_{n1} \\ \hat{a}_{12} & \hat{a}_{22} & \hat{a}_{32} & \cdots & \hat{a}_{n2} \\ \vdots & \vdots & \vdots & & \vdots \\ \hat{a}_{1n} & \hat{a}_{2n} & \hat{a}_{3n} & \cdots & \hat{a}_{nn} \\ \hat{b}_1 & \hat{b}_2 & \hat{b}_3 & \cdots & \hat{b}_n \end{bmatrix}$$

$$\overline{x}_i^{(1)}(k) = \frac{1}{2}[x_i^{(1)}(k) + x_i^{(1)}(k-1)] \quad (i=1,2,\cdots,n;\ k=2,3,\cdots,m) \tag{3.45}$$

由 $\hat{\boldsymbol{H}}$ 可以得到 $\boldsymbol{A}$ 和 $\boldsymbol{B}$ 的辨识值 $\hat{\boldsymbol{A}}$ 和 $\hat{\boldsymbol{B}}$，即

$$\hat{\boldsymbol{A}} = \begin{bmatrix} \hat{a}_{11} & \hat{a}_{12} & \cdots & \hat{a}_{1n} \\ \hat{a}_{21} & \hat{a}_{22} & \cdots & \hat{a}_{2n} \\ \vdots & \vdots & & \vdots \\ \hat{a}_{n1} & \hat{a}_{n2} & \cdots & \hat{a}_{nn} \end{bmatrix}, \quad \hat{\boldsymbol{B}} = \begin{bmatrix} \hat{b}_1 \\ \hat{b}_2 \\ \vdots \\ \hat{b}_n \end{bmatrix}$$

3. 预测模型

将式（3.43）写成离散形式，即

$$\hat{\boldsymbol{X}}^{(1)}(k) = \mathrm{e}^{\hat{\boldsymbol{A}}(k-1)}(\hat{\boldsymbol{X}}^{(1)}(1) + \hat{\boldsymbol{A}}^{-1}\hat{\boldsymbol{B}}) - \hat{\boldsymbol{A}}^{-1}\hat{\boldsymbol{B}} \tag{3.46}$$

其中

$$\mathrm{e}^{\hat{\boldsymbol{A}}(k-1)} = \boldsymbol{I} + \sum_{i=1}^{\infty}\frac{\hat{\boldsymbol{A}}^i}{i!}(k-1)^i \tag{3.47}$$

将式（3.46）作累减还原得

$$\hat{\boldsymbol{X}}^{(0)}(k)=\hat{\boldsymbol{X}}^{(1)}(k)-\hat{\boldsymbol{X}}^{(1)}(k-1)\quad（k=1,2,3,\cdots）\tag{3.48}$$

当 $k<m$ 时，$\hat{\boldsymbol{X}}^{(0)}(k)$ 为模拟值；当 $k=m$ 时，$\hat{\boldsymbol{X}}^{(0)}(k)$ 为滤波值；当 $k>m$ 时，$\hat{\boldsymbol{X}}^{(0)}(k)$ 为预测值。

4. 模型的精度

模型的平均拟合精度为

$$\sigma^2=\frac{\sum_{i=1}^{n}\boldsymbol{V}_i^T\boldsymbol{V}_i}{nm}\tag{3.49}$$

式中：残差 $v_i(k)=x_i^{(0)}(k)-\hat{x}_i^{(0)}(k)$，$\boldsymbol{V}_i=\left[v_i(1)\quad v_i(2)\quad\cdots\quad v_i(m)\right]^{\mathrm{T}}$

（$i=1,2,\cdots,n$；$k=1,2,\cdots,m$）

5. 计算步骤

（1）构成原始序列 $\boldsymbol{X}^{(0)}$。

（2）求一次累加生成序列 $\boldsymbol{X}^{(1)}$。

（3）由式（3.45）计算一次累加均值序列 $\bar{\boldsymbol{X}}^{(1)}$。

（4）计算 $\boldsymbol{L}$ 及 $\boldsymbol{Y}$。

（5）计算 $\hat{\boldsymbol{A}}$ 及 $\hat{\boldsymbol{B}}$。

（6）由式（3.47）计算 $\mathrm{e}^{\hat{\boldsymbol{A}}(k-1)}$。

（7）由式（3.46）计算 $\hat{\boldsymbol{X}}^{(1)}$，由式（3.48）计算 $\hat{\boldsymbol{X}}^{(0)}$。

（8）由式（3.49）进行精度评定。

6. 应用实例

位于某市中心的一商住楼，该商住楼竣工不久出现墙体裂缝，为此，对该商住楼进行沉降监测。现对该商住楼四个角点 $F_1$、$F_2$、$F_3$、$F_4$ 的沉降累计值进行建模并进行预测[17]。

取多点变形数 $n=4$，即四个房角沉降点；观测资料以 7d 为一周期，共采用 10（$m=10$）个周期的累计沉降值序列，其中前 8 个周期用于建模，后 2 个周期用于检验预测的效果。

四个房角沉降点的原始观测序列 $\boldsymbol{X}^{(0)}$ 为

$$\boldsymbol{X}^{(0)}=\begin{bmatrix} 4 & 6 & 6 & 4 \\ 7 & 9 & 11 & 6 \\ 10 & 14 & 21 & 11 \\ 12 & 20 & 30 & 21 \\ 15 & 25 & 37 & 25 \\ 18 & 30 & 43 & 29 \\ 22 & 33 & 47 & 33 \\ 25 & 38 & 52 & 37 \\ 30 & 43 & 58 & 41 \\ 35 & 46 & 60 & 43 \end{bmatrix}$$

其一次累加生成序列为

$$\boldsymbol{X}^{(1)}=\begin{bmatrix} 4 & 6 & 6 & 4 \\ 11 & 15 & 17 & 10 \\ 21 & 29 & 38 & 21 \\ 33 & 49 & 68 & 42 \\ 48 & 74 & 105 & 67 \\ 66 & 104 & 148 & 96 \\ 88 & 137 & 195 & 129 \\ 113 & 175 & 247 & 166 \end{bmatrix}$$

并分别计算 $\boldsymbol{L}$ 及 $\boldsymbol{Y}$

$$\boldsymbol{L}=\begin{bmatrix} 7.5 & 10.5 & 11.5 & 7 & 1 \\ 16 & 22 & 27.5 & 15.5 & 1 \\ 27 & 39 & 53 & 31.5 & 1 \\ 40.5 & 61.5 & 86.5 & 54.5 & 1 \\ 57 & 89 & 126.5 & 81.5 & 1 \\ 77 & 120.5 & 171.5 & 112.5 & 1 \\ 100.5 & 156 & 221 & 147.5 & 1 \end{bmatrix},\quad \boldsymbol{Y}=\begin{bmatrix} 7 & 9 & 11 & 6 \\ 10 & 14 & 21 & 11 \\ 12 & 20 & 30 & 21 \\ 15 & 25 & 37 & 25 \\ 18 & 30 & 43 & 29 \\ 22 & 33 & 47 & 33 \\ 25 & 38 & 52 & 37 \end{bmatrix}$$

由式（3.44）求出 $\hat{\boldsymbol{H}}$ 后即可组成 $\hat{\boldsymbol{A}}$ 及 $\hat{\boldsymbol{B}}$，即

$$\hat{\boldsymbol{A}}=\begin{bmatrix}-0.3674 & 0.7688 & 0.1753 & -0.6862\\ 1.6998 & -3.7112 & 2.4594 & -0.7452\\ 2.5808 & -5.3061 & 4.1413 & -2.1002\\ 4.0561 & -8.0937 & 4.2325 & -0.3926\end{bmatrix},\quad \hat{\boldsymbol{B}}=\begin{bmatrix}4.5542\\ 12.2328\\ 14.6481\\ 14.4163\end{bmatrix}$$

由式（3.47）计算 $\mathrm{e}^{\hat{A}(k-1)}$，并由式（3.46）计算一次累加序列的预测值 $\hat{\boldsymbol{X}}^{(1)}$，即

$$\hat{\boldsymbol{X}}^{(1)}=\begin{bmatrix}4.00 & 6.00 & 6.00 & 4.00\\ 11.18 & 15.03 & 17.30 & 9.54\\ 21.02 & 29.43 & 38.91 & 22.03\\ 33.46 & 50.51 & 70.91 & 43.42\\ 48.58 & 76.16 & 108.59 & 69.49\\ 66.88 & 105.52 & 150.57 & 98.24\\ 88.90 & 139.90 & 198.39 & 130.90\\ 114.93 & 178.38 & 252.71 & 168.63\\ 144.90 & 221.73 & 311.57 & 210.69\\ 178.29 & 267.23 & 370.66 & 254.58\end{bmatrix}$$

由式（3.48）求多点变形的拟合值及预测值。由式（3.49）求得的模型拟合精度为 $\sigma^2=0.54\,\mathrm{mm}^2$，有关预测结果与残差列于表 3.12 中。

**表 3.12　多点模型预测结果与残差**　　（单位：mm）

| $k$ | $\hat{X}_1^{(0)}(k)$ | $\hat{X}_2^{(0)}(k)$ | $\hat{X}_3^{(0)}(k)$ | $\hat{X}_4^{(0)}(k)$ | $V_1(k)$ | $V_2(k)$ | $V_3(k)$ | $V_4(k)$ |
|---|---|---|---|---|---|---|---|---|
| 1 | 4.00 | 6.00 | 6.00 | 4.00 | 0.00 | 0.00 | 0.00 | 0.00 |
| 2 | 7.18 | 9.03 | 11.30 | 5.54 | −0.18 | −0.03 | −0.30 | 0.46 |
| 3 | 9.84 | 14.41 | 21.60 | 12.49 | 0.16 | −0.41 | −0.60 | −1.49 |
| 4 | 12.44 | 21.08 | 32.00 | 21.39 | −0.44 | −1.08 | −2.00 | −0.39 |
| 5 | 15.12 | 25.65 | 37.68 | 26.07 | −0.12 | −0.65 | −0.68 | −1.07 |
| 6 | 18.30 | 29.36 | 41.98 | 28.75 | −0.30 | 0.64 | 1.02 | 0.25 |
| 7 | 22.02 | 33.87 | 47.82 | 32.66 | −0.02 | −0.87 | −0.82 | 0.34 |
| 8 | 26.03 | 38.99 | 54.32 | 37.74 | −1.03 | −0.99 | −2.32 | −0.74 |
| 9 | 29.97 | 43.35 | 58.86 | 42.06 | 0.03 | −0.35 | −0.86 | −1.06 |
| 10 | 33.39 | 45.49 | 59.09 | 43.89 | 1.61 | 0.51 | 0.91 | −0.89 |

由表 3.12 可以看出，多点预测模型的拟合精度及预测精度较为理想。由于

多点预测模型顾及了监测点之间的相关信息，对于整体性建筑物的变形预测较为有效。

## 3.10 改进的灰色线性回归组合模型

### 1. 改进的灰色线性回归组合模型建模的基本原理

传统的灰色线性回归组合模型要求 $x^{(0)}$ 为非负的单调递增序列，而在坝工实际问题中，大坝位移除了受库水压力影响外，还受温度、施工、渗流及时效等因素的影响，坝体在多重因素的影响下，原始观测数据易出现波动，因此传统的灰色线性回归组合模型不再适用。对此可以采用如下两种改进的方法建模[18]。

1）绝对值法[18]

设 $x^{(0)}$ 为任一时间序列，$n$ 为序列的长度，则有

$$x^{(0)} = \{x^{(0)}(1), x^{(0)}(2), \cdots, x^{(0)}(n)\} \tag{3.50}$$

$x^{(1)}$ 为 $x^{(0)}$ 的一次累加生成序列，则有

$$x^{(1)} = \{x^{(1)}(1), x^{(1)}(2), \cdots, x^{(1)}(n)\} \tag{3.51}$$

其中

$$x^{(1)}(k) = \sum_{i=1}^{k} x^{(0)}(i) \quad (k=1,2,\cdots,n)$$

建立 GM（1,1）模型 $x^{(0)}(k) + az^{(1)}(k) = b$ 的时间响应序列为

$$\hat{x}^{(1)}(k+1) = \left(x^{(0)}(1) - \frac{b}{a}\right)\mathrm{e}^{-ak} + \frac{b}{a} \quad (k=1,2,\cdots,n) \tag{3.52}$$

其中

$$z^{(1)}(k) = 0.5x^{(1)}(k) + 0.5x^{(1)}(k-1)$$

将式（3.52）记为

$$\hat{X}^{(1)}(k+1) = C_1\mathrm{e}^{vk} + C_2 \tag{3.53}$$

运用线性回归方程 $Y = aX + b$ 及式（3.53）的和拟合一次累加生成序列 $x^{(1)}(k)$，则

$$\hat{x}^{(1)}(k) = C_1\mathrm{e}^{vk} + C_2k + C_3 \tag{3.54}$$

式中：$v$、$C_1$、$C_2$、$C_3$ 为待定参数。

设

$$z(k)=\hat{x}^{(1)}(k+1)-\hat{x}^{(1)}(k)=C_1\mathrm{e}^{vk}(e^{v}-1)+C_2$$
$$(k=1,2,\cdots,n-1) \tag{3.55}$$

又设

$$y_m(k)=z(k+m)-z(k)=C_1\mathrm{e}^{vk}(\mathrm{e}^{vm}-1)(\mathrm{e}^{v}-1) \tag{3.56}$$

可推导出

$$\frac{y_m(k+1)}{y_m(k)}=\mathrm{e}^{v} \tag{3.57}$$

解得

$$v_m=\ln\left(\frac{y_m(k+1)}{y_m(k)}\right) \tag{3.58}$$

当 $x^{(0)}$ 数据序列中存在负值或有波动现象时，$v_m$ 不存在。在保证 $x^{(0)}$ 为任一时间数据序列时，$v_m$ 在实数范围内有解。取

$$v_m=\ln\left|\frac{y_m(k+1)}{y_m(k)}\right| \tag{3.59}$$

将式（3.56）中的拟合值 $\hat{x}^{(1)}(k)$ 换成实测值 $x^{(1)}(k)$，再由式（3.59）可求得 $v_m$ 的近似值 $\overline{v}_m$，在不同的 $m$ 与 $k$ 作用下所取得的 $\overline{v}$ 值作算术平均值，可得估值

$$\overline{v}=\frac{1}{(n-2)(n-3)/2}\sum_{m=1}^{n-3}\sum_{k=1}^{n-2-m}\overline{v}_m(k) \tag{3.60}$$

利用最小二乘法可求得 $C_1$、$C_2$、$C_3$ 的估值。令

$$\boldsymbol{X}^{(1)}=\begin{bmatrix}x^{(1)}(1)\\x^{(1)}(2)\\\vdots\\x^{(1)}(n)\end{bmatrix},\quad \boldsymbol{C}=\begin{bmatrix}C_1\\C_2\\C_3\end{bmatrix},\quad \boldsymbol{A}=\begin{bmatrix}\mathrm{e}^{\overline{v}_1}&1&1\\\mathrm{e}^{\overline{v}_2}&2&1\\\vdots&\vdots&\vdots\\\mathrm{e}^{\overline{v}_n}&n&1\end{bmatrix}$$

有

$$\boldsymbol{X}^{(1)}=\boldsymbol{AC}$$

由最小二乘法得

$$\boldsymbol{C}=(\boldsymbol{A}^{\mathrm{T}}\boldsymbol{A})^{-1}\boldsymbol{A}^{\mathrm{T}}\boldsymbol{X}^{(1)}$$

从而得到一次累加生成序列的预测值

$$\hat{x}^{(1)}(k)=C_1e^{\overline{v}k}+C_2k+C_3 \tag{3.61}$$

将式（3.61）做一次累减生成，则可得到式（3.50）的拟合值 $\hat{x}^{(0)}$。

2）二次累加法[18]

对任一时间数据序列 $x^{(0)}$ 的二次累加生成序列 $x^{(2)}$ 进行建模，保证 $v_m$ 的存在性。设 $x^{(2)}$ 为 $x^{(0)}$ 的二次累加生成序列，即

$$x^{(2)} = \{x^{(2)}(1), x^{(2)}(2), \cdots, x^{(2)}(n)\} \tag{3.62}$$

其中

$$x^{(2)}(k) = \sum_{i=1}^{k} x^{(1)}(i) \quad (k=1,2,\cdots,n)$$

用 $x^{(2)}$ 建立 GM（1,1）模型，根据式（3.52）～式（3.60）求解。由于进行了两次累加计算，$v_m$ 一定存在，从而得到二次累加生成序列的预测值

$$\hat{x}^{(2)}(k) = C_1 e^{\bar{v}k} + C_2 k + C_3 \tag{3.63}$$

对式（3.63）做两次累减还原，可求得拟合值 $\hat{x}^{(0)}$。

## 2. 计算实例[18]

小湾水电站位于云南省大理州境内，大坝为混凝土双曲拱坝。以小湾拱坝 35# 坝段某测点 2012 年 7 月 25 日～8 月 27 日所测径向位移数据为例，进行了相关计算，并与传统的 GM（1,1）模型进行比较。其中前 10 组数据用于拟合，后两组数据用于预测。三种模型的残差及预测误差列于表 3.13 及表 3.14 中。其中模型 1 为传统的 GM（1,1）模型，模型 2 为绝对值法，模型 3 为二次累加法，残差为模型的拟合值与观测值之差，预测误差为模型的预测值与相应的观测值之差。模型 1、模型 2、模型 3 的残差平方和分别为 3.318 mm$^2$、1.492 mm$^2$、3.047 mm$^2$。

**表 3.13　三种模型的残差**　　　　（单位：mm）

| 观测时间 | 观测值 | 模型 1 的残差 | 模型 2 的残差 | 模型 3 的残差 |
|---|---|---|---|---|
| 2012 年 7 月 25 日 | 11.00 | 0.17 | −0.02 | 0.00 |
| 2012 年 7 月 28 日 | 12.36 | −0.72 | −0.13 | 0.60 |
| 2012 年 7 月 31 日 | 13.13 | 0.63 | 0.14 | 0.31 |
| 2012 年 8 月 3 日 | 13.79 | 0.44 | 0.33 | 0.14 |
| 2012 年 8 月 6 日 | 14.66 | 0.06 | 0.16 | −0.23 |
| 2012 年 8 月 9 日 | 16.45 | −1.23 | −1.05 | −1.49 |
| 2012 年 8 月 12 日 | 15.62 | 0.12 | 0.24 | −0.11 |
| 2012 年 8 月 15 日 | 15.87 | 0.41 | 0.38 | 0.20 |
| 2012 年 8 月 18 日 | 16.55 | 0.28 | 0.01 | 0.11 |
| 2012 年 8 月 21 日 | 16.78 | 0.63 | 0.04 | 0.49 |

表 3.14　三种模型的预测误差　　（单位：mm）

| 观测时间 | 观测值 | 模型 1 的预测误差 | 模型 2 的预测误差 | 模型 3 的预测误差 |
|---|---|---|---|---|
| 2012 年 8 月 24 日 | 17.42 | 0.58 | −0.39 | 0.48 |
| 2012 年 8 月 27 日 | 17.68 | 0.94 | −0.48 | 0.87 |

由表 3.13 及表 3.14 可以看出，改进的灰色线性回归组合模型数据拟合的残差平方和及预测误差均小于传统的 GM（1,1）模型，而其中的绝对值法优于二次累加法。由于传统的 GM（1,1）模型未考虑线性的影响导致精度不足，改进的灰色线性回归组合模型不仅能处理小样本波动数据，而且提高了数据拟合与预测的精度，其中绝对值法尤为明显。

坝体在多重因素的影响下，实测值易出现小样本波动数据，改进的灰色线性回归组合模型能较好地对监测数据进行拟合与预测。实例计算表明，运用绝对值法建立灰色线性回归组合模型精度更高，短期预测效果更好，在实际工程中有一定的应用价值。

## 3.11　时变参数灰色模型

### 1. 时变参数灰色 GM（1,1）模型的建立

灰色 GM（1,1）模型的控制方程为

$$\frac{\mathrm{d}x^{(1)}(t)}{\mathrm{d}t}+ax^{(1)}(t)=u \tag{3.64}$$

式中：$a$ 和 $u$ 为常数。如果参数 $a$ 和 $u$ 随时间变化即为时变参数灰色 GM（1,1）模型。时变参数灰色 GM（1,1）模型的推导过程如下。

设 $x^{(0)}=\{x^{(0)}(1),x^{(0)}(2),\cdots,x^{(0)}(n)\}$ 为已知非负序列，其一次累加生成序列为 $x^{(1)}=\{x^{(1)}(1),x^{(1)}(2),\cdots,x^{(1)}(n)\}$，其中

$$x^{(1)}(t)=\sum_{i=1}^{t}x^{(0)}(i)\qquad (t=1,2,\cdots,n)$$

则时变参数灰色 GM（1,1）模型[19]为

$$\frac{\mathrm{d}x^{(1)}(t)}{\mathrm{d}t}+a(t)x^{(1)}(t)=u(t) \tag{3.65}$$

式（3.65）的白化形式为

$$x^{(0)}(t)+a(t)x^{(1)}(t)=u(t) \tag{3.66}$$

式中：$a(t)$ 和 $u(t)$ 为待辨识的参数。

微分方程（3.65）相应的解（即响应函数）为

$$\overline{x}(t)=\left[\int_0^t u(s)\mathrm{e}^{\int_0^s a(r)\mathrm{d}r}\mathrm{d}s+c\right]\mathrm{e}^{-\int_0^t a(r)\mathrm{d}r} \tag{3.67}$$

式中：$c$ 为积分常数；$\overline{x}(t)$ 为 $x^{(1)}(t)$ 的预测值。

根据式（3.66），采用最小二乘法求参数 $a(t)$ 和 $u(t)$，即令

$$s=\sum_{t=2}^{n}[-a(t)x^{(1)}(t)+u(t)-x^{(0)}(t)]^2 \tag{3.68}$$

达到最小。设 $a(t)$ 和 $u(t)$ 为连续函数，可用适当次数的多项式近似逼近，即令 $a(t)$ 和 $u(t)$ 具有如下形式：

$$a(t)=a_0+a_1t+\cdots+a_pt^p \tag{3.69}$$

$$u(t)=u_0+u_1t+\cdots+u_qt^q \tag{3.70}$$

式中：$a_k$（$k$=0,1,⋯,$p$）、$u_l$（$l$=0,1,⋯,$q$）为待定系数，使式（3.68）为最小的待定系数应满足方程组

$$\frac{\partial s}{\partial a_k}=0 \quad (k=0,1,\cdots,p)$$

$$\frac{\partial s}{\partial u_l}=0 \quad (l=0,1,\cdots,q)$$

即

$$\sum_{t=2}^{n}\left[\left(-\sum_{i=0}^{p}a_it^ix^{(1)}(t)+\sum_{i=0}^{q}u_it^i\right)-x^{(0)}(t)\right]\left(-t^kx^{(1)}(t)\right)=0 \quad (k=0,1,\cdots,p) \tag{3.71}$$

$$\sum_{t=2}^{n}\left[\left(-\sum_{i=0}^{p}a_it^ix^{(1)}(t)+\sum_{i=0}^{q}u_it^i\right)-x^{(0)}(t)\right]t^l=0 \quad (l=0,1,\cdots,q) \tag{3.72}$$

若记

$$\boldsymbol{A}=\begin{bmatrix}a_0 & a_1 & \cdots & a_p & u_0 & u_1 & \cdots & u_q\end{bmatrix}^{\mathrm{T}}$$

$$\boldsymbol{Y}=\begin{bmatrix}x^{(0)}(2) & x^{(0)}(3) & \cdots & x^{(0)}(n)\end{bmatrix}$$

$$\boldsymbol{Q}=\begin{bmatrix}-x^{(1)}(2) & -2x^{(1)}(2) & \cdots & -2^px^{(1)}(2) & 1 & 2 & \cdots & 2^q\\ -x^{(1)}(3) & -3x^{(1)}(3) & \cdots & -3^px^{(1)}(3) & 1 & 3 & \cdots & 3^q\\ \vdots & \vdots & & \vdots & \vdots & \vdots & & \vdots\\ -x^{(1)}(n) & -nx^{(1)}(n) & \cdots & -n^px^{(1)}(n) & 1 & n & \cdots & n^q\end{bmatrix}$$

则式（3.71）及式（3.72）可以写成矩阵形式

$$\boldsymbol{Q}^{\mathrm{T}}\boldsymbol{Q}\boldsymbol{A}=\boldsymbol{Q}^{\mathrm{T}}\boldsymbol{Y} \tag{3.73}$$

则有

$$\boldsymbol{A}=(\boldsymbol{Q}^{\mathrm{T}}\boldsymbol{Q})^{-1}\boldsymbol{Q}^{\mathrm{T}}\boldsymbol{Y} \tag{3.74}$$

$a_k$（$k=0,1,\cdots,p$）、$u_l$（$l=0,1,\cdots,q$）确定后即可计算参数$a(t)$、$u(t)$，然后由式（3.67）计算预测值$\overline{x}(t)$。根据积分复合梯形公式，可得离散形式的预测公式

$$\begin{aligned}\overline{x}(t)=&\left\{\left[\frac{1}{2}u_0+\sum_{j=2}^{t-1}\left(\sum_{i=0}^{q}u_i(j-1)^i\right)\mathrm{e}^{\sum\limits_{i=0}^{p}\frac{a_i(j-1)^{i+1}}{i+1}}\right.\right.\\&\left.\left.+\frac{1}{2}\left(\sum_{i=0}^{q}u_i(t-1)^i\right)\mathrm{e}^{\sum\limits_{i=0}^{p}\frac{a_i(t-1)^{i+1}}{i+1}}\right]+c\right\}\mathrm{e}^{-\sum\limits_{i=0}^{p}\frac{a_i(t-1)^{i+1}}{i+1}}\quad(t=2,3,\cdots,n)\end{aligned} \tag{3.75}$$

当$t$=1时，由式(3.67)知$\overline{x}(1)=c$，因此可取积分常数$c=x^{(1)}(1)$，代入式(3.75)，则

$$\begin{aligned}\overline{x}(t)=&\left\{\left[\frac{1}{2}u_0+\sum_{j=2}^{t-1}\left(\sum_{i=0}^{q}u_i(j-1)^i\right)\mathrm{e}^{\sum\limits_{i=0}^{p}\frac{a_i(j-1)^{i+1}}{i+1}}\right.\right.\\&\left.\left.+\frac{1}{2}\left(\sum_{i=0}^{q}u_i(t-1)^i\right)\mathrm{e}^{\sum\limits_{i=0}^{p}\frac{a_i(t-1)^{i+1}}{i+1}}\right]+x^{(1)}(1)\right\}\mathrm{e}^{-\sum\limits_{i=0}^{p}\frac{a_i(t-1)^{i+1}}{i+1}}\end{aligned} \tag{3.76}$$

由式（3.76）可计算$x^{(1)}(t)$的预测值$\overline{x}(t)$，经累减还原可得$x^{(0)}(t)$的预测值。

2. 沉降时变参数灰色 GM（1,1）预测模型

设有等时间间隔的沉降增量观测数据$\Delta S=\{\Delta S(1),\Delta S(2),\cdots,\Delta S(n)\}$，经一次累加后得到总沉降观测序列$S=\{S(1),S(2),\cdots,S(n)\}$。根据时变参数灰色 GM（1,1）建模理论，可建立如下沉降预测控制方程：

$$\frac{\mathrm{d}S(t)}{\mathrm{d}t}+a(t)S(t)=u(t) \tag{3.77}$$

式（3.77）的通解为

$$S(t)=\left[\int_0^t u(s)\mathrm{e}^{\int_0^s a(r)\mathrm{d}r}\mathrm{d}s+c\right]\mathrm{e}^{-\int_0^t a(r)\mathrm{d}r} \tag{3.78}$$

若参数 $a(t)$ 及 $u(t)$ 采用多项式逼近，其待定系数可通过式（3.74）求解，根据式（3.76）可得式（3.78）的离散形式的预测公式：

$$S(t)=\left\{\left[\left[\frac{1}{2}u_0+\sum_{j=2}^{t-1}\left(\sum_{i=0}^{q}u_i(j-1)^i\right)\mathrm{e}^{\sum_{i=0}^{p}\frac{a_i(j-1)^{i+1}}{i+1}}\right.\right.\right.$$
$$\left.\left.+\frac{1}{2}\left(\sum_{i=0}^{q}u_i(t-1)^i\right)\mathrm{e}^{\sum_{i=0}^{p}\frac{a_i(t-1)^{i+1}}{i+1}}\right]+S(1)\right\}\mathrm{e}^{-\sum_{i=0}^{p}\frac{a_i(t-1)^{i+1}}{i+1}}\quad (t=2,3,\cdots,n) \tag{3.79}$$

3. 实例分析

某公路试验段加荷结束后的某断面沉降实测数据如表 3.15 所示，利用前 5 次的实测结果建立灰色 GM（1,1）和时变参数灰色 GM（1,1）预测模型，并用于预测后 3 次的沉降值[19]。

表 3.16 为参数恒定的灰色 GM（1,1）模型的计算结果。表 3.17 为时变参数灰色 GM（1,1）模型的计算结果，模型中参数 $a$ 随时间线性变化，$u$ 仍保持常数。其中误差为预测值（拟合值）与观测值之差。

比较两种预测结果可以看出，考虑参数随时间变化的时变参数灰色 GM（1,1）模型的拟合精度及预测精度更高，尤其是预测总沉降其拟合精度及预测精度更为明显。

**表 3.15　沉降实测数据**

| 时间/d | 85 | 95 | 105 | 115 | 125 | 135 | 145 | 155 |
|---|---|---|---|---|---|---|---|---|
| $\Delta S(t)$/cm | 64 | 9 | 8 | 6 | 6 | 5 | 4 | 4 |
| $S(t)$/cm | 64 | 73 | 81 | 87 | 93 | 98 | 102 | 106 |

**表 3.16　参数恒定灰色 GM（1,1）模型计算结果**

（$a$ =0.1667, $u$ =21.1667）

| 时间/d | 85 | 95 | 105 | 115 | 125 | 135 | 145 | 155 |
|---|---|---|---|---|---|---|---|---|
| $\Delta S(t)$/cm | 64.00 | 9.72 | 8.23 | 6.96 | 5.89 | 4.99 | 4.22 | 3.57 |
| 误差/cm | 0.00 | 0.72 | 0.23 | 0.96 | −0.11 | −0.01 | 0.22 | −0.43 |
| $S(t)$/cm | 64.00 | 73.72 | 81.94 | 88.90 | 94.80 | 99.79 | 104.01 | 107.58 |
| 误差/cm | 0.00 | 0.72 | 0.94 | 1.90 | 1.80 | 1.79 | 2.01 | 1.58 |

**表 3.17　时变参数灰色 GM（1,1）模型计算结果**

（ $a$ =0.2557−0.0056$t$, $u$ =26.9273）

| 时间/d | 85 | 95 | 105 | 115 | 125 | 135 | 145 | 155 |
|---|---|---|---|---|---|---|---|---|
| $\Delta S(t)$/cm | 64.00 | 9.62 | 7.84 | 6.54 | 5.58 | 4.88 | 4.37 | 4.01 |
| 误差/cm | 0.00 | 0.62 | −0.16 | 0.54 | −0.42 | −0.12 | 0.37 | 0.01 |
| $S(t)$/cm | 64.00 | 73.62 | 81.46 | 88.00 | 93.58 | 98.46 | 102.83 | 106.84 |
| 误差/cm | 0.00 | 0.62 | 0.46 | 1.00 | 0.58 | 0.46 | 0.83 | 0.84 |

# 第 4 章　时间序列分析模型

自然界中，无论是按时间序列排列的观测数据还是按空间位置顺序排列的观测数据，其间或多或少地存在统计自相关现象。然而，长期以来，变形观测数据的分析与处理一般假设观测数据之间是统计独立的，这类统计分析方法是一种静态的数据处理方法，从严格意义上讲，它不能直接应用于所考虑的数据是统计相关的情况。

时间序列分析是 20 世纪 20 年代后期出现的一种动态数据处理方法，是系统辨识与系统分析的重要方法之一。时间序列分析的特点在于逐次的观测值通常是不独立的，分析时必须考虑到观测资料的时间顺序，当逐次观测值相关时，未来数据可以由过去观测资料来预测，可以利用观测数据之间的自相关性建立相应的数学模型来描述客观现象的动态特征。

## 4.1　随 机 过 程

### 1. 随机过程的基本概念

随机试验所有可能结果组成的集合称为这个试验的样本空间，记为 $\Omega$，其中的元素 $\omega$ 称为样本点或基本事件，$\Omega$ 的子集 $A$ 称为事件，样本空间 $\Omega$ 称为必然事件，空集 $\Phi$ 称为不可能事件，$F$ 是 $\Omega$ 的某些子集组成的集合组，$P$ 是（$\Omega,F$）上的概率[20]。

随机过程是概率空间（$\Omega,F,P$）上的一族随机变量$\{X(t), t\in T\}$，其中 $t$ 是参数，它属于某个指标集 $T$，$T$ 称为参数集。

随机过程可以这样理解：对于固定的样本点 $\omega_0\in\Omega$，$X(t,\omega_0)$ 就是定义在 $T$ 上的一个函数，称之为 $X(t)$ 的一条样本路径或一个样本函数；而对于固定的时刻 $t\in T$，$X(t)=X(t,\omega)$ 是样本空间 $\Omega$ 上的一个随机变量，其取值随着试验的结果而变化，变化的规律呈概率分布。随机过程的取值称为过程所处的状态，状态的全体称为状态空间，记为 $S$。根据 $S$ 及 $T$ 的不同，过程可以分成不同的类：依照状态空间可分为连续状态和离散状态；依照参数集可分为连续参数过程和离散参数过程。

对于一维随机变量，掌握了它的分布函数就能完全了解该随机变量。对于多维随机变量，掌握了它们的联合分布函数就能确定它们的所有统计特性。对于由一族或多个随机变量形成的随机过程，需要采用有限维分布函数族来刻画其统计特性。

随机过程的一维分布、二维分布、…、$n$维分布，其全体

$$\{F_{t_1,\cdots,t_n}(x_1,\cdots,x_n),\ t_1,\cdots,t_n\in T,\ n\geqslant 1\}$$

称为过程$X(t)$的有限维分布族。

一个随机过程的有限维分布族具有如下两个性质：

1）对称性

对（$1,2,\cdots,n$）的任一排列（$j_1,j_2,\cdots,j_n$），有

$$F_{t_{j_1},\cdots,t_{j_n}}(x_{j_1},\cdots,x_{j_n})=F_{t_1,\cdots,t_n}(x_1,\cdots,x_n) \tag{4.1}$$

2）相容性

对$m<n$，有

$$F_{t_1,\cdots,t_m,t_{m+1},\cdots,t_n}(x_1,\cdots,x_m,x_{m+1},\cdots,\infty)=F_{t_1,\cdots,t_m}(x_1,\cdots,x_m) \tag{4.2}$$

柯尔莫哥洛夫（Kolmogorov）定理：设分布函数族$\{F_{t_1,\cdots,t_n}(x_1,\cdots,x_n)$，$t_1,\cdots,t_n\in T$，$n\geqslant 1\}$满足上述的对称性和相容性，则必存在一个随机过程$\{X(t),t\in T\}$，使$\{F_{t_1,\cdots,t_n}(x_1,\cdots,x_n)$，$t_1,\cdots,t_n\in T$，$n\geqslant 1\}$恰好是$X(t)$的有限维分布族。

Kolmogorov定理说明，随机过程的有限维分布函数族是随机过程概率特征的完整描述。在实际问题中，要掌握随机过程的全部有限维分布函数族是不可能的，一般利用随机过程的某些统计特征。

设$\{X(t),t\in T\}$是一个随机过程，如果对任意$t\in T$，其期望函数$E[X(t)]$存在，则称函数$\mu_X(t)=E[X(t)]$，$t\in T$为$\{X(t),t\in T\}$的均值函数；称$\gamma_X(s,t)=E[(X(s)-\mu_X(s))(X(t)-\mu_X(t))]$ ($s,t\in T$)为$\{X(s),s\in T\}$与$\{X(t),t\in T\}$的协方差函数；称$D_X(t)=\gamma_X(t,t)=E[X(t)-\mu_X(t)]^2$ ($t\in T$)为$\{X(t),t\in T\}$的方差函数。

均值函数是随机过程$\{X(t),t\in T\}$在时刻$t$的平均值，方差函数是随机过程在时刻$t$对均值的偏离程度，而协方差函数则反映了随机过程在时刻$s$和$t$时的线性相关程度。

### 2. 平稳过程的特征及遍历性

有一类过程处于某种平稳状态，其主要性质与变量之间的时间间隔有关，而与考察的起始点无关，这样的过程称为平稳过程。

如果随机过程$\{X(t),t\in T\}$对任意的$t_1,\cdots,t_n\in T$和任意的$h$使得$t_i+h\in T$，（$i=1,2,\cdots,n$），有$(X(t_1+h),X(t_2+h),\cdots,X(t_n+h))$与$(X(t_1),X(t_2),\cdots,X(t_n))$具有相同的联合分布，记为

$$(X(t_1+h),X(t_2+h),\cdots,X(t_n+h))=(X(t_1),X(t_2),\cdots,X(t_n)) \tag{4.3}$$

则称$\{X(t),t\in T\}$为严平稳的。

对于严平稳过程而言，有限维分布关于时间是平移不变的，条件很强，不容易验证。所以引入另一种所谓的宽平稳过程。

设$\{X(t),t\in T\}$是一个随机过程，若$\{X(t),t\in T\}$的所有二阶矩都存在，并且对任意$t\in T$，$E[X(t)]=\mu_X$为常数，对任意 $s$，$t\in T$，$\gamma(s,t)$只与时间差 $t-s$ 有关，则称$\{X(t),t\in T\}$为宽平稳过程，简称平稳过程。若 $T$ 是离散集，则称平稳过程$\{X(t),t\in T\}$为平稳序列。

对于平稳过程过程而言，由于$\gamma(s,t)=\gamma(0,t-s)$，可记为$\gamma(t-s)$。对所有的 $t$，有$\gamma(-t)=\gamma(t)$，即为偶函数。所以，$\gamma(t)$的图形关于坐标轴对称，其在 0 点的值就是$X(t)$的方差，并且$|\gamma(t)|\leqslant\gamma(0)$。此外，宽平稳过程的协方差函数具有非负定性，即对任意时刻 $t_n$，实数 $a_n$（$n$=1,2,$\cdots$,$N$），有

$$\sum_{n=1}^{N}\sum_{m=1}^{N}a_n a_m\gamma(t_n-t_m)\geqslant 0$$

平稳随机过程的统计特征完全由其二阶矩函数确定。对固定时刻 $t$，均值函数和协方差函数是随机变量$X(t)$的取值在样本空间 $\Omega$ 上的概率平均，是由$X(t)$的分布函数确定的，一般很难求得。

设独立同分布的随机变量序列$\{X_n, n=1,2,\cdots\}$满足$E(X_n)=\mu_X$，$D(X_n)=\sigma^2$，则由切比雪夫大数定律知[20]

$$\lim_{N\to\infty}P\left\{\left|\frac{1}{N}\sum_{k=1}^{N}X_k-\mu_X\right|<\varepsilon\right\}=1$$

若将随机序列$\{X_n, n=1,2,\cdots\}$看作具有离散参数的随机过程，则$\dfrac{1}{N}\sum\limits_{k=1}^{N}X_k$为随机过程的样本函数按不同时刻所取的平均值，该函数随样本不同而变化，是随机变量。而$E(X_n)=\mu_X$是随机过程的均值。切比雪夫大数定律表明，随着时间 $n$ 的无限增大，随机过程的样本函数按时间平均以越来越大的概率近似于过程的统计平均。只要观测时间足够长，则随机过程的每个样本函数都能够遍历各种可能状态，这种特性称为遍历性。

设$\{X(t),-\infty<t<+\infty\}$为均方连续的平稳过程，则分别称

$$\langle X(t)\rangle=\lim_{T\to\infty}\frac{1}{2T}\int_{-T}^{T}X(t)\mathrm{d}t$$

$$\langle X(t)X(t-\tau)\rangle=\lim_{T\to\infty}\frac{1}{2T}\int_{-T}^{T}X(t)X(t-\tau)\mathrm{d}t$$

为该过程的时间均值和时间相关函数。

设$\{X(t), -\infty < t < +\infty\}$为均方连续的平稳过程，若

$$\lim_{T\to\infty}\frac{1}{2T}\int_{-T}^{T}X(t)\mathrm{d}t = \mu_X$$

则称该平稳过程的均值具有遍历性。

若

$$\lim_{T\to\infty}\frac{1}{2T}\int_{-T}^{T}X(t)X(t-\tau)\mathrm{d}t = \gamma_X(\tau)$$

则称该平稳过程的协方差函数具有遍历性。

如果均方连续的平稳过程的均值和相关函数都具有各态历经性，则称该平稳过程具有遍历性。

如果随机过程$X(t)$（$t$=1,2,⋯）是由一个不相关的随机变量序列构成，即对于所有$s\neq t$，随机变量$X(t)$和$X(s)$的协方差均为0，即随机变量$X(t)$与$X(s)$互不相关，则称其为纯随机过程。对于一个纯随机过程，若其期望和协方差cov都为常数，则称其为白噪声过程。白噪声过程的样本实现称为白噪声序列。

特别地，对于白噪声序列$\{\varepsilon_t\}$，如果对于任意的$s$、$t$，有

$$E(\varepsilon_t) = \mu,\quad \mathrm{cov}(\varepsilon_t, \varepsilon_s) = \begin{cases}\sigma^2 & s = t\\ 0 & s \neq t\end{cases}$$

则称$\{\varepsilon_t\}$是一个白噪声序列，记为$\varepsilon_t \sim WN(\mu,\sigma^2)$。

当$\{\varepsilon_t\}$独立时，称$\{\varepsilon_t\}$是一个独立的白噪声序列。

## 4.2 线性差分方程

### 1. 一阶差分方程

假定当前时期$t$的$y_t$和另一个变量$\omega$及前一期的$y_{t-1}$之间存在如下关系[20]：

$$y_t = \phi y_{t-1} + \omega \tag{4.4}$$

则此方程称为一阶线性差分方程，其中$\omega$为一个确定性的数值序列。差分方程就是关于一个变量与它的前期值之间关系的表达式。

根据式（4.4），如果知道$t$=−1时的初始值$y_{-1}$和$\omega$的各期值，则可通过动态系统得到任何一个时期的值，即

$$y_t = \phi^{t+1}y_{-1} + \phi^t\omega_0 + \phi^{t-1}\omega_1 + \cdots + \omega_t \tag{4.5}$$

这个过程称为差分方程的递归解法。

对于式（4.5），如果 $\omega_0$ 随 $y_{-1}$ 变动，而 $\omega_1,\omega_2,\cdots,\omega_t$ 与 $y_{-1}$ 无关，则 $\omega_0$ 对 $y_t$ 的影响为

$$\frac{\partial y_t}{\partial \omega_0}=\phi^t \quad 或 \quad \frac{\partial y_{t+j}}{\partial \omega_t}=\phi^j \tag{4.6}$$

式（4.6）称为动态系统的动态乘子。动态乘子依赖于 $j$，即输入 $\omega_t$ 的扰动和输出 $y_{t+j}$ 的观察值之间的时间间隔。

对于式（4.4），当 $0<\phi<1$ 时，动态乘子按几何方式衰减到 0；当 $-1<\phi<0$ 时，动态乘子振荡衰减到 0；当 $\phi>1$ 时，动态乘子指数增加；当 $\phi<-1$ 时，动态乘子发散性振荡。因此当 $\phi<1$ 时，动态系统稳定，即给定 $\omega_t$ 的变化的后果将逐渐消失；当 $\phi>1$ 时，动态系统发散。

当 $|\phi|=1$ 时，此时式（4.5）变为

$$y_t = y_{-1}+\omega_0+\omega_1+\cdots+\omega_t \tag{4.7}$$

2. *p* 阶差分方程

如果动态系统中的输出 $y_t$ 依赖于它的 $p$ 期滞后值以及输入变量 $\omega_t$，且具有如下关系[20]：

$$y_t=\phi_1 y_{t-1}+\phi_2 y_{t-2}+\cdots+\phi_p y_{t-p}+\omega_t \tag{4.8}$$

则此方程称为 $p$ 阶线性差分方程，若令

$$\boldsymbol{\xi}_t=\begin{bmatrix} y_t \\ y_{t-1} \\ y_{t-2} \\ \vdots \\ y_{t-p+1}\end{bmatrix},\quad \boldsymbol{F}=\begin{bmatrix} \phi_1 & \phi_2 & \cdots & \phi_{p-1} & \phi_p \\ 1 & 0 & \cdots & 0 & 0 \\ 0 & 1 & \cdots & 0 & 0 \\ \vdots & \vdots & & \vdots & \vdots \\ 0 & 0 & 0 & 1 & 0\end{bmatrix},\quad \boldsymbol{v}_t=\begin{bmatrix}\omega_t \\ 0 \\ 0 \\ \vdots \\ 0\end{bmatrix}$$

则式（4.8）可以写成如下向量形式：

$$\boldsymbol{\xi}_t=\boldsymbol{F}\boldsymbol{\xi}_{t-1}+\boldsymbol{v}_t \tag{4.9}$$

0 期的 $\xi$ 值为

$$\boldsymbol{\xi}_0=\boldsymbol{F}\boldsymbol{\xi}_{-1}+\boldsymbol{v}_0$$

1 期的 $\xi$ 值为

$$\boldsymbol{\xi}_1=\boldsymbol{F}\boldsymbol{\xi}_0+\boldsymbol{v}_1=\boldsymbol{F}(\boldsymbol{F}\boldsymbol{\xi}_{-1}+\boldsymbol{v}_0)+\boldsymbol{v}_1=\boldsymbol{F}^2\boldsymbol{\xi}_{-1}+\boldsymbol{F}\boldsymbol{v}_0+\boldsymbol{v}_1$$

$t$ 期的 $\boldsymbol{\xi}$ 值为

$$\boldsymbol{\xi}_t = \boldsymbol{F}^{t+1}\boldsymbol{\xi}_{-1} + \boldsymbol{F}^t\boldsymbol{v}_0 + \boldsymbol{F}^{t-1}\boldsymbol{v}_1 + \boldsymbol{F}^{t-2}\boldsymbol{v}_2 + \cdots + \boldsymbol{F}\boldsymbol{v}_{t-1} + \boldsymbol{v}_t$$

## 4.3　时间序列数据的预处理

具有动态随机变化特征的数据序列通常称为动态随机数据。动态数据的统计特性可以用概率分布密度描述，但是由于动态数据的随机过程往往具有很复杂的多维概率分布特性，实际上难以分析和应用。时间序列分析作为另外一种描述动态数据统计特性的理论和方法，具有方便和实用的特点。

在建立时间序列模型之前，必须对动态数据进行必要的预处理，以便剔除那些不符合统计规律的异常样本，并对这些样本数据的基本统计特性进行检验，以确保模型的可靠性。

### 1. 平稳性检验

时间序列的平稳性是时间序列建模的重要前提。检验时间序列的平稳性时必须考虑时间序列的均值及方差是否为常数；时间序列的自相关函数是否仅与时间间隔有关而与时间间隔端点的位置无关。

平稳性检验的方法有如下几种[20]。

1）参数检验法

设样本序列 $x_1,x_2,\cdots,x_N$ 足够长，即 $N$ 足够大。把样本序列分成 $k$ 个子序列，即取 $N=kM$，其中 $k$ 和 $M$ 分别为正整数。分段后的样本序列为$\{x_{ij}\}$（$i=1,2,\cdots,k$；$j=1,2,\cdots,M$）。

对于 $k$ 个子序列，可以分别计算它们的样本均值、样本方差和样本自相关函数。它们的定义分别为

$$\overline{x}_i = \frac{1}{M}\sum_{j=1}^{M} x_{ij}$$

$$s_i^2 = \frac{1}{M}\sum_{j=1}^{M}(x_{ij} - \overline{x}_i)^2$$

$$R_i(\tau) = \frac{1}{M}\sum_{j=1}^{M-1}(x_{ij} - \overline{x}_i)(x_{i,\ j+\tau} - \overline{x}_i)$$

$$(i=1,2,\cdots,k;\quad \tau=1,2,\cdots,m,\quad m\leqslant M)$$

由平稳性的假定，以上各统计量对不同的子序列 $i$ 不应有显著差异，否则就应否定$\{x_t\}$是平稳的。

设$\{x_t\}$具有理论上的均值$\mu$、方差$\sigma^2$和自相关系数$\rho_\tau$，此时样本统计量$\overline{x}_i$、$s_i^2$及$R_i(\tau)$的方差可由下式得到：

样本均值的方差

$$\begin{aligned}\sigma_1^{\ 2}&=D(\overline{x}_i)\\&=\frac{1}{M^2}E\left[\sum_{j=1}^{M}\sum_{l=1}^{M}(x_{ij}-\mu)(x_{il}-\mu)\right]\\&=\frac{\sigma^2}{M^2}\sum_{j=1}^{M}\sum_{l=1}^{M}\rho_{j-l}\\&=\frac{\sigma^2}{M^2}\left[1+2\sum_{j=1}^{M}\left(1-\frac{j}{M}\right)\rho_j\right]\end{aligned}$$

样本方差的方差

$$\sigma_2^{\ 2}=D(s_i^2)=\frac{2\sigma^2}{M^2}\left[1+2\sum_{j=1}^{M}\left(1-\frac{j}{M}\right)\rho_j^2\right]$$

样本自相关函数的方差

$$\sigma_3^{\ 2}=D(R_i^2)\approx\frac{1}{M-\tau}\left[1+\rho_\tau^2+2\sum_{j=1}^{M-\tau}\left(1-\frac{j}{M-\tau}\right)(\rho_j^2+\rho_{j+\tau}\rho_{j-\tau})\right]$$

采用统计检验方法，取显著性水平$\alpha$=0.05 和 2$\sigma$ 原则，置信度 0.95，即

$$|\overline{x}_i-\overline{x}_j|>1.96\sqrt{2}\sigma_1 \tag{4.10}$$

$$|s_i-\sigma|>1.96\sqrt{2}\sigma_2 \tag{4.11}$$

$$|R_i(\tau)-R_j(\tau)|>1.96\sqrt{2}\sigma_3 \tag{4.12}$$

（$i\neq j$，$i,j$=1,2,$\cdots$,$k$；$\tau=1,2,\cdots,m$）

当上述三个不等式至少有一个成立时，可拒绝$\{x_t\}$为平稳序列的假设，即该序列不具有平稳性。由于一般不知道$\{x_t\}$的理论方差与自相关函数，因此无法求出$\sigma_1^{\ 2}$、$\sigma_2^{\ 2}$、$\sigma_3^{\ 2}$，只能用它们的样本值代替。因此这种方法还不够理想。

2）非参数检验法

非参数检验法中常使用游程检验法。由于游程检验法只涉及一组实测数据，不需要假设数据的分布规律，因此实际中应用较多。

在保持时间序列原有顺序的情况下，游程定义为具有相同符号的序列，这种符号将观测值分成两个相互排斥的类，假设观测序列的值是$x_i$（$i$=1,2,$\cdots$,$N$），其

均值为$\bar{x}$，用符号“+”表示$x_i \geqslant \bar{x}$，用“−”表示$x_i < \bar{x}$。按符号“+”和“−”出现的顺序将原序列写成如下形式：

$$+ \quad + \quad + \quad - \quad + \quad + \quad - \quad - \quad + \quad - \quad - \quad - \quad - \quad +$$

观察可知，“+”和“−”共 14 个，分为 7 个游程。游程过多或过少都被认为是存在非平稳性趋势。游程检验的原假设为：样本数据出现的顺序没有明显的趋势，就是平稳的。

样本统计量有：$N_1$表示一种符号出现的次数，$N_2$表示另一种符号出现的次数，$r$表示游程的总数。当$N_1$或$N_2$超过 15 时，可用正态分布确定检验的接受域和否定域。此时统计量为

$$Z = \frac{r - \mu_r}{\sigma_r} \tag{4.13}$$

其中

$$\mu_r = \frac{2N_1N_2}{N} + 1$$

$$\sigma_r = \left[\frac{2N_1N_2(2N_1N_2 - N)}{N^2(N-1)}\right]^{\frac{1}{2}}$$

$$N = N_1 + N_2$$

对于 $\alpha$=0.05 的显著性水平，如果$|Z| \leqslant 1.96$，则可接受原假设，否则就拒绝原假设。

3）时序图检验法

根据平稳时间序列均值、方差为常数的性质，平稳时间序列的时序图应该显示出该序列始终在一个常数值附近随机波动，而且波动的范围是有界的。如果时间序列的时序图显示该序列有明显的趋势性或者周期性，则该时间序列不是平稳时间序列。

2. 正态性检验

有时时间序列模型建立在具有正态分布特性的白噪声基础上，因此需要检验采集的数据序列是否具有正态性。正态分布的概率密度函数为

$$f(x) = \frac{1}{\sqrt{2\pi}\sigma} \mathrm{e}^{-\frac{(x-\mu)^2}{2\sigma^2}} \tag{4.14}$$

式中：$\mu$ 和 $\sigma^2$ 分别为样本总体的均值和方差。正态分布的概率分布函数为

$$F(x)=\frac{1}{\sqrt{2\pi}\sigma}\int_{-\infty}^{x}\mathrm{e}^{-\frac{(x-\mu)^2}{2\sigma^2}}\mathrm{d}x=\Phi\left(\frac{X-\mu}{\sigma}\right) \tag{4.15}$$

式中：$\Phi$ 称为概率积分。

检验随机数据正态性的有效方法是"$\chi^2$ 拟合优度检验法"。该方法将 $\chi^2$ 统计量作为观察到的概率密度函数和理论密度函数之间的偏差的度量，两者是否相同可通过分析 $\chi^2$ 的样本分布来检验。如果数据是正态的，则应落入第 $j$ 组区间中的数据个数为

$$F_0=N\Phi\left(\frac{a-\mu}{\sigma}\right)$$

$$\vdots$$

$$F_j=N\left[\Phi\left(\frac{a+jc-\mu}{\sigma}\right)-\Phi\left(\frac{a+(j-1)c-\mu}{\sigma}\right)\right]$$

$$F_{k+1}=N\left[1-\Phi\left(\frac{b-\mu}{\sigma}\right)\right]$$

式中：$a$ 和 $b$ 是两个端点值；$c=\dfrac{b-a}{k}$，$k$ 是数据分组数。

$F_j$ 和观察到的频数 $N_j$ 之间的偏差为 $N_j-F_j$，由于 $\sum_{j=0}^{k+1}N_j=\sum_{j=0}^{k+1}F_j=N$，因此总偏差为 0。根据 Pearson 定理，样本的 $\chi^2$ 统计量为

$$\chi^2=\sum_{j=0}^{k+1}\frac{(N_j-F_j)^2}{F_j} \tag{4.16}$$

假定这个样本 $\chi^2$ 统计量近似服从 $\chi^2$ 分布，将该统计量和理论 $\chi^2$ 分布进行比较，此时自由度 $n=k+2$ 减去一些线性约束的数目，其中一个约束是当前 $k+1$ 个组区间的频数已知时，由于总频数为 $N$，最后一个组区间的频数也知道了。另外两个约束是由同理论正态概率密度函数拟合观察数据的频数直方图引起的，统计量 $\chi^2$ 是利用样本均值和样本方差计算 $\{F_j\}$，而不是利用真正的均值和方差计算 $\{F_j\}$。因此，如果利用全部 $\{N_j\}$，则自由度为

$$n=k+2-3=k-1$$

正态性假设检验的规则是：假设随机变量服从正态分布，在把观察数据分组

列入 $k$+2 个组区间后，利用样本均值和样本方差计算 $F_j$，再求 $\chi^2$。样本分布函数对正态分布的任何偏差都会使 $\chi^2$ 增大。如果

$$\chi^2 \leqslant {\chi_{n,\alpha}}^2 \tag{4.17}$$

则在显著性水平 $\alpha$ 下接受样本数据为正态分布的假设；否则在显著性水平 $\alpha$ 下拒绝样本数据为正态分布的假设。

经验表明，总体样本量和分组数目应满足的最优关系式为

$$k = 1.87(N-1)^{\frac{2}{5}}$$

需要注意的是，采用 $\chi^2$ 检验必须保证每个区间中的期望频数至少为 2。由于范围两端的期望频数最少，上述要求可以用来确定 $a$ 和 $b$，而参数 $a$ 应满足如下关系式：

$$2 = N\left[(2\pi)^{-\frac{1}{2}}\int_{-\infty}^{\frac{a-\mu}{\sigma}} \mathrm{e}^{\left(-\frac{1}{2}x^2\right)}\mathrm{d}x\right]$$

据此可求得 $a$，又利用 $\mu = \dfrac{b-a}{2}$，求得参数 $b$ 为

$$b = 2\mu + a$$

而分组区间数目为 $k=r-2$，其中 $r$ 为最小区间数。以上三个参数确定后就可以计算样本概率密度。

3．独立性检验

在时间序列分析和建模过程中，除了要求检验样本数据的平稳性和正态性之外，还要求检验其独立性。

设随机变量 $X\sim N(0,\sigma^2)$，其自相关系数为

$$\rho_r = \begin{cases} 1 & (r=0) \\ 0 & (r\neq 0) \end{cases} \tag{4.18}$$

当 $r\geqslant 1$ 时，$\rho_r = 0$。实际中只能得到样本自相关系数的估值 $\hat{\rho}_r$，而 $\hat{\rho}_r$ 一般不等于 0，从自相关系数的估值 $\hat{\rho}_r$ 判断是否满足独立性条件需要借助于巴特莱特（Bartlett）公式。

Bartlett 公式：若 $\hat{\rho}_r$ 在 $r>M$ 时趋近于 0，则在 $N$ 足够大时其方差为

$$D(\hat{\rho}_r) \approx \frac{1}{N}\sum_{m=-M}^{M}\hat{\rho}_m^2 \quad (r>M) \tag{4.19}$$

并且当 $r>M$ 时，$\hat{\rho}_r$ 近似于正态分布。

若 $\hat{\rho}_r$ 是白噪声的自相关系数，则 $M$=0

$$D(\hat{\rho}_r) \approx \frac{1}{N} \quad (r>0) \tag{4.20}$$

根据统计检验的 $2\sigma$ 准则，当

$$|\hat{\rho}_r| \leqslant 1.96\sqrt{\frac{1}{N}} \approx 2\sqrt{\frac{1}{N}} \tag{4.21}$$

或

$$\sqrt{N}\,|\hat{\rho}_r| \leqslant 2 \tag{4.22}$$

时，可认为 $\hat{\rho}_r$ 为 0 的可能性是 95%，从而接受 $\hat{\rho}_r$=0（$r$>0）这一估计，即数据是独立的。

如果有个别 $\hat{\rho}_r$（$r$>0）超出式（4.20）所约束的范围，则可以采用另一种检验方法。考虑到 $r \geqslant 1$ 时，白噪声序列的样本自相关分布渐近于正态分布，或者说当 $N$ 较大时，$\{\sqrt{N}\hat{\rho}_1, \sqrt{N}\hat{\rho}_2, \cdots, \sqrt{N}\hat{\rho}_k\}$这 $k$ 个量近似为相互独立的正态随机变量 $N$（0,1），因而它们的平方和符合 $\chi^2$ 分布。构造统计量

$$Q = N\sum_{r=1}^{k}\hat{\rho}_r^2 \tag{4.23}$$

则检验 $x_1, x_2, \cdots, x_N$ 是否为白噪声样本的问题可转化为检验统计量 $Q$ 是否是自由度为 $k$ 的 $\chi^2$ 分布问题。

以$\{x_t\}$为白噪声作为原假设，以 $\alpha$ 为显著性水平，则根据 $\alpha$ 和自由度 $k$，由 $\chi^2$ 分布表查出相应的 $\chi_\alpha^2(k)$ 值，并与计算的 $Q$ 值进行比较。如果

$$Q \leqslant \chi_\alpha^2(k)$$

则肯定原假设，即在 $1-\alpha$ 的置信水平上接受$\{x_t\}$为独立的假定；否则，则否定原假设。

## 4.4　ARMA（$n,m$）模型的基本概念

对于平稳、正态、零均值的时间序列$\{y_k\}$，若 $y_k$ 的取值不仅与其前 $n$ 步的各个取值 $y_{k-1}, y_{k-2}, \cdots, y_{k-n}$ 有关，而且还与前 $m$ 步的各个干扰 $a_{k-1}, a_{k-2}, \cdots, a_{k-m}$ 有关，则按多元线性回归的思想，可得到最一般的 ARMA（auto-regression moving average）模型[2]：

$$y_k = \varphi_1 y_{k-1} + \varphi_2 y_{k-2} + \cdots + \varphi_n y_{k-n} - \theta_1 a_{k-1} - \theta_2 a_{k-2} - \cdots - \theta_m a_{k-m} + a_k$$
$$a_k \sim N(0, \sigma_a^2) \tag{4.24}$$

式中：$\varphi_1 \sim \varphi_n$ 为自回归参数；$\theta_1 \sim \theta_m$ 为滑动平均参数；$\{a_k\}$为白噪声序列。

式（4.24）称为自回归滑动平均模型，记为 ARMA（$n$，$m$）模型。

当 $\theta_1 \sim \theta_m$ 为 0 时，则式（4.24）变为

$$y_k = \varphi_1 y_{k-1} + \varphi_2 y_{k-2} + \cdots + \varphi_n y_{k-n} + a_k \tag{4.25}$$

式（4.25）称为 $n$ 阶自回归模型，记为 AR（$n$）模型。

当 $\varphi_1 \sim \varphi_n$ 为 0 时，则式（4.24）变为

$$y_k = a_k - \theta_1 a_{k-1} - \theta_2 a_{k-2} - \cdots - \theta_m a_{k-m} \tag{4.26}$$

式（4.26）称为 $m$ 阶滑动平均模型，记为 MA（$m$）模型。

ARMA（$n$，$m$）模型是时间序列分析中最具代表性的一类线性模型，它与回归模型的根本区别在于回归模型可以描述随机变量与其他变量之间的相关关系。但是，对于一组随机观测数据 $y_1, y_2, \cdots$，却不能描述其内部的相关关系。实际上，某些随机过程与另一些变量取值之间的随机关系往往根本无法用任何函数关系式描述。此时，需要采用这个随机过程本身的观测数据之间的依赖关系揭示这个随机过程的规律性。$y_k, y_{k-1}, y_{k-2}, \cdots$，同属于时间序列$\{y_k\}$，是序列中不同时刻的随机变量，彼此之间相互关联，带有记忆性和继续性，是一组动态数据模型。

从系统分析的角度，建立 ARMA 模型所用的时间序列$\{y_k\}$，可视为某一系统的输出，对式（4.24）引入线性后移算子 $B$

$$B^t y_k = y_{k-t}, \quad B^t a_k = a_{k-t}$$

并令

$$\varphi(B) = 1 - \varphi_1 B - \varphi_2 B^2 - \cdots - \varphi_n B^n, \quad \theta(B) = 1 - \theta_1 B - \theta_2 B^2 - \cdots - \theta_m B^m$$

则式（4.24）可以写成

$$y_k = \frac{\theta(B)}{\varphi(B)} a_k \tag{4.27}$$

## 4.5　ARMA 模型的 Box 建模方法

Box 法也称 B-J 法，即是由博克思（Box）和詹金斯（Jenkins）于 20 世纪 70 年代初提出的一种时间序列预测方法。Box 法从统计学的观点出发，不论是模型形式和阶数的判断，还是模型参数的初步估计和精确估计，都离不开相关函数。Box 法建模过程主要包括数据的检验与预处理、模型的识别、模型的参数估计、模型的检验和预测。

1. 自相关分析与 ARMA 模型的识别[2]

模型的识别是 Box 建模法的关键，Box 法以自相关分析为基础，识别模型及确定模型的阶数，自相关分析就是对时间序列求其本期与不同滞后期的一系列自相关函数和偏相关函数，以此为基础来识别时间序列的特性。

一个平稳、正态、零均值的随机过程$\{y_k\}$的自协方差函数定义为

$$R_t = E(y_k y_{k-t}) \quad (t=1,2,\cdots) \tag{4.28}$$

当 $t=0$ 时，得到$\{y_k\}$的方差函数：

$$\sigma_y^2 = R_0 = E(y_k^2) \tag{4.29}$$

则自相关函数定义为

$$\rho_t = \frac{R_t}{R_0} \tag{4.30}$$

显然，

$$0 \leqslant \rho_t \leqslant 1$$

自相关函数提供了时间序列及其构成的重要信息，即自相关函数对 MA 模型具有截尾性，而对 AR 模型则不具备截尾性。

已知$\{y_k\}$为一平稳时间序列，若能选择适当的 $t$ 个系数 $\varphi_{t1},\varphi_{t2},\cdots,\varphi_{tt}$，将 $y_k$ 表示为 $y_{k-i}$ 的线性组合

$$y_k = \sum_{i=1}^{t} \varphi_{ti} y_{k-i} \tag{4.31}$$

当这种表示的误差方差

$$J = E\left[\left(y_k - \sum_{i=1}^{t} \varphi_{ti} y_{k-i}\right)^2\right] \tag{4.32}$$

为极小时，则定义最后一个系数 $\varphi_{tt}$ 为偏自相关函数（系数）。

实际工作中所获得的观测数据只是一个有限长度为 $N$ 的样本值，只能计算样本自相关函数 $\hat{\rho}_t$ 和样本偏自相关函数 $\hat{\varphi}_{tt}$。设有限长度的样本值为$\{y_k\}$（$k=1,2,\cdots,N$），其自协方差函数的估值 $\hat{R}_t$ 和 $\hat{R}_0$ 的计算公式为

$$\hat{R}_t = \frac{1}{N-t} \sum_{k=t+1}^{N} y_k y_{k-t} \quad (t=0,1,2,\cdots,N-1) \tag{4.33}$$

或

$$\hat{R}_t = \frac{1}{N}\sum_{k=t+1}^{N} y_k y_{k-t} \quad (t=0,1,2,\cdots,N-1) \tag{4.34}$$

$$\sigma_y^2 = \hat{R}_0 = \frac{1}{N}\sum_{k=1}^{N} y_k^2 \tag{4.35}$$

则

$$\hat{\rho}_t = \frac{\hat{R}_t}{\hat{R}_0} \quad (t=0,1,2,\cdots,N-1) \tag{4.36}$$

式（4.33）与式（4.34）仅仅分母不同，式（4.34）确定的 $\hat{R}_t$ 是 $R_t$ 的渐近无偏估计，且具有渐近正态分布的特点。而式（4.33）确定的 $\hat{R}_t$ 仅仅是 $R_t$ 的无偏估计。当 $N \to \infty$ 时，式（4.33）和式（4.34）两者是一致的。

将式（4.32）分别对 $\varphi_{ti}$（$i$=1,2,⋯,$t$）求偏导，并令其等于 0，得

$$\rho_i - \sum_{j=1}^{t} \varphi_{tj} \rho_{j-i} = 0 \tag{4.37}$$

在式（4.37）中分别取 $i$=1,2,⋯,$t$，可得到 $t$ 个关于 $\varphi_{tj}$ 的线性方程。考虑到 $\rho_i = \rho_{-i}$，将这些方程整理并写成矩阵形式，即

$$\begin{bmatrix} \rho_0 & \rho_1 & \cdots & \rho_{t-1} \\ \rho_1 & \rho_0 & \cdots & \rho_{t-2} \\ \vdots & \vdots & & \vdots \\ \rho_{t-1} & \rho_{t-2} & \cdots & \rho_0 \end{bmatrix} \begin{bmatrix} \varphi_{t1} \\ \varphi_{t2} \\ \vdots \\ \varphi_{tt} \end{bmatrix} = \begin{bmatrix} \rho_1 \\ \rho_2 \\ \vdots \\ \rho_t \end{bmatrix} \tag{4.38}$$

由式（4.38）可以求出 $\varphi_{t1}, \varphi_{t2}, \cdots, \varphi_{tt-1}$ 及偏自相关函数 $\varphi_{tt}$。偏自相关函数对 AR 模型的截尾特性可用来判断是否可以对给定的时间序列 $\{y_k\}$ 拟合 AR 模型，并确定 AR 模型的阶数。例如，可按式（4.38）从 $t$=1 开始求 $\varphi_{11}$，然后令 $t$=2 求 $\varphi_{21}$、$\varphi_{22}$，令 $t$=3 求 $\varphi_{31}, \varphi_{32}, \varphi_{33}, \cdots$，直至出现 $\varphi_{tt} \approx 0$，则认为 $\{y_k\}$ 为 AR 模型，AR 模型的阶数为 $t$−1，AR（$t$−1）模型的参数为 $\varphi_i \approx \varphi_{t-1,i}$（$i$=1,2,⋯,$t$−1）。

样本自相关函数 $\hat{\rho}_t$ 和样本偏相关函数 $\hat{\varphi}_{tt}$ 是 $\rho_t$ 和 $\varphi_{tt}$ 的估计值，因此可以根据 $\hat{\rho}_t$ 和 $\hat{\varphi}_{tt}$ 的渐近分布进行模型阶数的判断。

（1）设 $\{y_k\}$ 是正态的零均值平稳 MA（$m$）序列，则对于充分大的 $N$，$\hat{\rho}_t$ 的分布渐近于正态分布 $N$（$0,(1/\sqrt{N})^2$），则有

$$p\left\{|\hat{\rho}_t| \leqslant \frac{1}{\sqrt{N}}\right\} \approx 68.3\% \quad 或 \quad p\left\{|\hat{\rho}_t| \leqslant \frac{2}{\sqrt{N}}\right\} \approx 95.5\% \tag{4.39}$$

于是，$\hat{\rho}_t$ 的截尾性判断如下：首先计算 $\hat{\rho}_1, \hat{\rho}_2, \cdots, \hat{\rho}_M$（$M$ 一般小于 $N/4$，通常取 $M= N/10$ 左右)，由于 $m$ 的值未知，令 $m$ 的取值从小到大，分别检验 $\hat{\rho}_{m+1}$、$\hat{\rho}_{m+2}$、$\hat{\rho}_M$ 满足

$$\left|\hat{\rho}_t\right| \leqslant \frac{1}{\sqrt{N}} \quad 或 \quad \left|\hat{\rho}_t\right| \leqslant \frac{2}{\sqrt{N}}$$

的比例是否占总个数 $M$ 的 68.3%或 95.5%。第一个满足上述条件的 $m$ 就是 $\hat{\rho}_t$ 的截尾处，即 MA（$m$）的模型的阶数。

（2）设$\{y_k\}$是正态的零均值平稳 AR（$n$）序列，则对于充分大的 $N$，$\hat{\varphi}_{tt}$ 的分布也渐近于正态分布 $N(0, (1/\sqrt{N})^2)$，所以可以采用类似于步骤（1）的方法对 $\hat{\varphi}_{tt}$ 的截尾性进行判断。

（3）若$\{\hat{\rho}_t\}$和$\{\hat{\varphi}_{tt}\}$均不截尾，但收敛于零的速度较快，则$\{y_k\}$可能是 ARMA（$n,m$）模型，此时阶数 $n$ 和 $m$ 难于确定，一般采用由低阶向高阶逐个试探，如取（$n,m$）为（1,1），（1,2），（2,1），…，直到经检验认为模型合适为止。

由相关分析识别出模型的类型后，若是 AR（$n$）或 MA（$m$）模型，此时模型的阶数 $n$ 或 $m$ 已经确定，则可以采用时间序列分析中的参数估计方法求出模型的参数；若是 ARMA（$n,m$）模型，此时模型的阶数 $n$ 及 $m$ 未定，则只能从 $n$=1、$m$=1 开始，采用某一参数估计方法对$\{y_k\}$拟合 ARMA（$n,m$）模型，并进行模型适用性检验，如果检验通过，则 ARMA（$n,m$）模型为合适的模型；否则，令 $n=n+1$ 或 $m=m+1$ 继续拟合，直至搜寻到合适的模型为止。$n$、$m$ 的搜寻方案如图 4.1 所示。

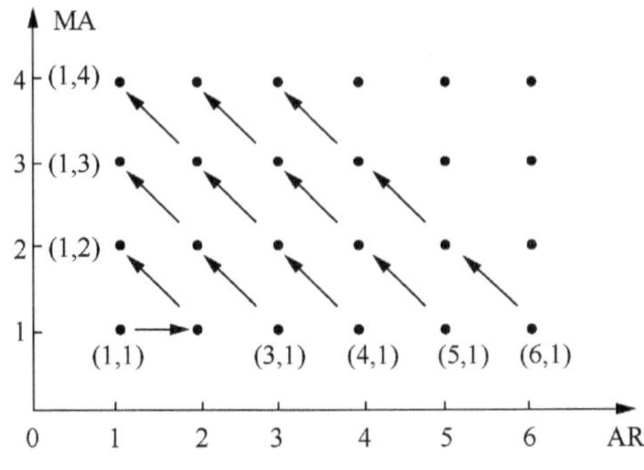


图 4.1　ARMA（$n,m$）模型 $n$、$m$ 的搜寻方案

### 2. ARMA 模型参数的初步估计

经过模型识别并确定模型的阶数后，可以利用时间序列的自相关系数对模型的参数进行初步估计[2]。

1）$p$ 阶自回归模型参数的初步估计

$p$ 阶自回归模型 AR（$p$）的模型形式为

$$y_k = \varphi_1 y_{k-1} + \varphi_2 y_{k-2} + \cdots + \varphi_p y_{k-p} + a_k \tag{4.40}$$

对于 $t$=1,2,3,⋯,$p$，对式（4.40）两边乘以 $y_{k-t}$ 得

$$y_k y_{k-t} = \varphi_1 y_{k-1} y_{k-t} + \varphi_2 y_{k-2} y_{k-t} + \cdots + \varphi_p y_{k-p} y_{k-t} + a_k y_{k-t}$$

$$E(y_k y_{k-t}) = \varphi_1 E(y_{k-1} y_{k-t}) + \varphi_2 E(y_{k-2} y_{k-t}) + \cdots + \varphi_p E(y_{k-p} y_{k-t})$$

即

$$R_t = \varphi_1 R_{t-1} + \varphi_2 R_{t-2} + \cdots + \varphi_p R_{t-p}$$

$$\begin{cases} R_1 = \varphi_1 + \varphi_2 R_1 + \cdots + \varphi_p R_{p-1} \\ R_2 = \varphi_1 R_1 + \varphi_2 + \cdots + \varphi_p R_{p-2} \\ \qquad \vdots \\ R_p = \varphi_1 R_{p-1} + \varphi_2 R_{p-2} + \cdots + \varphi_p \end{cases} \tag{4.41}$$

或

$$\begin{cases} \rho_1 = \varphi_1 \rho_0 + \varphi_2 \rho_1 + \cdots + \varphi_p \rho_{p-1} \\ \rho_2 = \varphi_1 \rho_1 + \varphi_2 \rho_0 + \cdots + \varphi_p \rho_{p-2} \\ \qquad \vdots \\ \rho_p = \varphi_1 \rho_{p-1} + \varphi_2 \rho_{p-2} + \cdots + \varphi_p \rho_0 \end{cases} \tag{4.42}$$

由方程（4.41）或（4.42）即可求得 $\varphi_1, \varphi_2, \cdots, \varphi_p$。

2）$q$ 阶滑动平均模型参数的初步估计

$q$ 阶滑动平均模型 MA（$q$）的模型形式为

$$y_k = a_k - \theta_1 a_{k-1} - \theta_2 a_{k-2} - \cdots - \theta_q a_{k-q} \tag{4.43}$$

对于时滞 $k-t$，有

$$y_{k-t} = a_{k-t} - \theta_1 a_{k-t-1} - \theta_2 a_{k-t-2} - \cdots - \theta_q a_{k-t-q} \tag{4.44}$$

式（4.43）与式（4.44）相乘得

$$\begin{aligned} y_k y_{k-t} = &(a_k - \theta_1 a_{k-1} - \theta_2 a_{k-2} - \cdots - \theta_q a_{k-q}) \\ &\times (a_{k-t} - \theta_1 a_{k-t-1} - \theta_2 a_{k-t-2} - \cdots - \theta_q a_{k-t-q}) \end{aligned}$$

与 $p$ 阶自回归模型参数的初步估计公式的推导类似，得

$$R_t = \frac{-\theta_t + \theta_1\theta_{t+1} + \theta_2\theta_{t+2} + \cdots + \theta_{q-t}\theta_q}{1 + \theta_1^2 + \theta_2^2 + \cdots + \theta_q^2} \tag{4.45}$$

3. ARMA 模型的检验

对所建的 ARMA 模型优劣的检验，是通过对原始时间序列与所建的 ARMA 模型之间的误差序列 $a_k$ 进行检验来实现的。若误差序列 $a_k$ 具有随机性，则所建立的模型已包含了原始时间序列的所有趋势，从而将建立的模型用于预测是合适的；若误差序列 $a_k$ 不具有随机性，则应重新建模。

误差序列 $a_k$ 的随机性可以利用自相关分析图来判断。自相关分析图比较简便直观，但检验的精度不太理想。博克思和皮尔斯（Pearce）于 1970 年提出了一种简单且精度较高的模型检验方法，这种方法称为博克思-皮尔斯 $Q$ 统计量法。$Q$ 统计量按下式计算：

$$Q = n\sum_{t=1}^{m} R_t^2 \tag{4.46}$$

式中：$m$ 为 ARMA 模型中所含的最大的时滞；$n$ 为时间序列的观测值个数。

对于给定的置信水平 $1-\alpha$，可以查 $\chi^2$ 分布表中自由度为 $m$ 的 $\chi^2$ 值 $\chi_\alpha(m)$，将 $Q$ 与 $\chi_\alpha^2(m)$ 比较。若 $Q \leqslant \chi_\alpha^2(m)$，则所建立的模型是合适的，可以用于预测；否则模型不合适，需进一步改进。

4. ARMA 模型的预测

经过模型的识别、模型的估计及模型的检验后，得到一个合适的模型，就可以对未来出现的结果进行预测。

对于时间序列 $\{y_k\}$，可选定一个适用的 $p$ 阶自回归模型 AR（$p$）

$$y_k = \varphi_1 y_{k-1} + \varphi_2 y_{k-2} + \cdots + \varphi_p y_{k-p} + a_k$$

记 $\hat{\varphi}_1, \hat{\varphi}_2, \cdots, \hat{\varphi}_p$ 为 AR（$p$）模型中相应系数的估值，则 AR（$p$）模型向前 1 步，2 步，$\cdots$，$p$ 步的预测值为

$$\hat{y}_k(1) = \hat{\varphi}_1 y_k + \hat{\varphi}_2 y_{k-1} + \cdots + \hat{\varphi}_p y_{k-p+1}$$

$$\hat{y}_k(2) = \hat{\varphi}_1 \hat{y}_k(1) + \hat{\varphi}_2 y_k + \cdots + \hat{\varphi}_p y_{k-p+2}$$

$$\vdots$$

$$\hat{y}_k(p) = \hat{\varphi}_1 \hat{y}_k(p-1) + \hat{\varphi}_2 \hat{y}_k(p-2) + \cdots + \hat{\varphi}_{p-1} \hat{y}_k(1) + \hat{\varphi}_p y_k$$

当 $L>p$ 时

$$\hat{y}_k(L)=\hat{\varphi}_1\hat{y}_k(L-1)+\hat{\varphi}_2\hat{y}_k(L-2)+\cdots+\hat{\varphi}_{p-1}\hat{y}_k(L-p+1)+\hat{\varphi}_p\hat{y}_k(L-p) \tag{4.47}$$

## 4.6　ARMA 模型的 DDS 建模方法

DDS（dynamic data system）法是一种适合工程应用的系统建模方法，它由美国学者潘迪特（Pandit）和吴贤明（Wu S.M.）于 1983 年提出。DDS 法从分析系统特性出发，主张先建模，后处理。首先采用具有特别结构的 ARMA 模型［即 ARMA（2*n*,2*n*−1）模型形式］对动态数据进行拟合，然后用 *F* 检验和置信区间以及对系统特征根的分析进一步修改和精化模型。

1. 模型参数的初步估计[21]

在 DDS 法中，模型参数初步估计的方法较多，其中逆函数法和二步线性法是常用的两种方法。逆函数法从系统分析的角度出发，认为基于观测序列建立起来的 AR 模型、MA 模型及 ARMA 模型均是等价系统的数学模型，因而由这些模型确定的等价系统的传递函数形式上可能不同，但传递函数应该相等。这样可以先估计出 AR 模型或 MA 模型，再根据传递函数相等的关系估计出 ARMA 模型。

对于 ARMA 模型

$$y_k=\varphi_1 y_{k-1}+\varphi_2 y_{k-2}+\cdots+\varphi_n y_{k-n}-\theta_1 a_{k-1}-\theta_2 a_{k-2}-\cdots-\theta_m a_{k-m}+a_k \tag{4.48}$$

设后移算子为 *B*，且 $By_k=y_{k-1}$，$B^j y_k=y_{k-j}$，则式（4.48）变为

$$\varphi_n(B)y_k=\theta_m(B)a_k \tag{4.49}$$

其中

$$\varphi_n(B)=1-\sum_{i=1}^{n}\varphi_i B^i，\quad \theta_m(B)=1-\sum_{j=1}^{m}\theta_j B^j$$

若 AR（*p*）（$p\geqslant n+m$）模型为等价系统的数学模型，其模型形式为

$$y_k=I_1 y_{k-1}+I_2 y_{k-2}+\cdots+I_p y_{k-p}+a_k \tag{4.50}$$

同样，式（4.50）变为

$$\varphi_p(B)y_k=a_k \tag{4.51}$$

其中

$$\varphi_p(B)=1-\sum_{i=1}^{p}I_i B^i$$

由式（4.49）及式（4.51）得

$$\frac{1}{\varphi_p(B)}=\frac{\theta_m(B)}{\varphi_n(B)} \tag{4.52}$$

则

$$\begin{aligned}&(1-I_1B-I_2B^2-\cdots-I_pB^p)(1-\theta_1B-\theta_2B^2-\cdots-\theta_mB^m)\\&=1-\varphi_1B-\varphi_2B^2-\cdots-\varphi_nB^n\end{aligned}$$

比较 $B$ 算子的同次幂系数，有

$$\begin{cases}\varphi_1=\theta_1+I_1\\ \varphi_2=\theta_2-\theta_1I_1+I_2\\ \varphi_3=\theta_3-\theta_2I_1-\theta_1I_2+I_3\\ \qquad\vdots\\ \varphi_n=-\theta_mI_{n-m}-\cdots-\theta_2I_{n-2}-\theta_1I_{n-1}+I_n\\ 0=-\theta_mI_{t-m}-\cdots-\theta_2I_{t-2}-\theta_1I_{t-1}+I_t\quad(t>n)\end{cases} \tag{4.53}$$

$I_1,I_2,\cdots,I_p$ 由下面的尤尔-沃克（Yule-Walker）方程得到

$$\begin{bmatrix}\rho_0&\rho_1&\cdots&\rho_{p-1}\\ \rho_1&\rho_0&\cdots&\rho_{p-2}\\ \vdots&\vdots&&\vdots\\ \rho_{p-1}&\rho_{p-2}&\cdots&\rho_0\end{bmatrix}\begin{bmatrix}I_1\\ I_2\\ \vdots\\ I_p\end{bmatrix}=\begin{bmatrix}\rho_1\\ \rho_2\\ \vdots\\ \rho_p\end{bmatrix} \tag{4.54}$$

式中：$\rho_t$ 为随机变量 $y_k$ 的 $t$ 步自相关函数，其估值公式为

$$\hat{\rho}_t=\frac{\sum_{k=t+1}^{N}y_ky_{k-t}}{\sum_{k=t+1}^{N}y_k^2}\qquad(t=0,1,2,\cdots) \tag{4.55}$$

而 $\theta_1,\theta_2,\cdots,\theta_m$ 可由式（4.53）的最后一个式子求得，即

$$\begin{bmatrix}I_n&I_{n-1}&I_{n-2}&\cdots&I_{n+1-m}\\ I_{n+1}&I_n&I_{n-1}&\cdots&I_{n+2-m}\\ \vdots&\vdots&\vdots&&\vdots\\ I_{n+m-1}&I_{n+m-2}&I_{n+m-3}&\cdots&I_n\end{bmatrix}\begin{bmatrix}\theta_1\\ \theta_2\\ \vdots\\ \theta_m\end{bmatrix}=\begin{bmatrix}I_{n+1}\\ I_{n+2}\\ \vdots\\ I_{n+m}\end{bmatrix} \tag{4.56}$$

将式（4.54）和式（4.56）求得的结果代入式（4.53）前面几个式子中即可求

出 $\varphi_1,\varphi_2,\cdots,\varphi_n$。这样，ARMA（$n,m$）模型参数 $\varphi_i$，$\theta_j$（$i$=0,1,2,⋯,$n$; $j$=0,1,2,⋯,$m$）就求出来了。

用逆函数法求参数估计初值的具体步骤可归纳如下[21]：

（1）令 $p=n+m$，由式（4.54）估计 AR（$p$）模型的 $p$ 个自回归参数，近似地当作相应 ARMA（$n,m$）模型的前 $p$ 个逆函数值 $I_1,I_2,\cdots,I_p$，采用 DDS 法时，可从 $n$=2、$m$=1 开始。

（2）按式（4.56）解线性方程组（$m$ 个未知数，$m$ 个方程），得到 $\theta_1,\theta_2,\cdots,\theta_m$ 的初步估计，如 $m$=1 时，有 $I_p=I_{p-1}\theta_1$。

（3）将步骤（1）、（2）中的结果代入式（4.53）前面几个式子中即可求出 $\varphi_1$，$\varphi_2,\cdots,\varphi_n$ 的初步估计。

逆函数法在参数的解算中，由于参数的计算误差累积传递往往导致参数求解的不稳定，尤其是在高阶模型中更为明显。因此，逆函数法一般适合低阶模型。

二步线性法在某种程度上可以克服这个弱点。二步线性法的基本思想是基于同一序列$\{y_k\}$拟合 AR（$p$）模型和 ARMA（$n,m$）模型，两模型在同一时刻的残差 $a_k$ 相等的原则。为此，先对$\{y_k\}$拟合 AR（$p$）模型，并计算残差序列$\{a_k\}$，将$\{a_k\}$作为 ARMA（$n,m$）模型的残差序列，使得 ARMA（$n,m$）模型中的$\{a_k\}$为已知值，将 ARMA（$n,m$）模型参数的估计过程变为线性估计过程。其具体步骤如下。

（1）拟合 AR（$p$）模型（$p\geqslant n+m$）：

$$y_k=\varphi_1 y_{k-1}+\varphi_2 y_{k-2}+\cdots+\varphi_p y_{k-p}+a_k \tag{4.57}$$

令 $k$=2,3,⋯,$N$（序列的长度），且 $y_{k-i}=0$（当 $k-i\leqslant 0$ 时）。根据线性最小二乘原理计算 $\varphi_i$（$i$=1,2,⋯,$p$），其残差序列$\{a_k\}$由下式计算：

$$a_k=y_k-\sum_{i=1}^{p}\varphi_i y_{k-i}\qquad (k=p+1,p+2,\cdots,N) \tag{4.58}$$

（2）拟合 ARMA（$n,m$）模型：

由 $y_k=\sum_{i=1}^{n}\varphi_i y_{k-i}-\sum_{j=1}^{m}\theta_j a_{k-j}+a_k$ 构造

$$\boldsymbol{Y}=\boldsymbol{X\beta}+\boldsymbol{A} \tag{4.59}$$

其中

$$\boldsymbol{Y}=\begin{bmatrix}y_{p+m+1} & y_{p+m+2} & \cdots & y_N\end{bmatrix}^{\mathrm{T}}$$

$$\boldsymbol{A}=\begin{bmatrix}a_{p+m+1} & a_{p+m+2} & \cdots & a_N\end{bmatrix}^{\mathrm{T}}$$

$$\boldsymbol{\beta} = [\varphi_1 \quad \varphi_2 \quad \cdots \quad \varphi_n \quad -\theta_1 \quad -\theta_2 \quad \cdots \quad -\theta_m]^{\mathrm{T}}$$

$$\boldsymbol{X} = \begin{bmatrix} y_{p+m} & y_{p+m-1} & \cdots & y_{p+m-n+1} & a_{p+m} & a_{p+m-1} & \cdots & a_{p+1} \\ y_{p+m+1} & y_{p+m} & \cdots & y_{p+m-n+2} & a_{p+m+1} & a_{p+m} & \cdots & a_{p+2} \\ \vdots & \vdots & & \vdots & \vdots & \vdots & & \vdots \\ y_{N-1} & y_{N-2} & \cdots & y_{N-n} & a_{N-1} & a_{N-2} & \cdots & a_{N-m} \end{bmatrix}$$

由最小二乘法可以估计模型的参数 $\boldsymbol{\beta}$ ，即

$$\boldsymbol{\beta} = (\boldsymbol{X}^{\mathrm{T}}\boldsymbol{X})^{-1}\boldsymbol{X}^{\mathrm{T}}\boldsymbol{Y} \tag{4.60}$$

用逆函数法和二步线性法进行模型参数的初步估计，都是将 ARMA 模型参数的估计的非线性问题转化为线性问题进行处理，概念简单明了，计算简单，便于在计算机上实现。若认为这两种方法估计的参数不够精确，可将这些参数作为模型参数的初值，进行模型参数的精确估计。

2. 模型参数的精确估计

在模型参数初步估计的基础上，可以根据一定的估计原则，对模型参数进行精确估计。精确估计通常采用极大似然估计法或最小二乘法。最小二乘法原理简单，适用范围广，通常用来求解各类带约束条件的最优化问题，这里采用最小二乘法。用最小二乘法要求从已经观测到的 $N$ 组数据出发，对未知参数进行估计，使目标函数（残差平方和）最小。

由 ARMA（$n,m$）模型

$$y_k = \sum_{i=1}^{n}\varphi_i y_{k-i} - \sum_{j=1}^{m}\theta_j a_{k-j} + a_k \to f(X_k, \beta) + a_k$$

则目标函数残差平方和 $S(\boldsymbol{\beta})$ 应为最小，即

$$S(\boldsymbol{\beta}) = \sum_{k=1}^{N} a_k^2 = \sum_{k=1}^{N}[y_k - f(\boldsymbol{X}_k, \boldsymbol{\beta})]^2 = \min \tag{4.61}$$

其中

$$\boldsymbol{X}_k = [y_{k-1} \quad y_{k-2} \quad \cdots \quad y_{k-n} \quad -a_{k-1} \quad -a_{k-2} \quad \cdots \quad -a_{k-m}]^{\mathrm{T}}$$

$$\boldsymbol{\beta} = [\varphi_1 \quad \varphi_2 \quad \cdots \quad \varphi_n \quad \theta_1 \quad \theta_2 \quad \cdots \quad \theta_m]^{\mathrm{T}}$$

ARMA（$n,m$）模型中，由于$\{a_k\}$为不可测序列，需反复利用递推公式求解。例如，对于 ARMA（2,1）模型，有

$$y_k = \varphi_1 y_{k-1} + \varphi_2 y_{k-2} - \theta_1 a_{k-1} + a_k \tag{4.62}$$

则

$$a_k = y_k - \varphi_1 y_{k-1} - \varphi_2 y_{k-2} + \theta_1 a_{k-1}$$
$$a_{k-1} = y_{k-1} - \varphi_1 y_{k-2} - \varphi_2 y_{k-3} + \theta_1 a_{k-2}$$
$$a_{k-2} = y_{k-2} - \varphi_1 y_{k-3} - \varphi_2 y_{k-4} + \theta_1 a_{k-3}$$
$$\vdots$$

将 $a_{k-1}$ 代入式（4.62）中，得

$$y_k = (\varphi_1 - \theta_1) y_{k-1} + (\varphi_2 + \varphi_1\theta_1) y_{k-2} + \varphi_2\theta_1 y_{k-3} - \theta_1^2 a_{k-2} + a_k \tag{4.63}$$

对待估参数 $\varphi_1$、$\varphi_2$ 及 $\theta_1$ 而言出现了非线性项，而且 $a_{k-2}$ 仍需进行递推，因而求解 ARMA（$n,m$）模型的参数是非线性最小二乘估计问题。为此，可采用优化理论中相关迭代算法进行迭代计算，最终迭代出使目标函数 $S(\beta)$ 达到极小时的模型参数 $\beta$。

在非线性最小二乘迭代算法中，阻尼最小二乘法既能保证迭代计算的收敛性，又可加快收敛速度。用阻尼最小二乘法进行 ARMA（$n,m$）模型参数精确估计的步骤如下。

（1）采用初步估计的方法计算模型参数的初值 $\beta^0$，并由下式计算残差初值 $a_k^{(0)}$：

$$\begin{cases} a_1^{(0)} = y_1 \\ a_2^{(0)} = y_2 - \varphi_1 y_1 + \theta_1 a_1 \\ a_3^{(0)} = y_3 - \varphi_1 y_2 - \varphi_2 y_1 + \theta_1 a_2 + \theta_2 a_1 \\ \qquad\vdots \\ a_n^{(0)} = y_n - \varphi_1 y_{n-1} - \cdots - \varphi_{n-1} y_1 + \theta_1 a_{n-1} + \cdots + \theta_m a_{n-m} \end{cases} \tag{4.64}$$

（2）设 $l$ 为迭代循环变量，令 $l$=0，开始第一次迭代。

（3）按下式计算 $a_k^{(l)}$：

$$a_k^{(l)} = y_k - \sum_{i=1}^{n} \varphi_i^{(l)} y_{k-i} + \sum_{j=1}^{m} \theta_j^{(l)} a_{k-j} \qquad (k=n+1,n+2,\cdots,N) \tag{4.65}$$

由 $a_k^{(l)}$ 组成向量

$$a^{(l)} = \begin{bmatrix} a_{n+1}^{(l)} & a_{n+2}^{(l)} & \cdots & a_N^{(l)} \end{bmatrix}^{\mathrm{T}}$$

（4）计算残差序列 $\{a_k\}$ 方差的估值：

$$S(\beta^{(l)}) = \hat{\sigma}_a^2 = \frac{1}{N}\sum_{k=1}^{N} (a_k^{(l)})^2$$

（5）按下式组成矩阵 $\boldsymbol{V}^{(l)}$：

$$\underset{(N-n)\times(n+m)}{\boldsymbol{V}^{(l)}}=\begin{bmatrix} y_n & y_{n-1} & \cdots & y_1 & -a_n^{(l)} & -a_{n-1}^{(l)} & \cdots & -a_{n-m+1}^{(l)} \\ y_{n+1} & y_n & \cdots & y_2 & -a_{n+1}^{(l)} & -a_n^{(l)} & \cdots & -a_{n-m+2}^{(l)} \\ \vdots & \vdots & & \vdots & \vdots & \vdots & & \vdots \\ y_{N-1} & y_{N-2} & \cdots & y_{N-n} & -a_{N-1}^{(l)} & -a_{N-2}^{(l)} & \cdots & -a_{N-m}^{(l)} \end{bmatrix} \tag{4.66}$$

（6）构成阻尼最小二乘法的算式：

$$\boldsymbol{h}^{(l)}=\boldsymbol{\beta}^{(l+1)}-\boldsymbol{\beta}^{(l)}=\left[\boldsymbol{V}^{(l)\mathrm{T}}\boldsymbol{V}^{(l)}+\lambda^{(l)}\boldsymbol{I}\right]^{-1}\boldsymbol{V}^{(l)\mathrm{T}}\boldsymbol{a}^{(l)} \tag{4.67}$$

式中：$\boldsymbol{I}$ 为 $n+m$ 阶单位矩阵。

完成第 $l$ 次迭代后，按 $\lambda^{(l)}$ 估计 $\boldsymbol{\beta}^{(l+1)}=\boldsymbol{\beta}^{(l)}+\boldsymbol{h}^{(l)}$，再由 $\boldsymbol{\beta}^{(l+1)}$ 计算 $l+1$ 次的残差平方和，即

$$S(\boldsymbol{\beta}^{(l+1)})=\hat{\sigma}_a^2=\frac{1}{N}\sum_{k=1}^{N}(a_k^{(l+1)})^2 \tag{4.68}$$

若 $S(\boldsymbol{\beta}^{(l+1)})\geqslant S(\boldsymbol{\beta}^{(l)})$，表明 $\lambda^{(l)}$ 选得过小，不能使残差平方和减小，则取 $\lambda^{(l+1)}=1.5\lambda^{(l)}$，重作第 $l$ 次迭代。反之，再判断 $\boldsymbol{h}^{(l)}<\delta$ 是否成立，其中 $\delta$ 为给定任意小的数，如 $10^{-2}\sim10^{-4}$。若不成立，表明 $\lambda^{(l)}$ 还可以选小些，可取 $\lambda^{(l+1)}=0.5\lambda^{(l)}$，继续进行第 $l+1$ 次迭代；若成立，则 $\boldsymbol{\beta}^{(l+1)}$ 即为所求模型参数的精确估计。

### 3. 模型适用性检验

对于模型的适用性，可以通过残差自相关进行检验。在 DDS 法中，主要的检验准则是基于 $a_k$ 平方和的减小。检验 ARMA 模型 $a_k$ 独立性的一种简单方法是拟合一个较高阶的模型，假如较高阶模型使残差平方和显著减小，说明原来模型的诸 $a_k$ 不是相互独立的，因此原模型不合适。假如原模型是合适的，而试图去拟合一个较高阶的模型，则残差平方和的减小将较小，甚至可能增大，当这些模型参数的值很小，这说明把不需要的附加参数引入到了模型，这种检验方法称为残差方差检验准则。

若记高、低阶模型阶次分别为 $p_h$、$p_l$，构造统计量

$$F=\frac{(S_l-S_h)/(p_h-p_l)}{S_h/(N-p_h)}\sim F(p_h-p_l,N-p_h) \tag{4.69}$$

式中：$S_h$、$S_l$ 分别为高、低阶模型的残差 $a_k$ 的平方和；$N$ 为观测序列的长度。对于 ARMA（2$n$,2$n$−1）到 ARMA（2$n$+2,2$n$+1）模型，有 $p_h=4n+3$，$p_l=4n-1$。对于给定的显著水平 $\alpha$，一般选 $\alpha$=0.05～0.10（对应的置信度为 95%～90%）。当按式（4.69）计算的 $F>F_\alpha(p_h-p_l,N-p_h)$ 时，表明 $S_h$、$S_l$ 有显著差异，低阶模型不适用，可升阶建模；反之，则认为低阶模型适用。

4. 模型的修正

经过模型适用性检验后的模型具有 ARMA（2$n$,2$n$−1）的形式，但并不一定是最终合适的模型。最终合适的模型可能是 AR（$p$）模型，MA（$q$）模型或 ARMA（$p$,$q$）模型，主要通过模型参数估计的置信区间和 $F$ 检验进行模型的修正。修正的原则如下。

（1）若 $\varphi_{2n} \approx 0$，且置信区间包含 0，而 $\theta_{2n-1}$ 不满足相应条件，则需对 ARMA（2$n$−1,2$n$−1）模型和 ARMA（2$n$,2$n$−1）模型进行 $F$ 检验，以决定哪种模型合适。

（2）若 $\theta_{2n-1} \approx 0$，且置信区间包含 0，而 $\varphi_{2n}$ 不满足相应条件，则需对 ARMA（2$n$,2$n$−2）模型和 ARMA（2$n$,2$n$−1）模型进行 $F$ 检验。若 ARMA（2$n$,2$n$−2）模型合适，则需逐次检验 ARMA（2$n$,$m$）模型（$m$≤2$n$−2）是否合适。

（3）若 $\varphi_{2n} \approx 0$，$\theta_{2n-1} \approx 0$，且置信区间都包含 0，则需对 ARMA（2$n$−1,2$n$−2）模型和 ARMA（2$n$,2$n$−1）模型进行 $F$ 检验。若 ARMA（2$n$−1,2$n$−2）模型合适，则需逐次检验 ARMA（2$n$−1,$m$）模型（$m$≤2$n$−3）是否合适；若 ARMA（2$n$,2$n$−1）模型合适，则需逐次检验 ARMA（2$n$,$m$）模型（$m$≤2$n$−2）是否合适。

（4）若模型降阶后，发现有可能进一步简化成 AR（$n$）或 MA（$m$）模型，采用增加阶数的方法，并用 $F$ 检验进行检验，直到检验不显著为止。

置信区间通常取（$\hat{\boldsymbol{\beta}} - 1.96\hat{\boldsymbol{\sigma}}_{\beta}, \hat{\boldsymbol{\beta}} + 1.96\hat{\boldsymbol{\sigma}}_{\beta}$），参数 $\hat{\boldsymbol{\beta}}$ 的估计方差为

$$\hat{\boldsymbol{\sigma}}_{\beta}^2 = \hat{\sigma}_a^2 \left[\boldsymbol{V}^{\mathrm{T}}\boldsymbol{V}\right]^{-1} \tag{4.70}$$

其中

$$\hat{\sigma}_a^2 = \frac{1}{N}\sum_{k=1}^{N} a_k^2 \tag{4.71}$$

5. 模型的预报

设最终合适的模型为 ARMA（$n$,$m$）模型，即

$$\begin{aligned} y_k = \varphi_1 y_{k-1} + \varphi_2 y_{k-2} + \cdots + \varphi_n y_{k-n} - \theta_1 a_{k-1} \\ - \theta_2 a_{k-2} - \cdots - \theta_m a_{k-m} + a_k \end{aligned} \tag{4.72}$$

则 ARMA（$n$,$m$）模型向前 1 步,2 步,⋯,$l$ 步的预测值为

$$\begin{gathered} \hat{y}_k(1) = \varphi_1 y_k + \varphi_2 y_{k-1} + \cdots + \varphi_n y_{k-n+1} - \theta_1 a_k - \theta_2 a_{k-1} - \cdots - \theta_m a_{k-m+1} \\ \hat{y}_k(2) = \varphi_1 \hat{y}_k(1) + \varphi_2 y_k + \cdots + \varphi_n y_{k-n+2} - \theta_2 a_k - \cdots - \theta_m a_{k-m+2} \\ \vdots \\ \hat{y}_k(l) = \varphi_1 \hat{y}_k(l-1) + \varphi_2 \hat{y}_k(l-2) + \cdots + \varphi_n \hat{y}_k(l-n) - \theta_m a_k \end{gathered}$$

综上所述，ARMA（$n,m$）模型的预报算式如下：

当 $l\leqslant m$ 时，则

$$\hat{y}_k(l)=\sum_{i=1}^{n}\varphi_i\hat{y}_k(l-i)-\sum_{j=0}^{m-l}\theta_{l+j}a_{k-j} \tag{4.73}$$

当 $l>m$ 时，则

$$\hat{y}_k(l)=\sum_{i=1}^{n}\varphi_i\hat{y}_k(l-i) \tag{4.74}$$

由式（4.73）及式（4.74）可以看出，ARMA（$n,m$）模型的预测特点，即当 $l\leqslant m$ 时，预测式中包含有 $a_k,a_{k-1},\cdots,a_{k-m+1}$，则需由 $\{y_k\}$ 迭代计算 $\{a_k\}$；当 $l>m$ 时，预测式中不包含 MA 部分，可由 $\hat{y}_k(l-i)$ 进行递推计算。

6. 算例[21]

采用 DDS 法对长江三峡链子崖危岩体 G$_上$点 1978 年至 1992 年共计 15 年 180 期的水平位移监测资料进行了计算，计算过程如下：

1）ARMA（2,1）模型

初解：$\varphi_1$=0.5767，$\varphi_2$=0.4295，$\theta_1$=−0.3311，$S_l$=678.35

精解：$\varphi_1$=0.9099，$\varphi_2$=0.0947，$\theta_1$=0.3430，$S_l$=613.92

2）ARMA（4,3）模型

初解：$\varphi_1$=0.4723，$\varphi_2$=−0.1433，$\varphi_3$=0.6224，$\varphi_4$=0.0582

$\theta_1$=−0.1112，$\theta_2$=−0.4877，$\theta_3$=0.3049，$S_h$=604.34

精解：$\varphi_1$=0.3022，$\varphi_2$=−0.1233，$\varphi_3$=0.8082，$\varphi_4$=0.0239

$\theta_1$=−0.2555，$\theta_2$=−0.5491，$\theta_3$=0.4330，$S_h$=598.18

3）模型的适用性检验

由式（4.69）得

$$F=\frac{\dfrac{613.92-598.18}{7-3}}{\dfrac{598.18}{180-7}}=1.14$$

取 $\alpha=0.05$，查 $F_\alpha$ 分布表得 $F_{0.05}$（4,173）=2.37，则 $F<F_\alpha$，表明 ARMA（2,1）模型与 ARMA（4,3）模型之间不存在显著差异，ARMA（2,1）模型为合适模型。

4）模型的修正

ARMA（2,1）模型参数的 95%置信区间为

$$\varphi_1=0.9099\pm0.3350$$

$$\varphi_2=0.0947\pm0.3360$$

$$\theta_1 = 0.3430 \pm 0.3640$$

由于$\varphi_2$和$\theta_1$的置信区间均包含 0，$\varphi_2 \approx 0$，而$\theta_1$偏大。考虑拟合 ARMA（1,1）模型，则其精解为

$$\varphi_1 = 1.0043 \pm 0.0078$$

$$\theta_1 = 0.4265 \pm 0.1465$$

$$S_l = 613.22$$

经$F$检验证明 ARMA（1,1）模型与 ARMA（2,1）模型之间不存在显著差异，且 ARMA（1,1）模型参数及其置信区间不满足模型修正条件，故最终合适的模型为 ARMA（1,1）模型，即

$$y_k = 1.0043 y_{k-1} - 0.4265 a_{k-1} + a_k$$

5）预测

根据最终合适的 ARMA（1,1）模型，对 1993 年、1994 年 G$_上$点两年的水平位移值进行了预测，预测值与实测值比较列于表 4.1 中，其中预测误差为预测值与实测值之差。

**表 4.1　G$_上$点预测值与实测值比较**　　（单位：mm）

| 观测时间 | 实测值 | 预测值 | 预测误差 | 观测时间 | 实测值 | 预测值 | 预测误差 |
|---|---|---|---|---|---|---|---|
| 1993 年 1 月 | 47.2 | 45.52 | −1.68 | 1994 年 1 月 | 47.4 | 47.90 | 0.50 |
| 1993 年 2 月 | 46.2 | 45.71 | −0.49 | 1994 年 2 月 | 47.9 | 48.10 | 0.20 |
| 1993 年 3 月 | 47.9 | 45.91 | −1.99 | 1994 年 3 月 | 49.0 | 48.31 | −0.69 |
| 1993 年 4 月 | 48.0 | 46.10 | −1.90 | 1994 年 4 月 | 47.8 | 48.51 | 0.71 |
| 1993 年 5 月 | 46.5 | 46.30 | −0.20 | 1994 年 5 月 | 52.1 | 48.72 | −3.38 |
| 1993 年 6 月 | 45.3 | 46.50 | 1.20 | 1994 年 6 月 | 50.3 | 48.92 | −1.38 |
| 1993 年 7 月 | 45.7 | 46.69 | 0.99 | 1994 年 7 月 | 48.1 | 49.13 | 1.03 |
| 1993 年 8 月 | 45.8 | 46.89 | 1.09 | 1994 年 8 月 | 46.5 | 49.34 | 2.84 |
| 1993 年 9 月 | 47.8 | 47.09 | −0.71 | 1994 年 9 月 | 48.4 | 49.55 | 1.15 |
| 1993 年 10 月 | 46.0 | 47.29 | 1.29 | 1994 年 10 月 | 48.8 | 49.76 | 0.96 |
| 1993 年 11 月 | 48.0 | 47.49 | −0.51 | 1994 年 11 月 | 48.2 | 49.98 | 1.78 |
| 1993 年 12 月 | 49.1 | 47.69 | −1.41 | 1994 年 12 月 | 48.9 | 50.19 | 1.29 |

从表 4.1 中可以看出，预测误差最小为 0.20mm，最大为−3.38mm，仅有 2 个预测误差超过 2mm，而这 2 个预测误差出现在数据突变的地方。表明预测效果较为理想。

# 4.7　基于灰色模型的时间序列模型

控制论中的系统辨识方法是建立在输入与输出的因果关系完全清楚、输入与输出等价的基础之上的，而研究的变形是一个系统，通常其输入非常复杂，因果关系非常模糊，因而控制论中的系统辨识方法不能直接引用。进行系统分析的主要目的之一是反演输入与输出之间的关系。

灰色模型与时间序列模型是基于输出的等价系统的动态模型。灰色模型可以直接处理非平稳时间序列，但由于灰色模型对噪声没有进行处理，因此其建模的精度较低。时间序列模型要求时间序列必须是零均值和平稳的，因此其应用范围受到一定的限制。如果将时间序列模型应用到非平稳时间序列中，则需进行相应的处理。

变形体的变形通常是一个非平稳时间序列，常常包含确定性和随机性部分。确定性部分称为趋势项，它可以通过对变形时间序列建立灰色模型求得。随机部分是一个零均值的平稳时间序列，可建立时间序列模型。

## 4.7.1　非平稳时间序列的建模方法

非平稳时间序列的建模不论采用什么方法，都涉及趋势项的处理和随机部分的处理[22]。

根据趋势项的特征，通常将趋势项分为常量趋势、线性趋势、多项式趋势和周期趋势等。

根据对趋势项处理的方法不同，又可将非平稳时间序列的建模方法分为两类，即直接剔除法和趋势项提取法。

直接剔除法是通过某些处理方法（主要是差分方法）将确定性部分从非平稳时间序列中直接剔除掉，再对平稳时间序列建模。直接剔除法包括 ARIMA 模型法、季节性模型法（也称周期项剔除法）及 $x$−11 法等。直接剔除法是一种常用的方法，相当于对非平稳时间序列进行曲线拟合。但是直接剔除法不能得到趋势项的具体形式，因而难以揭示系统的动态特性和进行系统分析。

趋势项提取法是从非平稳时间序列中提取确定性部分并将它用明确的函数关系式表达，然后对剩下的平稳时间序列建模。将两部分组合就得到非平稳时间序列模型。在这类建模方法中，由于趋势项特征的多样性，常用的多元分析中的逐步回归法显得非常烦琐，且趋势项的物理意义不明显，给系统分析带来一定的难度。本节提出的基于灰色模型的时间序列模型也属于趋势项提取法。这种方法的特点是用灰色模型提取趋势项，再对剩下的部分建立时间序列模型。这种方法建模简单，趋势项的物理意义比较明确，而且灰色模型实际上相当于混合特征趋势项的提取。

### 4.7.2　基于灰色模型的时间序列模型的建立

若记非平稳时间序列$\{x_t\}$的确定性部分为$\{d_t\}$，平稳随机部分为$\{\varepsilon_t\}$，则有[22]

$$x_t = d_t + \varepsilon_t \quad (t=1,2,\cdots,N) \tag{4.75}$$

式中：$d_t$为灰色模型（GM）趋势项；$\varepsilon_t$为从$x_t$中提取了$d_t$后用时间序列（ARMA）模型描述的平稳随机部分。

1．GM 趋势项

在实际建模过程中，GM 趋势项可采用 GM（1,1）模型或者 GM（2,1）模型。若 GM 趋势项为 GM（1,1）模型，则式（4.75）中的$d_t$为

$$d_t = (-ax_1 + u)\mathrm{e}^{-a(t-1)} \tag{4.76}$$

若趋势项中包含有周期趋势时，使用 GM（1,1）模型就不能得到平稳时间序列$\{\varepsilon_t\}$，此时可以使用 GM（2,1）模型提取趋势项。GM（2,1）模型的建模方法参见 3.7 节。

2．ARMA 项

非平稳时间序列$\{x_t\}$经趋势项$\{d_t\}$提取后，剩下的$\{\varepsilon_t\}$为零均值的平稳时间序列。一般情况下，该平稳时间序列是相关的。ARMA 项的作用是把这一相关的平稳时间序列转化为白噪声序列。

根据时间序列分析理论，$\varepsilon_t$的表达式为

$$\varepsilon_t = \varphi_1\varepsilon_{t-1} + \varphi_2\varepsilon_{t-2} + \cdots + \varphi_n\varepsilon_{t-n} + a_t - \theta_1 a_{t-1} - \theta_2 a_{t-2} - \cdots - \theta_m a_{t-m} \tag{4.77}$$

式中：$\varphi_i$为自回归系数（$i=1,2,\cdots,n$）；$\theta_j$为滑动平均参数（$j=1,2,\cdots,m$）；$a_t$为白噪声序列。式（4.77）也称为 ARMA（$n,m$）模型。

3．基于灰色模型的时间序列模型的物理意义

从基于灰色模型的时间序列模型的建模方法可知，基于灰色模型的时间序列模型的功能可以从以下几个角度来理解[22]：

（1）从数理统计的角度来理解，模型是将非平稳的相关时间序列转化为独立时间序列的转换器。

（2）从信号处理的角度来理解，式（4.75）中，若 $t$ 时刻是过去时刻，模型是平滑值，因此模型就是平滑器；若 $t$ 时刻是现在时刻，模型是滤波值，因此模型就是滤波器；若 $t$ 时刻是未来时刻，模型是预测值，因此模型就是预测器。

（3）从信息论的角度来理解，模型所用的变形量序列$\{x_t\}$可视为系统的输出，而 $a$、$u$、$\varphi_i$、$\theta_j$ 是基于$\{x_t\}$按某种方法估计出的模型参数。因此，系统特性与系统工作状态的所有信息都蕴含在$\{x_t\}$中数据取值的大小及先后顺序中，因而也就蕴含在这些参数中。这种信息的凝聚性也称为数据压缩。从而不仅可以依据参数进行系统分析、模式识别、故障诊断，而且还可以依据模型参数复原原始信号$\{x_t\}$。

（4）从系统分析的角度来理解，模型是基于输出的等价系统的动力学方程。由于模型将非平稳信号转化为白噪声信号，因此模型是基于输出等价系统的理想模型。

### 4.7.3　模型分析

GM 模型建模过程中，原始序列$\{x_t\}$的累加生成可以使$\{x_t\}$中所蕴含的确定性信息得到加强，而随机成分大大减弱，因此 GM 项提取趋势是精确的。GM 项的精确性决定了大部分随机和伪随机信息都存在于时间序列$\{\varepsilon_t\}$中。因此能对$\{\varepsilon_t\}$建立 ARMA（$n,m$）模型，较精确地进行相关分析和频谱分析，因此基于灰色模型的时间序列模型的可分性高。常用的直接剔除法由于趋势项剔除不充分，使得时间序列中仍然包含趋势信息，致使相关分析和频谱分析不准确。其他趋势项提取法由于趋势项提取不完全，使得趋势项包含一些随机信息，因而相关分析和频谱分析也不准确。

由于基于灰色模型的时间序列模型的可分性高，就可以分别利用灰色系统理论和时间序列分析理论的系统分析方法去分析基于灰色模型的时间序列模型描述的等价系统。这种系统分析的思路反映了灰色理论和时间序列分析理论在系统分析中的互补性，因而能更全面、更深入地分析系统的特性。

1. 趋势分析

趋势项是系统输出的主导成分，它反映了系统输出的发展态势。

GM（1,1）趋势项的表达式[22]为

$$d_t = (-ax_1 + u)\mathrm{e}^{-a(t-1)}$$

在变形体这一系统中，$|a|$一般较小，当 $a>0$ 时，随着 $t$ 的增大，$d_t \to 0$，说明该变形体是逐渐稳定的；当 $a<0$ 时，随着 $t$ 的增大，$d_t$ 也增大，说明该变形体是不稳定的，且活动逐渐增强。因此 $a$ 是描述变形体是否稳定的一个重要指标。

2. 相关分析

基于灰色模型的时间序列模型趋势项的提取相当于从非平稳时间序列中剔除趋势项，从统计的角度讲，当样本长度足够大的时候，非平稳时间序列的统计性质与 ARMA 模型的平稳时间序列完全一致，其原因是基于灰色模型的时间序列模型的可分性高。因此，非平稳时间序列的相关性分析与 ARMA 模型的相关性分析相同。

自协方差函数 $R_K$ 表达了非平稳时间序列 $x_t$ 与 $x_{t-k}$（即 $\varepsilon_t$ 与 $\varepsilon_{t-k}$）之间的相关关系，它描述了时间序列$\{x_t\}$的全部统计特性。由时间序列分析理论知

$$R_K=\sigma_a^2\sum_{j=0}^{\infty}G_jG_{j+k}\quad（k=0,1,2,\cdots,N-1）\tag{4.78}$$

式中：$\sigma_a^2$ 为基于灰色模型的时间序列模型的白噪声序列$\{a_t\}$的方差；$G$ 为基于灰色模型的时间序列模型中 ARMA 项的格林（Green）函数。

由于式（4.78）中$\sum$的上限是∞，因此从理论上讲 $R_K$ 不受样本长度“加窗”的影响，比通常由原始数据计算 $R_K$ 优越。

## 4.8　基于时变参数灰色模型的 ARMA 模型

灰色预测模型和时间序列模型是变形监测分析预报中应用比较广泛的两种模型，二者都有各自的优点和局限性。传统的 GM（1,1）灰色预测模型，一旦模型建立，模型中的参数就保持恒定不变。而在实际中，变形量受到各种因素的影响和制约，预测模型的参数实际上是各种影响因素的综合反映，并不是恒定不变的，而是随时间变化的，因而传统的 GM（1,1）预测模型并不能反映变形的实际物理意义；灰色预测模型实质是一个指数函数模型，其预测的几何图形是一条平滑的曲线，要么单调递增，要么单调递减。进行长期预测时，预测值往往偏高或偏低，因而对随机波动性较大的时间序列数据拟合较差，预测精度较低。由于变形体的变形通常是非平稳序列，通常包括趋势项和随机项。而 ARMA（$n,m$）模型要求时间序列数据平稳，传统的方法是通过对原始数据进行差分预处理使数据序列平稳，此种方式有时候预测效果不是很理想。基于上述考虑，本节建立了基于时变参数灰色模型的 ARMA 模型。利用时变参数的灰色模型提取趋势项，利用残差部分建立 ARMA 模型进行拟合，这种模型克服了单一模型的不足，提高了预测精度。

1. 时间序列的 ARMA（$n,m$）模型

对于平稳、正态、零均值的时间序列$\{y_t\}$，若$y_t$的取值不仅与其前面$n$步的各个取值$y_{t-1},y_{t-2},\cdots,y_{t-n}$（$n=1,2,\cdots$）有关，而且还与前$m$步的各个干扰$a_{t-1}$，$a_{t-2},\cdots,a_{t-m}$（$m=1,2,\cdots$）有关，按多元线性回归的思想，可得到最一般的 ARMA 模型：

$$y_t=\varphi_1 y_{t-1}+\varphi_2 y_{t-2}+\cdots+\varphi_n y_{t-n}-\theta_1\varepsilon_{t-1}-\theta_2\varepsilon_{t-2}-\cdots-\theta_m\varepsilon_{t-m}+\varepsilon_t \tag{4.79}$$

其中

$$\varepsilon_t\sim N(0,\sigma_0^2)$$

式中：$\varphi_i$（$i=1,2,\cdots,n$）称为自回归参数；$\theta_j$（$j=1,2,\cdots,m$）称为滑动平均参数；$\{\varepsilon_t\}$为白噪声序列。式（4.79）表示一个$n$阶自回归、$m$阶滑动平均模型，记为 ARMA（$n,m$）模型。

2. 基于时变参数灰色模型的 ARMA 模型的建模步骤[23]

（1）对非平稳时间序列数据$x^{(0)}=\{x^{(0)}(1),x^{(0)}(2),\cdots,x^{(0)}(t),\cdots\}$建立时变参数灰色 GM（1,1）模型，利用式（3.76）计算$\hat{x}^{(1)}(t)$，对$\hat{x}^{(1)}(t)$作累减生成（IAGO），可得到还原数据$\hat{x}^{(0)}(t)=\hat{x}^{(1)}(t+1)-\hat{x}^{(1)}(t)$，并求残差序列$y_t=x^{(0)}(t)-\hat{x}^{(0)}(t)$（$t=1,2,\cdots,n$）。

（2）对残差序列进行平稳性检验，若残差序列仍然含有趋势项，则重复第一步继续对残差序列建立时变参数灰色 GM（1,1）模型提取残差中的趋势项，直到残差序列满足平稳性。

（3）对平稳的残差序列$y_t$建立 ARMA（$n,m$）模型。利用 AIC 准则确定模型的阶数，即$n$和$m$的值，并根据最小二乘原理求解自回归参数$\varphi_i$（$i=1,2,\cdots,n$）和滑动平均参数$\theta_j$（$j=1,2,\cdots,m$）。

（4）对建立的 ARMA（$n$，$m$）模型进行检验，计算模型误差$\varepsilon_t=y_t-\sum_{i=1}^{n}\varphi_i y_{t-i}+\sum_{j=1}^{m}\theta_j\varepsilon_{t-j}$。利用博克斯-皮尔斯（Box-Pierce）的 Q 统计量法对误差序列进行检验，判断误差序列$\varepsilon_t$是否具有随机性。若通过检验则模型适合，否则对模型进行改进。

（5）建立基于时变参数灰色模型的 ARMA 模型

$$x^{(0)}(t)=\hat{x}^{(0)}(t)+\sum_{i=1}^{p}\varphi_i y_{t-i}-\sum_{j=1}^{q}\theta_j\varepsilon_{t-j}+\varepsilon_t \tag{4.80}$$

式中：$\hat{x}^{(0)}(t)$ 为时变参数灰色 GM（1,1）模型部分，即为趋势项；后三项为残差序列$\{y_t\}$的 ARMA 模型部分，即随机波动项。

3. 算例[23]

某地铁 1 号线全长 21. 72km，其中地下线长 14. 43km，沿线隧道结构上均匀布设了沉降监测点。监测点埋设在道床轨道外侧约 0.3m 的地方，点间距离一般 20～30m，在沉降量较大的区域点间距离为 5m。以二等水准的要求进行观测，所用仪器为 Topcon DL-101C 精密电子水准仪。从 2004 年 6 月 6 日到 2007 年 11 月 10 日共定期进行了 50 期沉降监测。以 LK01+470 监测点为例，用前 40 期累积沉降量数据建立数学模型并对后 10 期累积沉降量进行预测，并与实测数据进行比较。

首先用前 40 期数据建立时变参数灰色 GM（1,1）模型提取序列的趋势项，通过计算对比发现，当 $a(t)$ 和 $u(t)$ 用较高次数的多项式拟合时，其模型拟合效果并不理想。所以采用较低次的多项式拟合，经模型检验，取 $p=1$、$q=1$ 时模型拟合效果最好。此时 $a(t)=0.1492-0.000\,43\,t$，$u(t)=-11.7918+6.5773\,t$。对剩余残差序列$\{y_t\}$利用 ADF 法检验残差序列的平稳性，经检验后满足平稳性。利用残差序列建立 ARMA（$n,m$）模型，根据 AIC 准则确定模型的阶数为 $n=3$，$m=2$，经检验 ARMA（3,2）模型无显著差异。ARMA（3,2）模型为

$$y_t=2.002\,y_{t-1}-1.424\,y_{t-2}+0.3066\,y_{t-3}-1.742\,\varepsilon_{t-1}+0.9409\,\varepsilon_{t-2}+\varepsilon_t$$

用该组合模型对后 10 期数据进行预测，几种预测模型的预测误差对照列入表 4.2 中，其中模型 1 为 GM（1,1）模型，模型 2 为 ARMA（$n,m$）模型，模型 3 为基于 GM（1,1）模型的 ARMA（$n,m$）模型，模型 4 为基于时变参数 GM（1,1）模型的 ARMA（$n,m$）模型，预测误差为预测值与实测值之差。

**表 4.2　几种预测模型预测误差对照**　　（单位：mm）

| 期号 | 实测值 | 模型 1 的误差 | 模型 2 的误差 | 模型 3 的误差 | 模型 4 的误差 |
|---|---|---|---|---|---|
| 41 | 53.16 | 8.72 | 1.14 | 1.92 | −0.41 |
| 42 | 52.94 | 10.45 | 2.78 | 4.23 | 0.14 |
| 43 | 53.66 | 11.29 | 3.47 | 5.76 | −0.15 |
| 44 | 53.79 | 12.75 | 4.72 | 7.98 | 0.13 |
| 45 | 54.77 | 13.40 | 5.11 | 9.42 | −0.51 |
| 46 | 53.64 | 16.21 | 7.59 | 13.02 | 0.91 |
| 47 | 53.79 | 17.77 | 8.80 | 15.37 | 1.00 |

续表

| 期号 | 实测值 | 模型 1 的误差 | 模型 2 的误差 | 模型 3 的误差 | 模型 4 的误差 |
|---|---|---|---|---|---|
| 48 | 53.06 | 20.25 | 10.87 | 18.61 | 1.97 |
| 49 | 54.29 | 20.82 | 10.99 | 19.87 | 0.98 |
| 50 | 54.80 | 22.16 | 11.82 | 21.84 | 0.75 |

表 4.2 表明，基于时变参数灰色模型的 ARMA 模型其预测精度明显高于其他模型。时变参数 GM（1,1）模型较好地提取了非平稳序列中的趋势项部分，而 ARMA（$n,m$）模型则较好地拟合了序列的随机项部分，从而使基于时变参数灰色模型的 ARMA 模型的预测精度得到较好改善。

# 第 5 章　卡尔曼滤波模型

## 5.1　基于运动模型的卡尔曼滤波模型

卡尔曼滤波技术是 20 世纪 60 年代由卡尔曼（Kalman）等提出的一种递推式滤波算法，它是一种对动态系统进行实时数据处理的有效方法。测绘界开展了多方面的卡尔曼滤波技术的应用研究工作，尤其是在变形预测方面，该技术应用较为广泛。

卡尔曼滤波模型是以极大验后估计或最小方差估计为根据推导出来的，它是用前一个估计值或最近一个观测数据来估计当前值，它是一种递推式的滤波方法，这种方法不要求保存全部历史数据，它能够快速、实时地处理海量的复测变形数据，并且将参数估计与预报结合起来，在滤波过程中模型参数不断发生变化，从而提高了模型的拟合精度[24]。

### 5.1.1　卡尔曼滤波模型的基本理论

离散线性系统的卡尔曼滤波模型的状态方程和观测方程分别[25-26]为

$$\boldsymbol{X}_{k+1} = \boldsymbol{\Phi}_{k+1,k}\boldsymbol{X}_k + \boldsymbol{F}_{k+1,k}\boldsymbol{\Omega}_k \tag{5.1}$$

$$\boldsymbol{L}_{k+1} = \boldsymbol{B}_{k+1}\boldsymbol{X}_{k+1} + \boldsymbol{\Delta}_{k+1} \tag{5.2}$$

式中：$\boldsymbol{X}_{k+1}$ 和 $\boldsymbol{L}_{k+1}$ 分别为 $t_{k+1}$ 时刻的状态向量和观测向量；$\boldsymbol{\Phi}_{k+1,k}$ 为 $t_k$ 时刻至 $t_{k+1}$ 时刻的状态转移矩阵；$\boldsymbol{F}_{k+1,k}$ 为 $t_k$ 时刻至 $t_{k+1}$ 时刻的动态噪声矩阵；$\boldsymbol{B}_{k+1}$ 为 $t_{k+1}$ 时刻的观测矩阵；$\boldsymbol{\Omega}_k$ 和 $\boldsymbol{\Delta}_k$ 分别为 $t_k$ 时刻的动态噪声和观测噪声。

所谓离散线性系统的状态估计，就是利用观测向量 $\boldsymbol{L}_1, \boldsymbol{L}_2, \cdots, \boldsymbol{L}_k$，根据其数学模型求定 $t_j$ 时刻状态向量 $\boldsymbol{X}_j$ 的最佳估值。通常把所得到的估计量记为 $\boldsymbol{X}(j/k)$，它可分为以下三种情况。

（1）当 $j=k$ 时，称 $\boldsymbol{X}(k/k)$ 为最佳滤波值，并把 $\boldsymbol{X}(k/k)$ 的求定过程称为卡尔曼滤波。

（2）当 $j>k$ 时，称 $\boldsymbol{X}(j/k)$ 为最佳预测值，并把 $\boldsymbol{X}(j/k)$ 的求定过程称为预测或外推。

（3）当 $j<k$ 时，称 $\boldsymbol{X}(j/k)$ 为最佳平滑值，并把 $\boldsymbol{X}(j/k)$ 的求定过程称为平滑或内插。

卡尔曼滤波模型的随机模型为

$$\begin{cases} E(\boldsymbol{\Omega}_k)=0,\ E(\boldsymbol{\Delta}_k)=0,\ \operatorname{cov}(\boldsymbol{\Omega}_k,\boldsymbol{\Omega}_j)=D_{\boldsymbol{\Omega}}(k)\delta_{kj},\ \operatorname{cov}(\boldsymbol{\Delta}_k,\boldsymbol{\Delta}_j)=D_{\boldsymbol{\Delta}}(k)\delta_{kj} \\ \operatorname{cov}(\boldsymbol{\Omega}_k,\boldsymbol{\Delta}_j)=0,\ E(\boldsymbol{X}_0)=\mu_{\boldsymbol{X}}(0)=\boldsymbol{X}(0/0),\ \operatorname{var}(\boldsymbol{X}_0)=D_{\boldsymbol{X}}(0) \\ \operatorname{cov}(\boldsymbol{X}_0,\boldsymbol{\Omega}_k)=0,\ \operatorname{cov}(\boldsymbol{X}_0,\boldsymbol{\Delta}_k)=0 \end{cases} \tag{5.3}$$

其中：当 $j=k$ 时，$\delta_{kj}=1$；当 $j\neq k$ 时，$\delta_{kj}=0$。且 $E(\boldsymbol{\Omega}_k)$ 为 $\boldsymbol{\Omega}_k$ 的数学期望；$E(\boldsymbol{\Delta}_k)$ 为 $\boldsymbol{\Delta}_k$ 的数学期望；$\operatorname{cov}(\boldsymbol{\Omega}_k,\boldsymbol{\Omega}_j)$ 为 $\boldsymbol{\Omega}_k$ 与 $\boldsymbol{\Omega}_j$ 的协方差；$D_{\boldsymbol{\Omega}}(k)$ 为 $\boldsymbol{\Omega}_k$ 的方差；$\operatorname{cov}(\boldsymbol{\Delta}_k,\boldsymbol{\Delta}_j)$ 为 $\boldsymbol{\Delta}_k$ 与 $\boldsymbol{\Delta}_j$ 的协方差；$D_{\boldsymbol{\Delta}}(k)$ 为 $\boldsymbol{\Delta}_k$ 的方差；$\operatorname{cov}(\boldsymbol{\Omega}_k,\boldsymbol{\Delta}_j)$ 为 $\boldsymbol{\Omega}_k$ 与 $\boldsymbol{\Delta}_j$ 的协方差；$E(\boldsymbol{X}_0)$ 为 $\boldsymbol{X}_0$ 的数学期望；$\operatorname{var}(\boldsymbol{X}_0)$ 为 $\boldsymbol{X}_0$ 的方差；$\operatorname{cov}(\boldsymbol{X}_0,\boldsymbol{\Omega}_k)$ 为 $\boldsymbol{X}_0$ 与 $\boldsymbol{\Omega}_k$ 的协方差；$\operatorname{cov}(\boldsymbol{X}_0,\boldsymbol{\Delta}_k)$ 为 $\boldsymbol{X}_0$ 与 $\boldsymbol{\Delta}_k$ 的协方差。

由状态方程、观测方程和随机模型，即可推出如下卡尔曼滤波方程[25-26]：

$$\begin{cases} \boldsymbol{X}(k/k)=\boldsymbol{X}(k/k-1)+\boldsymbol{J}_k[\boldsymbol{L}_k-\boldsymbol{B}_k\boldsymbol{X}(k/k-1)] \\ D_{\boldsymbol{X}}(k/k)=[\boldsymbol{I}-\boldsymbol{J}_k\boldsymbol{B}_k]D_{\boldsymbol{X}}(k/k-1) \end{cases} \tag{5.4}$$

式中：$\boldsymbol{I}$ 为单位矩阵，且

$$\begin{cases} \boldsymbol{X}(k/k-1)=\boldsymbol{\Phi}_{k,k-1}\boldsymbol{X}(k-1/k-1) \\ D_{\boldsymbol{X}}(k/k-1)=\boldsymbol{\Phi}_{k,k-1}D_{\boldsymbol{X}}(k-1/k-1)\boldsymbol{\Phi}_{k,k-1}^{\mathrm{T}}+\boldsymbol{F}_{k,k-1}D_{\boldsymbol{\Omega}}(k-1)\boldsymbol{F}_{k,k-1}^{\mathrm{T}} \\ \boldsymbol{J}_k=D_{\boldsymbol{X}}(k/k-1)\boldsymbol{B}_k^{\mathrm{T}}[\boldsymbol{B}_kD_{\boldsymbol{X}}(k/k-1)\boldsymbol{B}_k^{\mathrm{T}}+D_{\boldsymbol{\Delta}}(k)]^{-1} \end{cases} \tag{5.5}$$

若 $\boldsymbol{F}_{k+1,k}=\boldsymbol{I}$，即 $\boldsymbol{F}_{k+1,k}$ 为单位矩阵，则有如下离散线性系统的卡尔曼滤波模型的状态方程和观测方程：

$$\boldsymbol{X}_{k+1}=\boldsymbol{\Phi}_{k+1,k}\boldsymbol{X}_k+\boldsymbol{\Omega}_k \tag{5.6}$$

$$\boldsymbol{L}_{k+1}=\boldsymbol{B}_{k+1}\boldsymbol{X}_{k+1}+\boldsymbol{\Delta}_{k+1} \tag{5.7}$$

式（5.5）变为

$$\begin{cases} \boldsymbol{X}(k/k-1)=\boldsymbol{\Phi}_{k,k-1}\boldsymbol{X}(k-1/k-1) \\ D_{\boldsymbol{X}}(k/k-1)=\boldsymbol{\Phi}_{k,k-1}D_{\boldsymbol{X}}(k-1/k-1)\boldsymbol{\Phi}_{k,k-1}^{\mathrm{T}}+D_{\boldsymbol{\Omega}}(k-1) \\ \boldsymbol{J}_k=D_{\boldsymbol{X}}(k/k-1)\boldsymbol{B}_k^{\mathrm{T}}[\boldsymbol{B}_kD_{\boldsymbol{X}}(k/k-1)\boldsymbol{B}_k^{\mathrm{T}}+D_{\boldsymbol{\Delta}}(k)]^{-1} \end{cases} \tag{5.8}$$

### 5.1.2　状态方程和观测方程的建立

可以将变形看作时间的函数，由于变形观测（如滑坡变形观测）的时间间隔较短（一般为一个月观测一次），且变形量的变化较小，现将 $t_{k+1}$ 时刻的变形量 $x(t_{k+1})$ 在 $t_k$ 时刻用泰勒级数展开得[27]

$$x(t_{k+1}) = x(t_k) + \left(\frac{\partial x}{\partial t}\right)_{t_k}(t_{k+1}-t_k) + \frac{1}{2}\left(\frac{\partial^2 x}{\partial t^2}\right)_{t_k}(t_{k+1}-t_k)^2 + \frac{1}{6}\left(\frac{\partial^3 x}{\partial t^3}\right)_{t_k}(t_{k+1}-t_k)^3 + g_k \tag{5.9}$$

在式（5.9）中，令

$$v_k = \left(\frac{\partial x}{\partial t}\right)_{t_k}, \quad a_k = \left(\frac{\partial^2 x}{\partial t^2}\right)_{t_k}, \quad s_k = \frac{1}{6}\left(\frac{\partial^3 x}{\partial t^3}\right)_{t_k}, \quad x_k = x(t_k)$$

则式（5.9）可以写成下列形式：

$$x_{k+1} = x_k + v_k(t_{k+1}-t_k) + \frac{1}{2}a_k(t_{k+1}-t_k)^2 + s_k(t_{k+1}-t_k)^3 + g_k \tag{5.10}$$

式中：$v_k$ 为 $t_k$ 时刻的变形速度；$a_k$ 为 $t_k$ 时刻的变形加速度；$s_k$ 为时间变化的三次方对变形的影响；$g_k$ 为泰勒级数的余项，其值微小，可以看作数学期望为 0 的动态噪声。

令

$$v_{k+1} = v_k + a_k(t_{k+1}-t_k) + c_k \tag{5.11}$$

$$a_{k+1} = a_k + r_k \tag{5.12}$$

$$s_{k+1} = s_k + p_k \tag{5.13}$$

式中：$c_k$、$r_k$、$p_k$ 分别为微小的扰动，也可以分别看作数学期望为 0 的动态噪声。

将式（5.10）～式（5.13）写成矩阵形式，得

$$\begin{bmatrix} x_{k+1} \\ v_{k+1} \\ a_{k+1} \\ s_{k+1} \end{bmatrix} = \begin{bmatrix} 1 & (t_{k+1}-t_k) & \frac{1}{2}(t_{k+1}-t_k)^2 & (t_{k+1}-t_k)^3 \\ 0 & 1 & (t_{k+1}-t_k) & 0 \\ 0 & 0 & 1 & 0 \\ 0 & 0 & 0 & 1 \end{bmatrix} \begin{bmatrix} x_k \\ v_k \\ a_k \\ s_k \end{bmatrix} + \begin{bmatrix} g_k \\ c_k \\ r_k \\ p_k \end{bmatrix} \tag{5.14}$$

在上式中，令

$$\boldsymbol{X}_k = \begin{bmatrix} x_k \\ v_k \\ a_k \\ s_k \end{bmatrix}, \quad \boldsymbol{\Phi}_{k+1,k} = \begin{bmatrix} 1 & (t_{k+1}-t_k) & \frac{1}{2}(t_{k+1}-t_k)^2 & (t_{k+1}-t_k)^3 \\ 0 & 1 & (t_{k+1}-t_k) & 0 \\ 0 & 0 & 1 & 0 \\ 0 & 0 & 0 & 1 \end{bmatrix}, \quad \boldsymbol{\Omega}_k = \begin{bmatrix} g_k \\ c_k \\ r_k \\ p_k \end{bmatrix}$$

则式（5.14）可以写成下列形式：

$$\boldsymbol{X}_{k+1}=\boldsymbol{\Phi}_{k+1,k}\boldsymbol{X}_k+\boldsymbol{\Omega}_k \tag{5.15}$$

上式即为卡尔曼滤波法的状态方程。

对于变形观测，有

$$l_{k+1}=x_{k+1}+\Delta_{k+1} \tag{5.16}$$

令

$$\boldsymbol{L}_{k+1}=\left[l_{k+1}\right],\quad \boldsymbol{B}_{k+1}=\begin{bmatrix}1 & 0 & 0 & 0\end{bmatrix}$$

则式（5.16）可以写成下列形式：

$$\boldsymbol{L}_{k+1}=\boldsymbol{B}_{k+1}\boldsymbol{X}_{k+1}+\boldsymbol{\Delta}_{k+1} \tag{5.17}$$

上式即为卡尔曼滤波法的观测方程。

由状态方程（5.15）及观测方程（5.17），并顾及随机模型（5.3），由卡尔曼滤波方程（5.8）即可进行卡尔曼滤波。

### 5.1.3　算例

基于上述建模思路，选取 2006 年现有树坪滑坡地表位移变形监测点 ZG88（该点位于滑坡的中下部，变形相对较大）的水平位移变形监测资料进行了计算[27]。根据变形监测资料分析，水平位移变形监测的中误差（方差）取 $D_{\Delta}(k)=\pm 1\text{mm}$，另外，计算时取

$$\boldsymbol{X}(0/0)=\begin{bmatrix}448.5\\0\\0\\0\end{bmatrix}$$

式中：448.5 为 2005 年 12 月 ZG88 点的水平位移变形监测值。

本次计算取

$$\boldsymbol{D}_{\boldsymbol{X}}(0/0)=D_{\boldsymbol{X}}(0)=\begin{bmatrix}1&0&0&0\\0&1&0&0\\0&0&1&0\\0&0&0&1\end{bmatrix},\quad \boldsymbol{D}_{\boldsymbol{\Omega}}(k)=\begin{bmatrix}1&0&0&0\\0&1&0&0\\0&0&1&0\\0&0&0&1\end{bmatrix}$$

有关计算结果见表 5.1，其中监测值为 ZG88 点水平位移变形监测值；滤波值为使用卡尔曼滤波法求出的相应观测时刻的拟合值；残差为滤波值与监测值之差。

表 5.1　ZG88 点水平位移变形监测值与相应的滤波值　（单位：mm）

| 观测时间 | 监测值 | 滤波值 | 残差 |
|---|---|---|---|
| 2006 年 1 月 12 日 | 468.6 | 468.3 | −0.3 |
| 2006 年 2 月 20 日 | 471.5 | 471.3 | −0.2 |
| 2006 年 3 月 18 日 | 487.1 | 486.0 | −1.1 |
| 2006 年 4 月 18 日 | 498.9 | 499.3 | 0.4 |
| 2006 年 5 月 18 日 | 525.3 | 524.6 | −0.7 |
| 2006 年 6 月 16 日 | 551.3 | 551.1 | −0.2 |
| 2006 年 7 月 16 日 | 577.1 | 577.8 | 0.7 |
| 2006 年 8 月 17 日 | 594.3 | 595.6 | 1.3 |
| 2006 年 9 月 19 日 | 623.0 | 622.3 | −0.7 |
| 2006 年 10 月 17 日 | 624.3 | 625.2 | 0.9 |
| 2006 年 11 月 11 日 | 639.0 | 638.1 | −0.9 |
| 2006 年 12 月 16 日 | 650.6 | | |

由表 5.1 可以看出，使用卡尔曼滤波法求出的残差较小，最大为 1.3mm，最小只有−0.2mm，且仅有两个残差超过 1mm，其余残差都小于 1mm。另外，残差的符号有正有负，表明残差具有随机性。本例计算时，卡尔曼滤波法的拟合误差较小，采用卡尔曼滤波法预测 2006 年 12 月 16 日 ZG88 点水平位移变形值为 648.9mm，而 2006 年 12 月 16 日 ZG88 点水平位移变形监测值为 650.6mm，预测误差为 1.7mm，预测效果较好。本节使用泰勒级数建立变形与时间的函数关系，并将泰勒级数的余项及时间变化的二次方及三次方的系数的变化量看作数学期望为 0 的动态噪声，建立卡尔曼滤波模型，并用于树坪滑坡变形的预测预报。实例计算表明，卡尔曼滤波模型的拟合效果和预测效果良好，可用于土质滑坡变形的短期预测预报。

## 5.2　基于指数趋势模型的卡尔曼滤波模型

有些学者采用指数趋势模型进行变形预测，指数趋势模型是一种非线性模型[28]，其模型形式为

$$y = a\mathrm{e}^{bt}$$

式中：$a$ 和 $b$ 为模型的参数；$t$ 为观测时间；$y$ 为模型的拟合值。指数趋势模型将模型的参数 $a$ 和 $b$ 看作定值，因此，模型的拟合误差较大，预测效果也不太理想。为了提高模型的拟合精度及预测效果，可以将指数趋势模型通过变量代换，转换

成线性模型，再将转化后的线性模型的模型参数看作带有动态噪声的状态向量，建立卡尔曼滤波模型，并以此为基础进行变形预测。

### 5.2.1　指数趋势模型的线性化

对指数趋势模型 $y = a\mathrm{e}^{bt}$ 取自然对数得

$$\ln y = \ln a + bt \tag{5.18}$$

在式（5.18）中令

$$y' = \ln y\text{，}\quad a' = \ln a$$

则式（5.18）变为如下线性化形式：

$$y' = a' + bt \tag{5.19}$$

由最小二乘法即可求出 $a'$ 及 $b$，由 $a'$ 即可求出 $a$，由 $a$ 及 $b$ 即可求出指数趋势模型的剩余标准差及相关指数，以指数趋势模型为基础即可进行相应的变形预测。

指数趋势模型将模型的参数 $a$ 和 $b$ 看作定值，进行变形预测，在一定程度上限制了模型适应观测数据的能力，从而使模型的拟合误差较大，变形预测效果也受到一定的影响，为此，我们可以将线性化后的模型参数 $a'$ 和 $b$ 看作带有动态噪声的状态向量，建立卡尔曼滤波模型，由于在卡尔曼滤波过程中，模型参数 $a'$ 和 $b$ 不断发生变化，从而提高了卡尔曼滤波模型适应观测数据的能力，在某种程度上也提高了变形预测的精度。

### 5.2.2　基于指数趋势模型的卡尔曼滤波模型的建立

为了提高指数趋势模型的拟合精度，可以将线性化后的指数趋势模型的模型参数 $a'$ 和 $b$ 看作带有动态噪声的状态向量，用卡尔曼滤波法进行滤波，求出状态向量的最佳估值，最后进行相应的预测。为此，建立如下模型[29]：

$$y'_k = a' + bt_k + \varDelta_k \tag{5.20}$$

式中：$a'$ 和 $b$ 为线性化后的指数趋势模型的模型参数；$t_k$ 为观测时间；$y'_k$ 为变形观测值的自然对数；$\varDelta_k$ 为 $t_k$ 时刻的观测噪声。

在式（5.20）中，令

$$\boldsymbol{L}_k=\left[y_k'\right],\quad \boldsymbol{B}_k=\left[1\quad t_k\right],\quad \boldsymbol{X}_k=\begin{bmatrix}a'\\ b\end{bmatrix}$$

则式（5.20）变为

$$\boldsymbol{L}_k=\boldsymbol{B}_k\boldsymbol{X}_k+\boldsymbol{\Delta}_k \tag{5.21}$$

式（5.21）即为相应的观测方程。为了便于卡尔曼滤波，我们将 $\boldsymbol{X}_k$ 看作包含有动态噪声的状态向量，则有

$$\boldsymbol{X}_{k+1}=\boldsymbol{X}_k+\boldsymbol{\Omega}_k$$

即

$$\boldsymbol{X}_{k+1}=\boldsymbol{\Phi}_{k+1,k}\boldsymbol{X}_k+\boldsymbol{\Omega}_k \tag{5.22}$$

式中：$\boldsymbol{\Phi}_{k+1,k}=\boldsymbol{I}$，即 $\boldsymbol{\Phi}_{k+1,k}$ 为单位矩阵。根据式（5.22）和式（5.21），则有卡尔曼滤波模型的状态方程和观测方程：

$$\begin{cases}\boldsymbol{X}_{k+1}=\boldsymbol{\Phi}_{k+1,k}\boldsymbol{X}_k+\boldsymbol{\Omega}_k\\ \boldsymbol{L}_{k+1}=\boldsymbol{B}_{k+1}\boldsymbol{X}_{k+1}+\boldsymbol{\Delta}_{k+1}\end{cases} \tag{5.23}$$

根据状态方程和观测方程（5.23）并顾及随机模型，由卡尔曼滤波方程即可求出 $t_k$ 时刻 $a'$ 及 $b$ 的滤波值，进而求出 $a$ 及 $b$ 的滤波值，由 $a$ 及 $b$ 即可求出卡尔曼滤波模型的拟合值。

### 5.2.3 算例

根据上述的建模思路，选取链子崖危岩体 1978～1988 年 $G_A$ 点的位移观测资料进行了计算[29]。由观测资料分析可知：

变形观测误差为 $D_{\Delta}(k)=\pm 1\text{mm}$，另外在计算时，取

$$\boldsymbol{X}(0/0)=\begin{bmatrix}2.889\,32\\ 0.128\,62\end{bmatrix}$$

即指数趋势模型参数的计算值。

本次计算取

$$\boldsymbol{D}_{\boldsymbol{X}}(0/0)=D_{\boldsymbol{X}}(0)=\begin{bmatrix}1&0\\0&1\end{bmatrix},\quad \boldsymbol{D}_{\boldsymbol{\Omega}}(k)=\begin{bmatrix}1&0\\0&1\end{bmatrix}$$

有关计算结果见表 5.2。

表 5.2　$G_A$ 点位移观测值与相应的滤波值　　　　（单位：mm）

| 观测时间 | 观测值 | 模型 1 的拟合值 | 模型 1 的残差 | 模型 2 的拟合值 | 模型 2 的残差 |
|---|---|---|---|---|---|
| 1978 年 12 月 | 10.32 | 20.45 | 10.13 | 13.45 | 3.13 |
| 1979 年 12 月 | 26.96 | 23.26 | −3.70 | 25.60 | −1.36 |
| 1980 年 12 月 | 34.07 | 26.45 | −7.62 | 34.43 | 0.36 |
| 1981 年 12 月 | 38.65 | 30.08 | −8.57 | 39.17 | 0.52 |
| 1982 年 12 月 | 42.98 | 34.21 | −8.77 | 43.32 | 0.34 |
| 1983 年 12 月 | 44.93 | 38.90 | −6.03 | 45.20 | 0.27 |
| 1984 年 12 月 | 47.16 | 44.24 | −2.92 | 47.33 | 0.17 |
| 1985 年 12 月 | 48.38 | 50.31 | 1.93 | 48.52 | 0.14 |
| 1986 年 12 月 | 49.95 | 57.22 | 7.27 | 50.04 | 0.09 |
| 1987 年 12 月 | 51.75 | 65.07 | 13.32 | 51.82 | 0.07 |
| 1988 年 12 月 | 52.50 | | | | |

注：模型 1 为指数趋势模型；模型 2 为卡尔曼滤波模型。残差为模型的拟合值与观测值之差。模型 1 的剩余标准差为 8.69mm，模型 1 的相关指数为 0.768 933；模型 2 的剩余标准差为 1.24mm，模型 2 的相关指数为 0.995 829。模型 1 预测 $G_A$ 点 1988 年 12 月的位移量为 74.01mm，而同期位移量的观测值为 52.50mm，预测误差为 21.51mm；模型 2 预测 $G_A$ 点 1988 年 12 月的位移量为 53.27mm，预测误差为 0.77mm。模型 1 预测 $G_A$ 点 1989 年 12 月、1990 年 12 月、1991 年 12 月的位移量分别为 84.16mm、95.71mm、108.85mm；模型 2 预测 $G_A$ 点同期的位移量分别为 55.64mm、57.89mm、59.32mm。

由表 5.2 中可以看出，模型 1（指数趋势模型）的剩余标准差为 8.69mm，相关指数为 0.768 933，所有残差大于 1mm，最大残差为 13.32mm，最小残差为 1.93mm。而模型 2（卡尔曼滤波模型）的剩余标准差为 1.24mm，相关指数为 0.995 829，除前面两个残差大于 1mm 外，其余残差都小于 1mm，且最后两个残差小于 0.1mm。

指数趋势模型预测 1988 年 12 月 $G_A$ 点的位移量为 74.01mm，而 1988 年 12 月 $G_A$ 点位移量的观测值为 52.50mm，预测误差为 21.51mm。卡尔曼滤波模型预测 1988 年 12 月 $G_A$ 点的位移量为 53.27mm，而 1988 年 12 月 $G_A$ 点位移量的观测值为 52.50mm，预测误差为 0.77mm。因此，卡尔曼滤波模型的拟合精度及预测精度高于指数趋势模型的拟合精度及预测精度，其预测效果较为理想。

本节将指数趋势模型的模型参数作为状态向量，用卡尔曼滤波法进行变形分析，在卡尔曼滤波过程中，模型参数不断变化，从而增强了模型适应观测数据的能力，提高了相应的建模精度，实例计算也证明了这一点。而指数趋势模型将变形模型的模型参数作为定值，从而在一定程度上限制了模型适应观测数据的能力，降低了相应的建模精度，实例计算也证明了这一点。

尽管指数趋势模型的建模精度比卡尔曼滤波模型的建模精度低，但是卡尔曼滤波模型是以指数趋势模型为基础建立起来的，指数趋势模型是卡尔曼滤波模型的基础。将指数趋势模型的模型参数作为状态向量，用卡尔曼滤波法进行变形预测，其模型的适应性较强，建模精度及变形预测精度较高，预测效果也较为理想。

## 5.3 基于双曲线模型的卡尔曼滤波模型

文献[30]建立双曲线模型，并用双曲线模型对某建筑物的沉降量进行预测。双曲线模型形式为

$$S_t = S_0 + \frac{t}{a+bt}$$

式中：$S_0$ 为建筑物的初期沉降量；$t$ 为观测时刻；$a$ 和 $b$ 为双曲线模型的模型参数；$S_t$ 为 $t$ 时刻建筑物的沉降量。由于双曲线模型将模型的模型参数作为定值，从而在一定程度上限制了模型适应观测数据的能力，因此，模型的拟合误较大，预测效果往往不太理想。为了提高模型的拟合精度及预测效果，可以将双曲线模型的模型参数看作带有动态噪声的状态向量，建立基于双曲线模型的卡尔曼滤波模型，并以此为基础对建筑物的沉降量进行预测。实例计算表明，基于双曲线模型的卡尔曼滤波模型其拟合误差较小，预测效果也较为理想。

### 5.3.1 双曲线模型

双曲线模型可以改写成

$$\frac{t}{S_t - S_0} = a + bt \tag{5.24}$$

在式（5.24）中令 $y = \dfrac{t}{S_t - S_0}$，则式（5.24）可以写成下列形式：

$$y = a + bt \tag{5.25}$$

根据沉降观测序列，由最小二乘法即可求出式（5.25）中的模型参数 $a$ 和 $b$，进而对建筑物的沉降量进行预测。

### 5.3.2 基于双曲线模型的卡尔曼滤波模型的建立

为了提高双曲线模型的拟合精度，我们可以将双曲线模型的模型参数 $a$ 和 $b$ 看作带有动态噪声的状态向量，用卡尔曼滤波法进行滤波，求出状态向量的最佳估值，最后进行建筑物沉降量的预测。为此，建立如下模型[31]：

$$y_k = a + bt_k + \varDelta_k \tag{5.26}$$

式中：$a$ 和 $b$ 为双曲线模型的模型参数；$t_k$ 为观测时刻；$\Delta_k$ 为 $t_k$ 时刻的观测噪声；$y_k = \dfrac{t_k}{S_{t_k} - S_0}$。

在式（5.26）中，令

$$\boldsymbol{L}_k = \left[ y_k \right], \quad \boldsymbol{B}_k = \left[ 1 \quad t_k \right], \quad \boldsymbol{X}_k = \begin{bmatrix} a \\ b \end{bmatrix}$$

则式（5.26）变为

$$\boldsymbol{L}_k = \boldsymbol{B}_k \boldsymbol{X}_k + \boldsymbol{\Delta}_k \tag{5.27}$$

式（5.27）即为相应的观测方程。为了便于卡尔曼滤波，我们将 $\boldsymbol{X}_k$ 看作包含有动态噪声的状态向量，则有

$$\boldsymbol{X}_{k+1} = \boldsymbol{X}_k + \boldsymbol{\Omega}_k$$

即

$$\boldsymbol{X}_{k+1} = \boldsymbol{\Phi}_{k+1,k} \boldsymbol{X}_k + \boldsymbol{\Omega}_k \tag{5.28}$$

式中：$\boldsymbol{\Phi}_{k+1,k} = \boldsymbol{I}$，即 $\boldsymbol{\Phi}_{k+1,k}$ 为单位矩阵。根据式（5.28）和式（5.27），则有卡尔曼滤波模型的状态方程和观测方程：

$$\begin{cases} \boldsymbol{X}_{k+1} = \boldsymbol{\Phi}_{k+1,k} \boldsymbol{X}_k + \boldsymbol{\Omega}_k \\ \boldsymbol{L}_{k+1} = \boldsymbol{B}_{k+1} \boldsymbol{X}_{k+1} + \boldsymbol{\Delta}_{k+1} \end{cases} \tag{5.29}$$

根据状态方程和观测方程（5.29）并顾及随机模型，由卡尔曼滤波方程即可求出 $t_k$ 时刻 $a$ 及 $b$ 的滤波值，由 $a$ 及 $b$ 即可求出卡尔曼滤波模型的拟合值，进而求出沉降量的拟合值。

### 5.3.3　算例

根据上述建模思路，选取某建筑物 $J_6$ 监测点的沉降观测数据（其中 2013 年 1 月至 11 月的沉降观测值用于建模，且将 2013 年 1 月的沉降观测值作为初期沉降量，2013 年 12 月的沉降观测值用于与预测值进行比较）进行了计算[31]。由观测资料分析知：沉降观测误差为 $D_\Delta(k) = \pm 1\text{mm}$，另外，计算时取

$$\boldsymbol{X}(0/0) = \begin{bmatrix} 0.513\,51 \\ 0.026\,69 \end{bmatrix}$$

即双曲线模型参数的计算值，状态向量的初始值及动态噪声可以认为是独立不相关的，此时可以取

$$\boldsymbol{D}_{\boldsymbol{X}}(0/0)=\boldsymbol{D}_{\boldsymbol{X}}(0)=\begin{bmatrix}1 & 0\\ 0 & 1\end{bmatrix},\quad \boldsymbol{D}_{\boldsymbol{\Omega}}(k)=\begin{bmatrix}1 & 0\\ 0 & 1\end{bmatrix}$$

有关计算结果见表 5.3，其中模型 1 为双曲线模型，模型 2 为基于双曲线模型的卡尔曼滤波模型，残差为模型的拟合值与观测值之差。

**表 5.3　某建筑物 $J_6$ 监测点沉降观测数据与相应的滤波值**　（单位：mm）

| 观测时间 | 观测值 | 模型 1 的拟合值 | 模型 1 的残差 | 模型 2 的拟合值 | 模型 2 的残差 |
|---|---|---|---|---|---|
| 2013 年 2 月 | 12.22 | 11.831 | −0.389 | 12.130 | −0.090 |
| 2013 年 3 月 | 13.78 | 13.508 | −0.272 | 13.839 | 0.059 |
| 2013 年 4 月 | 14.11 | 15.034 | 0.924 | 14.192 | 0.082 |
| 2013 年 5 月 | 16.34 | 16.429 | 0.089 | 16.668 | 0.328 |
| 2013 年 6 月 | 17.65 | 17.708 | 0.058 | 17.640 | −0.010 |
| 2013 年 7 月 | 18.12 | 18.886 | 0.766 | 18.134 | 0.014 |
| 2013 年 8 月 | 20.33 | 19.975 | −0.355 | 20.301 | −0.029 |
| 2013 年 9 月 | 21.01 | 20.983 | −0.027 | 21.014 | 0.004 |
| 2013 年 10 月 | 22.17 | 21.920 | −0.250 | 22.166 | −0.004 |
| 2013 年 11 月 | 23.38 | 22.793 | −0.587 | 23.376 | −0.004 |
| 2013 年 12 月 | 24.03 | | | | |

由表 5.3 可以看出，模型 1（双曲线模型）的残差相对较大，最大的残差为 0.924mm，最小的残差为−0.027mm。而模型 2（基于双曲线模型的卡尔曼滤波模型）的残差相对较小，所有残差都小于 0.33mm，且最大的残差为 0.328mm，最小的残差为 0.004mm，表明基于双曲线模型的卡尔曼滤波模型的模型拟合精度较高。另外，基于双曲线模型的卡尔曼滤波模型的残差符号有正有负，正负残差基本上各占一半，表明基于双曲线模型的卡尔曼滤波模型的残差具有随机性。

双曲线模型预测 $J_6$ 点 2013 年 12 月的沉降量为 23.608mm，而 $J_6$ 点 2013 年 12 月的沉降观测值为 24.03mm，预测误差为−0.422mm，预测误差相对较大；基于双曲线模型的卡尔曼滤波模型预测 $J_6$ 点 2013 年 12 月的沉降量为 24.211mm，预测误差为 0.181mm，预测误差相对较小，预测效果较好。

## 5.4　基于灰色模型的卡尔曼滤波模型

在监测数据比较稳定且数据量较小时，建立灰色模型就能得到预测精度较高的结果。但在实际观测过程中，由于各种未知或非确定因素的影响，不可避免地

使观测结果含有多种随机扰动误差，这将影响预测结果的精度，而卡尔曼滤波能有效剔除随机扰动误差的影响，从而获得更为接近真实情况的有用信息。为此，可以将这两种方法结合起来进行大坝的变形预测。

### 5.4.1　卡尔曼滤波方程的确定

在变形测量中，假设监测点位移速度的均值不变，在卡尔曼滤波过程中将监测点的位置及其位移速度作为状态参数，将位移加速度作为动态噪声。若 $t_k$ 时刻某监测点的位移为 $x_k$，位移速度为 $u_k$，位移加速度为 $\boldsymbol{\Omega}_k$，则有状态方程

$$\boldsymbol{X}_{k+1}=\begin{bmatrix}x_{k+1}\\u_{k+1}\end{bmatrix}=\begin{bmatrix}1&\Delta t_{k+1}\\0&1\end{bmatrix}\begin{bmatrix}x_k\\u_k\end{bmatrix}+\begin{bmatrix}\dfrac{1}{2}\Delta t_{k+1}^2\\\Delta t_{k+1}\end{bmatrix}\boldsymbol{\Omega}_k \tag{5.30}$$

其中

$$\Delta t_{k+1}=t_{k+1}-t_k$$

设 $t_k$ 时刻的观测向量为 $\boldsymbol{L}_k$，则有观测方程

$$\boldsymbol{L}_{k+1}=\begin{bmatrix}1&0\end{bmatrix}\begin{bmatrix}x_{k+1}\\u_{k+1}\end{bmatrix}+\boldsymbol{\Delta}_{k+1} \tag{5.31}$$

令

$$\boldsymbol{\Phi}_{k+1,k}=\begin{bmatrix}1&\Delta t_{k+1}\\0&1\end{bmatrix},\quad \boldsymbol{F}_{k+1,k}=\begin{bmatrix}\dfrac{1}{2}\Delta t_{k+1}^2\\\Delta t_{k+1}\end{bmatrix},\quad \boldsymbol{B}_{k+1}=\begin{bmatrix}1&0\end{bmatrix}$$

则有状态方程和观测方程

$$\boldsymbol{X}_{k+1}=\boldsymbol{\Phi}_{k+1,k}\boldsymbol{X}_k+\boldsymbol{F}_{k+1,k}\boldsymbol{\Omega}_k \tag{5.32}$$

$$\boldsymbol{L}_{k+1}=\boldsymbol{B}_{k+1}\boldsymbol{X}_{k+1}+\boldsymbol{\Delta}_{k+1} \tag{5.33}$$

由状态方程和观测方程并顾及随机模型，由卡尔曼滤波方程即可进行卡尔曼滤波。

### 5.4.2　灰色 GM（1,1）模型

设监测点各期位移数据组成的时间序列为

$$x^{(0)}=\{x^{(0)}(1),x^{(0)}(2),x^{(0)}(3),\cdots,x^{(0)}(n)\} \tag{5.34}$$

对 $x^{(0)}$ 序列进行一次累加，得到新的时间序列

$$x^{(1)}=\{x^{(1)}(1),x^{(1)}(2),x^{(1)}(3),\cdots,x^{(1)}(n)\} \tag{5.35}$$

其中

$$x^{(1)}(k)=\sum_{i=1}^{k}x^{(0)}(i) \tag{5.36}$$

对此生成的序列建立一阶微分方程

$$\frac{\mathrm{d}x^{(1)}}{\mathrm{d}t}+\otimes ax^{(1)}=\otimes u \tag{5.37}$$

其白化值为$\hat{\boldsymbol{a}}=[a\quad u]^{\mathrm{T}}$，用最小二乘法求解得

$$\hat{\boldsymbol{a}}=[a\quad u]^{\mathrm{T}}=(\boldsymbol{B}^{\mathrm{T}}\boldsymbol{B})^{-1}\boldsymbol{B}^{\mathrm{T}}\boldsymbol{y}_N \tag{5.38}$$

其中

$$\boldsymbol{B}=\begin{bmatrix}-\dfrac{1}{2}(x^{(1)}(2)+x^{(1)}(1)) & 1\\ -\dfrac{1}{2}(x^{(1)}(3)+x^{(1)}(2)) & 1\\ \vdots & \vdots\\ -\dfrac{1}{2}(x^{(1)}(n)+x^{(1)}(n-1)) & 1\end{bmatrix},\quad \boldsymbol{y}_N=\begin{bmatrix}x^{(0)}(2)\\ x^{(0)}(3)\\ \vdots\\ x^{(0)}(n)\end{bmatrix}$$

将$\hat{\boldsymbol{a}}$代入式（5.37），则得到下列微分方程：

$$\hat{x}^{(1)}(k+1)=[x^{(0)}(1)-\frac{u}{a}]\mathrm{e}^{-ak}+\frac{u}{a} \tag{5.39}$$

对$\hat{x}^{(1)}(k+1)$作累减生成，可得还原时间序列

$$\hat{x}^{(0)}(k+1)=\hat{x}^{(1)}(k+1)-\hat{x}^{(1)}(k) \tag{5.40}$$

### 5.4.3 实例计算

岩滩水电站大坝坝顶水平位移采用引张线进行监测，共设有 28 个测点。引张线测点 Y06-1 测值波动较大，便于卡尔曼滤波去噪处理，故选取该测点 2005 年 9 月 1 日至 10 日共 10 期自动化监测值，先进行卡尔曼滤波处理，获取消除随机干扰的数据，然后分别对原始监测数据和滤波处理后的监测数据建立 GM（1,1）模型，借此反映测点 Y06-1 处坝顶水平位移的变化趋势[32]。

1）卡尔曼滤波数据处理

由于监测值为等时间间隔，即$\Delta t_{k+1}=1$，则

$$\boldsymbol{\Phi}_{k+1,k}=\begin{bmatrix}1&1\\0&1\end{bmatrix},\quad \boldsymbol{F}_{k+1,k}=\begin{bmatrix}0.5\\1\end{bmatrix}$$

计算时取

$$D_{\Delta}(k)=\pm 0.309\,487,\quad \boldsymbol{X}(0/0)=\begin{bmatrix}-2.05\\0\end{bmatrix},$$

$$\boldsymbol{D}_{\boldsymbol{X}}(0/0)=\boldsymbol{D}_{\boldsymbol{X}}(0)=\begin{bmatrix}1&0\\0&1\end{bmatrix},\quad D_{\Omega}(k)=1$$

有关计算结果列于表 5.4 中，其中残差为滤波值与监测值之差。

**表 5.4　原始监测值与卡尔曼滤波值**　　（单位：mm）

| 监测期数 | 监测值 | 滤波值 | 残差 |
|---|---|---|---|
| 1 | 2.05 | 2.050 | 0.000 |
| 2 | 2.08 | 2.070 | −0.010 |
| 3 | 2.35 | 2.282 | −0.068 |
| 4 | 2.27 | 2.311 | 0.041 |
| 5 | 2.32 | 2.335 | 0.015 |
| 6 | 2.38 | 2.379 | −0.001 |
| 7 | 2.53 | 2.495 | −0.035 |
| 8 | 2.61 | 2.604 | −0.006 |
| 9 | 3.02 | 2.942 | −0.078 |
| 10 | 2.83 | 2.923 | 0.093 |

2）基于卡尔曼滤波的灰色模型的计算

取表 5.4 中的原始监测数据和卡尔曼滤波值分别进行计算，用于对比两者的预测结果。其中前 5 期的数据作为灰色建模数据，后 5 期的数据用于灰色预测，以比较两者的预测效果。相关计算结果列于表 5.5 中，其中模型 1 为 GM（1,1）模型，模型 2 为基于卡尔曼滤波的 GM（1,1）模型，残差为拟合值与观测值之差。

**表 5.5　两个模型的拟合值及残差**　　（单位：mm）

| 监测期数 | 观测值 | 模型 1 的拟合值 | 模型 1 的残差 | 模型 2 的拟合值 | 模型 2 的残差 |
|---|---|---|---|---|---|
| 1 | 2.05 | 2.050 | 0.000 | 2.050 | 0.000 |
| 2 | 2.08 | 2.162 | 0.082 | 2.130 | 0.050 |
| 3 | 2.35 | 2.223 | −0.127 | 2.208 | −0.142 |
| 4 | 2.27 | 2.285 | 0.015 | 2.288 | 0.018 |
| 5 | 2.32 | 2.350 | 0.030 | 2.372 | 0.052 |

续表

| 监测期数 | 观测值 | 模型 1 的拟合值 | 模型 1 的残差 | 模型 2 的拟合值 | 模型 2 的残差 |
|---|---|---|---|---|---|
| 6 | 2.38 | 2.416 | 0.036 | 2.459 | 0.079 |
| 7 | 2.53 | 2.484 | −0.046 | 2.549 | 0.019 |
| 8 | 2.61 | 2.555 | −0.055 | 2.642 | 0.032 |
| 9 | 3.02 | 2.627 | −0.393 | 2.739 | −0.281 |
| 10 | 2.83 | 2.701 | −0.129 | 2.839 | 0.009 |

由表 5.5 可知，基于卡尔曼滤波的 GM（1,1）模型的残差及预测误差总体小于 GM（1,1）模型。

## 5.5　基于 AR（1）模型的卡尔曼滤波模型

由于 AR（auto-regression）（1）模型结构比较简单且计算比较方便，且在变形预测中用得比较多，然而单纯的 AR（1）模型，把模型参数作为定值，变形数据拟合误差及变形预测误差一般比较大。为了解决这个问题，本节将 AR（1）模型的模型参数看作状态向量，利用卡尔曼滤波法进行变形预测，实例计算表明，其拟合效果及预测效果较好。

### 5.5.1　AR（$n$）模型的建立

一般地，我们可以将$k$时刻的变形向量$y_k$看作是一个时间序列$\{y_k\}$，则时间序列$\{y_k\}$的 AR（$n$）模型[33]为

$$y_k = \varphi_1 y_{k-1} + \varphi_2 y_{k-2} + \cdots + \varphi_n y_{k-n} + a_k \tag{5.41}$$

对于 AR（1）模型，有

$$y_k = \varphi_1 y_{k-1} + a_k \tag{5.42}$$

### 5.5.2　基于 AR（1）模型的卡尔曼滤波模型的建立[34]

在式（5.42）中令

$$\boldsymbol{X}_{k+1} = [\varphi_1],\quad \boldsymbol{B}_{k+1} = [y_{k-1}],\quad \boldsymbol{\varDelta}_{k+1} = [a_k],\quad \boldsymbol{L}_{k+1} = [y_k]$$

则式（5.42）变为

$$\boldsymbol{L}_{k+1} = \boldsymbol{B}_{k+1}\boldsymbol{X}_{k+1} + \boldsymbol{\varDelta}_{k+1} \tag{5.43}$$

此式即为相应的观测方程。对于平稳 AR（1）序列，有[35]

$$\boldsymbol{X}_{k+1} = \boldsymbol{X}_k + \boldsymbol{\Omega}_k$$

即

$$\boldsymbol{X}_{k+1} = \boldsymbol{\Phi}_{k+1,k}\boldsymbol{X}_k + \boldsymbol{\Omega}_k$$

式中：$\boldsymbol{\Phi}_{k+1,k} = \boldsymbol{I}$，即 $\boldsymbol{\Phi}_{k+1,k}$ 为单位矩阵。则有卡尔曼滤波法的状态方程和观测方程

$$\begin{cases} \boldsymbol{X}_{k+1} = \boldsymbol{\Phi}_{k+1,k}\boldsymbol{X}_k + \boldsymbol{\Omega}_k \\ \boldsymbol{L}_{k+1} = \boldsymbol{B}_{k+1}\boldsymbol{X}_{k+1} + \boldsymbol{\Delta}_{k+1} \end{cases} \tag{5.44}$$

### 5.5.3 算例

根据上述的建模思路，选取长江三峡链子崖危岩体临江段 1991～1992 年对两点 $G_上$和 $F_上$的垂直变形观测资料进行了计算，由观测资料分析可知：$D_{\Delta}(k) = \pm 1.5\text{mm}$，另外在计算时，取 $X(0/0) = 0$，$D_X(0/0) = D_X(0) = 1$，$D_{\Omega}(k) = 1$，由式（5.44），利用卡尔曼滤波方程式即可进行相关的计算。有关的计算结果见表 5.6 和表 5.7，其中残差为滤波值与观测值之差。

**表 5.6　$G_上$点垂直变形观测值与观测值的滤波值比较表**　（单位：mm）

| 观测时间 | 观测值 | 滤波值 | 残差 | 观测时间 | 观测值 | 滤波值 | 残差 |
|---|---|---|---|---|---|---|---|
| 1991 年 1 月 | 34.4 | | | 1992 年 1 月 | 32.8 | 32.800 | 0.000 |
| 1991 年 2 月 | 32.7 | 32.679 | −0.021 | 1992 年 2 月 | 33.2 | 33.200 | 0.000 |
| 1991 年 3 月 | 33.2 | 33.197 | −0.003 | 1992 年 3 月 | 33.4 | 33.400 | 0.000 |
| 1991 年 4 月 | 33.3 | 33.000 | −0.300 | 1992 年 4 月 | 33.3 | 33.300 | 0.000 |
| 1991 年 5 月 | 32.5 | 32.501 | 0.001 | 1992 年 5 月 | 33.3 | 33.300 | 0.000 |
| 1991 年 6 月 | 33.3 | 33.298 | −0.002 | 1992 年 6 月 | 33.1 | 33.100 | 0.000 |
| 1991 年 7 月 | 32.6 | 32.602 | 0.002 | 1992 年 7 月 | 32.5 | 32.501 | 0.001 |
| 1991 年 8 月 | 32.1 | 32.100 | 0.000 | 1992 年 8 月 | 32.1 | 32.100 | 0.000 |
| 1991 年 9 月 | 31.5 | 31.500 | 0.000 | 1992 年 9 月 | 32.2 | 32.199 | −0.001 |
| 1991 年 10 月 | 31.9 | 31.898 | −0.002 | 1992 年 10 月 | 32.5 | 32.499 | −0.001 |
| 1991 年 11 月 | 31.6 | 31.601 | 0.001 | 1992 年 11 月 | 32.5 | 32.500 | 0.000 |
| 1991 年 12 月 | 32.2 | 32.199 | −0.001 | 1992 年 12 月 | 32.8 | | |

表 5.7　$F_上$点垂直变形观测值与观测值的滤波值比较表　（单位：mm）

| 观测时间 | 观测值 | 滤波值 | 残差 | 观测时间 | 观测值 | 滤波值 | 残差 |
|---|---|---|---|---|---|---|---|
| 1991 年 1 月 | 14.0 | | | 1992 年 1 月 | 13.80 | 13.793 | −0.007 |
| 1991 年 2 月 | 12.85 | 12.801 | −0.049 | 1992 年 2 月 | 13.70 | 13.704 | 0.004 |
| 1991 年 3 月 | 13.05 | 13.038 | −0.012 | 1992 年 3 月 | 14.60 | 14.592 | −0.008 |
| 1991 年 4 月 | 13.65 | 13.646 | −0.004 | 1992 年 4 月 | 14.60 | 14.607 | 0.007 |
| 1991 年 5 月 | 13.95 | 13.952 | 0.002 | 1992 年 5 月 | 13.10 | 13.110 | 0.010 |
| 1991 年 6 月 | 13.65 | 13.655 | 0.005 | 1992 年 6 月 | 14.60 | 14.576 | −0.024 |
| 1991 年 7 月 | 14.13 | 14.124 | −0.006 | 1992 年 7 月 | 13.60 | 13.618 | 0.018 |
| 1991 年 8 月 | 14.63 | 14.630 | 0.000 | 1992 年 8 月 | 13.70 | 13.692 | −0.008 |
| 1991 年 9 月 | 13.72 | 13.730 | 0.010 | 1992 年 9 月 | 13.40 | 13.403 | 0.003 |
| 1991 年 10 月 | 12.59 | 12.592 | 0.002 | 1992 年 10 月 | 13.80 | 13.794 | −0.006 |
| 1991 年 11 月 | 13.85 | 13.829 | −0.021 | 1992 年 11 月 | 14.10 | 14.101 | 0.001 |
| 1991 年 12 月 | 13.38 | 13.394 | 0.014 | 1992 年 12 月 | 14.4 | | |

由表 5.6 可以看出，基于 AR（1）模型的卡尔曼滤波模型求出的残差较小，残差的最大值为-0.300mm，残差的最小值为 0.000mm，$G_上$点 1992 年 12 月的实测变形值为 32.8mm，而基于 AR（1）模型的卡尔曼滤波模型求出的预测值为 32.501mm，两者之差（预测误差）为 0.299mm。

由表 5.7 可以看出，基于 AR（1）模型的卡尔曼滤波模型求出的残差也较小，残差的最大值为-0.049mm，残差的最小值为 0.000mm，$F_上$点 1992 年 12 月的实测变形值为 14.4mm，而基于 AR（1）模型的卡尔曼滤波模型求出的预测值为 14.407mm，两者之差（预测误差）为 0.007mm。

本节将 AR（1）模型中的模型参数作为状态向量，用卡尔曼滤波法进行变形预测，在卡尔曼滤波过程中，AR（1）模型中的模型参数不断变化，从而增强了模型的适应性，提高了相应的建模精度，实例计算也证明了这一点。而用单纯的 AR（1）模型进行变形预测，是将 AR（1）模型中的模型参数作为定值，从而限制了模型的适应性，降低了相应的建模精度。总之，将 AR（1）模型中的模型参数作为状态向量，用卡尔曼滤波法进行变形预测，其模型的适应性强，建模精度较高，这种分析方法可广泛用于危岩体、滑坡和大坝的变形预测。

## 5.6　基于模型筛选法的单因子卡尔曼滤波模型

2.2.1 节进行变形分析时，首先预置数个变形模型，然后以预测变形误差最小作为选择最佳模型的标准，让计算机自动寻找预测变形误差最小的变形模型。然而，2.2.1 节将变形模型的模型参数作为定值，因此变形模型的拟合误差一般比较大。为了解决这个问题，本节将选择出的最佳模型的模型参数看作状态向量（即可变值），利用卡尔曼滤波法进行变形分析，实例分析表明，这种分析方法效果较好。

### 5.6.1　基于模型筛选法的卡尔曼滤波模型[36]

为了提高变形模型的拟合精度，首先使用 2.2.1 节的方法筛选出最佳模型；然后将最佳模型的模型参数看作带有动态噪声的状态向量，用卡尔曼滤波法进行滤波，求出状态向量的最佳估值；最后进行变形预测。如 2.2.1 节求出的 PL10701 点（清江隔河岩大坝右岸拱座变形观测点）沿水库上下游方向的水平变形模型为

$$y_k = a_1 + a_2\sqrt{t_k} + a_3\sqrt[3]{t_k} + a_4 \ln t_k + \varDelta_k \tag{5.45}$$

式中：$t_k$ 为观测时间；$a_1 \sim a_4$ 为模型参数；$y_k$ 为相应的变形观测值。

在式（5.45）中令

$$\boldsymbol{L}_k = \left[y_k\right],\quad \boldsymbol{B}_k = \left[1 \quad \sqrt{t_k} \quad \sqrt[3]{t_k} \quad \ln t_k\right],\quad \boldsymbol{X}_k = \begin{bmatrix} a_1 \\ a_2 \\ a_3 \\ a_4 \end{bmatrix}$$

则式（5.45）变为

$$\boldsymbol{L}_k = \boldsymbol{B}_k \boldsymbol{X}_k + \boldsymbol{\varDelta}_k \tag{5.46}$$

式（5.46）即为相应的观测方程。为了便于卡尔曼滤波，我们将 $\boldsymbol{X}_k$ 看作包含有动态噪声的状态向量，则有

$$\boldsymbol{X}_{k+1} = \boldsymbol{X}_k + \boldsymbol{\varOmega}_k$$

即

$$\boldsymbol{X}_{k+1} = \boldsymbol{\varPhi}_{k+1,k} \boldsymbol{X}_k + \boldsymbol{\varOmega}_k \tag{5.47}$$

式中：$\boldsymbol{\varPhi}_{k+1,k} = \boldsymbol{I}$，即 $\boldsymbol{\varPhi}_{k+1,k}$ 为单位矩阵。根据式（5.47）和式（5.46），则有卡尔曼滤波法的状态方程和观测方程

$$\begin{cases} \boldsymbol{X}_{k+1} = \boldsymbol{\Phi}_{k+1,k}\boldsymbol{X}_k + \boldsymbol{\Omega}_k \\ \boldsymbol{L}_{k+1} = \boldsymbol{B}_{k+1}\boldsymbol{X}_{k+1} + \boldsymbol{\Delta}_{k+1} \end{cases} \tag{5.48}$$

### 5.6.2 算例

根据上述的建模思路，选取了 2.2.1 节中 1998 年 1～12 月 PL10701 点沿水库上下游方向的水平变形观测资料进行了计算，由观测资料分析知：变形观测误差为 $D_{\Delta}(k) = \pm 1\text{mm}$，另外，计算时，取

$$\boldsymbol{X}(0/0) = \begin{bmatrix} -260.441\,80 \\ -152.492\,10 \\ 417.084\,00 \\ -63.944\,94 \end{bmatrix}$$

即

2.2.1 节中模型参数的计算值，本次计算取

$$\boldsymbol{D}_{\boldsymbol{X}}(0/0) = \boldsymbol{D}_{\boldsymbol{X}}(0) = \begin{bmatrix} 1 & 0 & 0 & 0 \\ 0 & 1 & 0 & 0 \\ 0 & 0 & 1 & 0 \\ 0 & 0 & 0 & 1 \end{bmatrix}, \quad \boldsymbol{D}_{\boldsymbol{\Omega}}(k) = \begin{bmatrix} 1 & 0 & 0 & 0 \\ 0 & 1 & 0 & 0 \\ 0 & 0 & 1 & 0 \\ 0 & 0 & 0 & 1 \end{bmatrix}$$

由式（5.48），利用卡尔曼滤波方程即可进行相关的计算[36]。有关的计算结果见表 5.8，其中残差为滤波值与观测值之差。

**表 5.8 PL10701 点沿水库上下游方向的水平变形观测值与滤波值比较**

（单位：mm）

| 观测时间 | 平均水位 | 观测值 | 滤波值 | 残差 |
| --- | --- | --- | --- | --- |
| 1998 年 1 月 6 日 | 180.54 | 5.81 | 5.585 | −0.225 |
| 1998 年 2 月 17 日 | 174.12 | 5.72 | 5.951 | 0.231 |
| 1998 年 3 月 17 日 | 182.12 | 6.90 | 6.932 | 0.032 |
| 1998 年 5 月 18 日 | 194.12 | 7.01 | 7.093 | 0.083 |
| 1998 年 6 月 17 日 | 193.77 | 9.22 | 9.099 | −0.121 |
| 1998 年 7 月 13 日 | 193.49 | 7.16 | 7.265 | 0.105 |
| 1998 年 8 月 3 日 | 199.78 | 9.25 | 9.138 | −0.112 |
| 1998 年 8 月 7 日 | 202.36 | 11.56 | 11.435 | −0.125 |
| 1998 年 8 月 8 日 | 203.71 | 11.87 | 11.847 | −0.023 |
| 1998 年 8 月 11 日 | 198.00 | 8.90 | 9.046 | 0.146 |

续表

| 观测时间 | 平均水位 | 观测值 | 滤波值 | 残差 |
| --- | --- | --- | --- | --- |
| 1998 年 8 月 16 日 | 203.67 | 11.90 | 11.757 | −0.143 |
| 1998 年 8 月 17 日 | 202.72 | 11.63 | 11.635 | 0.005 |
| 1998 年 8 月 20 日 | 198.88 | 10.27 | 10.335 | 0.065 |
| 1998 年 8 月 24 日 | 196.25 | 8.04 | 8.149 | 0.109 |
| 1998 年 9 月 7 日 | 197.24 | 7.59 | 7.607 | 0.017 |
| 1998 年 10 月 6 日 | 189.28 | 5.88 | 5.929 | 0.049 |
| 1998 年 11 月 2 日 | 189.68 | 6.90 | 6.833 | −0.067 |
| 1998 年 12 月 8 日 | 180.65 | 6.71 | | |

由表 5.8 可以看出，残差的最大值为 0.231mm，残差的最小值为 0.005mm，远远小于 2.2.1 节表 2.1 中相应的残差值（表 2.1 中残差的最大值为 2.68mm，残差的最小值为 0.17mm），PL10701 点 1998 年 12 月 8 日的实测变形值为 6.71mm，而卡尔曼滤波模型求出的预测变形值为 5.833mm，两者之差（预测误差）为 0.877mm。这说明，卡尔曼滤波模型的建模精度高于 2.2.1 节的建模精度，同时卡尔曼滤波模型的预测误差也比较小（小于 0.9mm）。

本节将初选的最佳变形模型的模型参数作为状态向量，用卡尔曼滤波法进行变形分析，在卡尔曼滤波过程中，模型参数不断变化，从而增强了模型的适应性，提高了相应的建模精度，实例计算也证明了这一点。而 2.2.1 节使用的方法是将变形模型的模型参数作为定值，从而在一定程度上限制了模型的适应性，降低了相应的建模精度，2.2.1 节的实例计算也证明了这一点。

## 5.7　基于“+”函数的卡尔曼滤波模型

2.2.2 节考虑到不同的滑坡及同一个滑坡上不同的变形点（例如滑坡前缘和滑坡后缘上不同的变形点），由于它们所处的地理环境和地质环境不一样，因此其变形规律也不可能完全一样，利用“+”函数的概念，事先预置数个变形模型，然后以预测变形误差最小作为选择最佳变形模型的标准，让计算机自动寻找预测变形误差最小的变形模型，并以此为基础进行滑坡变形分析。然而，2.2.2 节将变形模型的模型参数作为定值，因此变形模型的拟合误差和预测误差一般比较大。为了解决这个问题，本节将选择出的最佳模型的模型参数看作含有动态噪声的状态向量（即可变值），利用卡尔曼滤波法进行滑坡变形分析，实例分析表明，这种分析方法效果较好。

### 5.7.1 模型的建立[37]

首先使用 2.2.2 节的方法确定最佳模型，然后将最佳模型的模型参数看作带有动态噪声的状态向量，用卡尔曼滤波法进行滤波，求出状态向量的最佳估值，最后进行滑坡变形的预测预报。如 2.2.2 节求出的墓坪滑坡 $BJ_6$ 点及 $BJ_7$ 点（该两点距 1995 年 7 月局部滑坡发生地较近）水平变形模型分别为

$$y_k = a_1 + a_2 \ln t_k + a_3 \sqrt{t_k} + \frac{a_4}{t_k} + (t_k - t_0)_+^0 \left[ a_5 + a_6 (t_k - t_0) + a_7 \ln(t_k - t_0) + \frac{a_8}{t_k - t_0} \right] + \Delta_k \tag{5.49}$$

$$y_k = a_1 + a_2 \ln t_k + a_3 \sqrt[3]{t_k} + \frac{a_4}{t_k} + (t_k - t_0)_+^0 \left[ a_5 + a_6 (t_k - t_0) + a_7 \ln(t_k - t_0) + \frac{a_8}{t_k - t_0} \right] + \Delta_k \tag{5.50}$$

式中：$t_0$ 为突变位移（局部滑坡发生的瞬间产生）发生的时间；$t_k$ 为观测时间；$a_1 \sim a_8$ 为模型参数，且 $a_5$ 为突变位移量；$y_k$ 为 $t_k$ 时的水平变形量；$\Delta_k$ 为模型的拟合误差。事实上，由 “+” 函数的定义知，根据 $t_k$ 的取值不同，式（5.49）和式（5.50）可分解为三个不同的表达式。

当 $t_k < t_0$ 时，则式（5.49）变为

$$y_k = a_1 + a_2 \ln t_k + a_3 \sqrt{t_k} + \frac{a_4}{t_k} + \Delta_k \tag{5.51}$$

当 $t_k = t_0$ 时，则式（5.49）变为

$$y_k = a_1 + a_2 \ln t_k + a_3 \sqrt{t_k} + \frac{a_4}{t_k} + a_5 + \Delta_k \tag{5.52}$$

当 $t_k > t_0$ 时，则式（5.49）变为

$$y_k = a_1 + a_2 \ln t_k + a_3 \sqrt{t_k} + \frac{a_4}{t_k} + a_5 + a_6 (t_k - t_0) + a_7 \ln(t_k - t_0) + \frac{a_8}{t_k - t_0} + \Delta_k \tag{5.53}$$

至于式（5.50），当 $t_k$ 取不同值时，其三个不同的表达式可依此类推。

对于 $BJ_6$ 点，在（5.49）式中，令 $\boldsymbol{L}_k = [y_k]$。

当 $t_k < t_0$ 时，在式（5.51）中，令

$$\boldsymbol{B}_k = \begin{bmatrix} 1 & \ln t_k & \sqrt{t_k} & \dfrac{1}{t_k} \end{bmatrix}，\quad \boldsymbol{X}_k = [a_1 \quad a_2 \quad a_3 \quad a_4]^{\mathrm{T}}$$

当 $t_k = t_0$ 时，在式（5.52）中，令

$$\boldsymbol{B}_k = \begin{bmatrix} 1 & \ln t_k & \sqrt{t_k} & \dfrac{1}{t_k} & 1 \end{bmatrix}，\quad \boldsymbol{X}_k = [a_1 \quad a_2 \quad a_3 \quad a_4 \quad a_5]^{\mathrm{T}}$$

当 $t_k > t_0$ 时，在式（5.53）中，令

$$\boldsymbol{B}_k = \begin{bmatrix} 1 & \ln t_k & \sqrt{t_k} & \dfrac{1}{t_k} & 1 & t_k - t_0 & \ln(t_k - t_0) & \dfrac{1}{t_k - t_0} \end{bmatrix}$$

$$\boldsymbol{X}_k = [a_1 \quad a_2 \quad a_3 \quad a_4 \quad a_5 \quad a_6 \quad a_7 \quad a_8]^{\mathrm{T}}$$

则式（5.51）～式（5.53）可写成

$$\boldsymbol{L}_k = \boldsymbol{B}_k \boldsymbol{X}_k + \boldsymbol{\varDelta}_k \tag{5.54}$$

式（5.54）即为相应的观测方程。为了便于卡尔曼滤波，将 $\boldsymbol{X}_k$ 看作包含有动态噪声的状态向量，即

$$\boldsymbol{X}_{k+1} = \boldsymbol{\varPhi}_{k+1,k} \boldsymbol{X}_k + \boldsymbol{\varOmega}_k \tag{5.55}$$

式中：$\boldsymbol{\varPhi}_{k+1,k} = \boldsymbol{I}$，即 $\boldsymbol{\varPhi}_{k+1,k}$ 为单位矩阵。根据式（5.55）和式（5.54），则有 $BJ_6$ 点的状态方程和观测方程：

$$\begin{cases} \boldsymbol{X}_{k+1} = \boldsymbol{\varPhi}_{k+1,k} \boldsymbol{X}_k + \boldsymbol{\varOmega}_k \\ \boldsymbol{L}_{k+1} = \boldsymbol{B}_{k+1} \boldsymbol{X}_{k+1} + \boldsymbol{\varDelta}_{k+1} \end{cases} \tag{5.56}$$

至于 $BJ_7$ 点，其状态方程和观测方程可类似导出。

### 5.7.2　算例

根据上述的建模思路，选取墓坪滑坡 $BJ_6$、$BJ_7$ 点 1993 年 6 月至 1996 年 11 月的水平变形观测资料进行了计算[37]，有关的计算结果见表 5.9。

**表 5.9　$BJ_6$ 点及 $BJ_7$ 点水平变形观测值及残差计算**　（单位：mm）

| 观测时间 | $BJ_6$ 点观测值 | $BJ_6$ 点残差 | $BJ_7$ 点观测值 | $BJ_7$ 点残差 |
|---|---|---|---|---|
| 1993 年 6 月 | 248.98 | −0.962 | 27.73 | −1.854 |
| 1993 年 7 月 | 504.49 | 2.688 | 57.43 | 4.326 |
| 1993 年 8 月 | 647.63 | −0.247 | 91.40 | 1.054 |

续表

| 观测时间 | $BJ_6$点观测值 | $BJ_6$点残差 | $BJ_7$点观测值 | $BJ_7$点残差 |
|---|---|---|---|---|
| 1993 年 11 月 | 834.78 | −1.936 | 196.64 | −3.642 |
| 1993 年 12 月 | 846.69 | 0.650 | 200.52 | 0.517 |
| 1994 年 3 月 | 880.29 | 0.849 | 214.64 | 1.026 |
| 1994 年 5 月 | 894.35 | 0.593 | 229.22 | −0.085 |
| 1994 年 8 月 | 975.43 | −1.403 | 244.61 | −0.120 |
| 1994 年 9 月 | 981.35 | 0.274 | 245.17 | 0.158 |
| 1994 年 10 月 | 990.86 | 0.207 | 247.66 | 0.043 |
| 1995 年 5 月 | 1107.98 | 0.064 | 268.92 | −0.271 |
| 1995 年 7 月 | 1675.37 | −0.012 | 378.20 | 0.060 |
| 1995 年 8 月 | 1706.76 | 0.001 | 392.09 | 0.002 |
| 1995 年 12 月 | 1725.12 | −0.127 | 399.88 | −0.050 |
| 1996 年 4 月 5 日 | 1740.99 | 0.213 | 406.44 | 0.086 |
| 1996 年 8 月 1 日 | 1802.37 | −0.080 | 425.51 | −0.028 |
| 1996 年 10 月 1 日 | 1834.68 | −0.021 | 435.54 | −0.009 |
| 1996 年 11 月 27 日 | 1848.98 | | 442.33 | |

由观测资料分析知：变形观测误差为 $D_{\Delta}(k)=\pm 1\text{mm}$ ，$\boldsymbol{X}(0/0)$ 取最佳模型的参数，本次计算取 $\boldsymbol{D}_{\boldsymbol{X}}(0)=\boldsymbol{I}$ 及 $\boldsymbol{D}_{\boldsymbol{\Omega}}(k)=\boldsymbol{I}$ ，其中 $\boldsymbol{I}$ 为单位矩阵，残差为滤波值与观测值之差。

对于 $BJ_6$ 点，由表 5.9 可以看出，残差的最大值为 2.688mm，残差的最小值为 0.001mm，远远小于 2.2.2 节表 2.2 中相应的残差值（2.2.2 节表 2.2 中残差的最大值为 23.40mm，残差的最小值为 0.17mm），且大多数残差小于 1mm。$BJ_6$ 点 1996 年 11 月 27 日实测变形值为 1 848.98mm，而基于“+”函数的卡尔曼滤波模型求出的预测变形值为 1 850.779mm，两者之差（预测误差）为 1.799mm。这说明，本节的建模精度高于 2.2.2 节的建模精度，同时本节的预测误差也比 2.2.2 节的小（2.2.2 节的预测误差为 6.24mm）。

对于 $BJ_7$ 点，由表 5.9 可以看出，残差的最大值为 4.326mm，残差的最小值为 0.002mm，远远小于 2.2.2 节表 2.2 中相应的残差值（2.2.2 节表 2.2 中残差的最大值为 21.46mm，残差的最小值为-0.24mm），且大多数残差小于 1mm。$BJ_7$ 点 1996 年 11 月 27 日实测变形值为 442.33mm，而基于“+”函数的卡尔曼滤波模型求出的预测变形值为 443.150mm，两者之差（预测误差）为 0.820mm。这说明本节的建模精度高于 2.2.2 节的建模精度，同时本节的预测误差也比 2.2.2 节的小（2.2.2 节的预测误差为 1.05mm）。

本节将初选的最佳变形模型的模型参数看作含有动态噪声的状态向量，用卡尔曼滤波法进行滑坡变形分析，在卡尔曼滤波过程中，模型参数不断变化，从而增强了模型的适应性，提高了相应的建模精度和预测精度，实例计算也证明了这一点。而 2.2.2 节使用的方法是将变形模型的模型参数作为定值，从而在一定程度上限制了模型的适应性，降低了相应的建模精度和预测精度，2.2.2 节的实例计算也证明了这一点。

## 5.8　基于 AR（$n$）模型的卡尔曼滤波模型

在变形分析中，人们往往采用 AR（$n$）模型建立变形模型，当 $n$ 取不同的值时，便得到不同的 AR（$n$）模型。对于处于不同位置的变形监测点，由于它们所处的位置不同，各种环境因素对它们的影响及影响程度也不同，此时，我们可以预置若干个 AR（$n$），然后选择剩余标准差最小的模型作为初选模型，再以初选的 AR（$n$）模型为基础，建立卡尔曼滤波模型，以便提高模型的拟合精度和预测精度。

### 5.8.1　AR（$n$）模型的建立[38]

一般地，我们可以将 $k$ 时刻的变形量 $y_k$ 看作是一个时间序列 $\{y_k\}$，则时间序列 $\{y_k\}$ 的 AR（$n$）模型为

$$y_k = \varphi_1 y_{k-1} + \varphi_2 y_{k-2} + \cdots + \varphi_n y_{k-n} + a_k \tag{5.57}$$

式中：$\varphi_1 \sim \varphi_n$ 为 AR（$n$）模型的参数；$a_k$ 为模型误差，假设它服从正态分布，即 $a_k \sim NID(0, \sigma_a^2)$。

若令 $k = n+1, n+2, \cdots, N$，则得

$$\begin{cases} y_{n+1} = \varphi_1 y_n + \varphi_2 y_{n-1} + \cdots + \varphi_n y_1 + a_{n+1} \\ y_{n+2} = \varphi_1 y_{n+1} + \varphi_2 y_n + \cdots + \varphi_n y_2 + a_{n+2} \\ \vdots \\ y_N = \varphi_1 y_{N-1} + \varphi_2 y_{N-2} + \cdots + \varphi_n y_{N-n} + a_N \end{cases} \tag{5.58}$$

若在式（5.58）中令 $n=1$，则得 AR（1）模型：

$$\begin{cases} y_2 = \varphi_1 y_1 + a_2 \\ y_3 = \varphi_1 y_2 + a_3 \\ \vdots \\ y_N = \varphi_1 y_{N-1} + a_N \end{cases} \tag{5.59}$$

若在式（5.58）中令$n=2$，则得 AR（2）模型：

$$\begin{cases} y_3=\varphi_1 y_2+\varphi_2 y_1+a_3 \\ y_4=\varphi_1 y_3+\varphi_2 y_2+a_4 \\ \quad\vdots \\ y_N=\varphi_1 y_{N-1}+\varphi_2 y_{N-2}+a_N \end{cases} \tag{5.60}$$

若在式（5.58）中令$n=3$，则得 AR（3）模型：

$$\begin{cases} y_4=\varphi_1 y_3+\varphi_2 y_2+\varphi_3 y_1+a_4 \\ y_5=\varphi_1 y_4+\varphi_2 y_3+\varphi_3 y_2+a_5 \\ \quad\vdots \\ y_N=\varphi_1 y_{N-1}+\varphi_2 y_{N-2}+\varphi_3 y_{N-3}+a_N \end{cases} \tag{5.61}$$

依此类推，可以得到 AR（4）、AR（5）、…、AR（$p$）模型。

## 5.8.2　AR（$n$）模型的求解

在式（5.58）中，令

$$\boldsymbol{Y}=\begin{bmatrix} y_n & y_{n-1} & \cdots & y_1 \\ y_{n+1} & y_n & \cdots & y_2 \\ \vdots & \vdots & & \vdots \\ y_{N-1} & y_{N-2} & \cdots & y_{N-n} \end{bmatrix},\quad \boldsymbol{L}=\begin{bmatrix} y_{n+1} & y_{n+2} & \cdots & y_N \end{bmatrix}^{\mathrm{T}},$$

$$\boldsymbol{\Phi}=\begin{bmatrix} \varphi_1 & \varphi_2 & \cdots & \varphi_n \end{bmatrix}^{\mathrm{T}},\quad \boldsymbol{\Delta}=\begin{bmatrix} a_{n+1} & a_{n+2} & \cdots & a_N \end{bmatrix}^{\mathrm{T}}$$

则式（5.58）变为

$$\boldsymbol{L}=\boldsymbol{Y\Phi}+\boldsymbol{\Delta} \tag{5.62}$$

$\boldsymbol{\Phi}$ 的最小二乘估值为

$$\hat{\boldsymbol{\Phi}}=(\boldsymbol{Y}^{\mathrm{T}}\boldsymbol{Y})^{-1}\boldsymbol{Y}^{\mathrm{T}}\boldsymbol{L} \tag{5.63}$$

残差为

$$\boldsymbol{V}=\boldsymbol{Y}\hat{\boldsymbol{\Phi}}-\boldsymbol{L} \tag{5.64}$$

剩余标准差为

$$S=\sqrt{\frac{\boldsymbol{V}^{\mathrm{T}}\boldsymbol{V}}{N-2n}} \tag{5.65}$$

由 $\hat{\boldsymbol{\Phi}}$ 即可求出某一时刻的预测变形量。

当 $n$ 取不同的值时，则对应有不同的 AR（$n$）模型。对于不同的变形监测点，由于它们所处的位置不同，各种环境因素对它们的影响及影响程度也不尽相同，它们的变形规律也不尽相同，对应的变形模型也就不尽相同。为此，可以预置数个模型，即 AR（1）模型、AR（2）模型、AR（3）模型、…、AR（$p$）模型，然后通过计算比较，寻找出剩余标准差最小的模型作为初选模型。

### 5.8.3　基于 AR（n）模型的卡尔曼滤波模型的建立[38]

用 AR（$n$）模型进行变形预测时，模型的参数为定值，这样将限制了模型适应变形观测数据的能力，从而使模型的残差相对较大，模型的拟合精度相对较低。为了解决这个问题，可以将初选的模型参数看作是一个平稳随机序列，即含有动态噪声的状态向量，用卡尔曼滤波法进行滤波，求出状态向量的最佳估值，并以此为基础进行变形预测。

为此，在式（5.57）中，令

$$\boldsymbol{X}_{k+1}=\begin{bmatrix}\varphi_1 & \varphi_2 & \dots & \varphi_n\end{bmatrix}^{\mathrm{T}},\ \boldsymbol{B}_{k+1}=\begin{bmatrix}y_{k-1} & y_{k-2} & \cdots & y_{k-n}\end{bmatrix},\ \boldsymbol{\Delta}_{k+1}=\begin{bmatrix}a_k\end{bmatrix},\ \boldsymbol{L}_{k+1}=\begin{bmatrix}y_k\end{bmatrix}$$

则式（5.57）变为

$$\boldsymbol{L}_{k+1}=\boldsymbol{B}_{k+1}\boldsymbol{X}_{k+1}+\boldsymbol{\Delta}_{k+1} \tag{5.66}$$

式（5.66）即为相应的观测方程。

对于平稳随机序列，有

$$\boldsymbol{X}_{k+1}=\boldsymbol{X}_k+\boldsymbol{\Omega}_k$$

即

$$\boldsymbol{X}_{k+1}=\boldsymbol{\Phi}_{k+1,k}\boldsymbol{X}_k+\boldsymbol{\Omega}_k$$

式中：$\boldsymbol{\Phi}_{k+1,k}=\boldsymbol{I}$，即 $\boldsymbol{\Phi}_{k+1,k}$ 为单位矩阵。则有卡尔曼滤波模型的状态方程：

$$\boldsymbol{X}_{k+1}=\boldsymbol{\Phi}_{k+1,k}\boldsymbol{X}_k+\boldsymbol{\Omega}_k \tag{5.67}$$

由式（5.66）的观测方程和式（5.67）的状态方程顾及卡尔曼滤波模型的随机模型即可进行滤波计算。

### 5.8.4　算例

现选取链子崖危岩体 $F_{上}$及 $S_{长}$两点 2001 年 1 月至 2002 年 12 月的沉降观测资料进行计算，计算结果见表 5.10 及表 5.11，其中残差为拟合值与观测值之差。

表 5.10　链子崖危岩体 $F_上$点成果计算　（单位：mm）

| 观测时间 | $F_上$点沉降观测值 | 模型 1 的拟合值 | 模型 1 的残差 | 模型 2 的拟合值 | 模型 2 的残差 |
|---|---|---|---|---|---|
| 2001 年 1 月 | 67.50 | 67.50 | 0.00 | 67.50 | 0.00 |
| 2001 年 2 月 | 68.20 | 68.20 | 0.00 | 68.20 | 0.00 |
| 2001 年 3 月 | 67.80 | 67.99 | 0.19 | 67.77 | −0.03 |
| 2001 年 4 月 | 67.80 | 67.96 | 0.16 | 67.84 | 0.04 |
| 2001 年 5 月 | 68.20 | 67.82 | −0.38 | 68.16 | −0.04 |
| 2001 年 6 月 | 68.00 | 68.09 | 0.09 | 67.98 | −0.02 |
| 2001 年 7 月 | 67.50 | 68.09 | 0.59 | 67.57 | 0.07 |
| 2001 年 8 月 | 67.70 | 67.69 | −0.01 | 67.73 | 0.03 |
| 2001 年 9 月 | 67.40 | 67.66 | 0.26 | 67.41 | 0.01 |
| 2001 年 10 月 | 67.80 | 67.52 | −0.28 | 67.79 | −0.01 |
| 2001 年 11 月 | 68.00 | 67.69 | −0.31 | 67.94 | −0.06 |
| 2001 年 12 月 | 68.30 | 67.96 | −0.34 | 68.25 | −0.05 |
| 2002 年 1 月 | 68.05 | 68.22 | 0.17 | 68.05 | 0.00 |
| 2002 年 2 月 | 67.90 | 68.16 | 0.26 | 67.94 | 0.04 |
| 2002 年 3 月 | 68.23 | 67.97 | −0.26 | 68.21 | −0.02 |
| 2002 年 4 月 | 68.27 | 68.14 | −0.13 | 68.23 | −0.04 |
| 2002 年 5 月 | 68.20 | 68.28 | 0.08 | 68.20 | 0.00 |
| 2002 年 6 月 | 68.17 | 68.25 | 0.08 | 68.18 | 0.01 |
| 2002 年 7 月 | 67.88 | 68.20 | 0.32 | 67.91 | 0.03 |
| 2002 年 8 月 | 67.71 | 68.00 | 0.29 | 67.76 | 0.05 |
| 2002 年 9 月 | 68.48 | 67.79 | −0.69 | 68.42 | −0.06 |
| 2002 年 10 月 | 68.20 | 68.24 | 0.04 | 68.15 | −0.05 |
| 2002 年 11 月 | 68.48 | 68.32 | −0.16 | 68.48 | 0.00 |
| 2002 年 12 月 | 68.25 | | | | |

表 5.11　链子崖危岩体 $S_长$点成果计算　（单位：mm）

| 观测时间 | $S_长$点沉降观测值 | 模型 1 的拟合值 | 模型 1 的残差 | 模型 2 的拟合值 | 模型 2 的残差 |
|---|---|---|---|---|---|
| 2001 年 1 月 | 37.90 | 37.90 | 0.00 | 37.90 | 0.00 |
| 2001 年 2 月 | 37.90 | 37.90 | 0.00 | 37.90 | 0.00 |
| 2001 年 3 月 | 38.90 | 38.90 | 0.00 | 38.90 | 0.00 |
| 2001 年 4 月 | 37.60 | 38.30 | 0.70 | 37.57 | −0.03 |
| 2001 年 5 月 | 38.30 | 38.18 | −0.12 | 38.26 | −0.04 |

续表

| 观测时间 | $S_{长}$点沉降观测值 | 模型 1 的拟合值 | 模型 1 的残差 | 模型 2 的拟合值 | 模型 2 的残差 |
|---|---|---|---|---|---|
| 2001 年 6 月 | 37.90 | 38.15 | 0.25 | 38.00 | 0.10 |
| 2001 年 7 月 | 38.10 | 38.00 | −0.10 | 38.05 | −0.05 |
| 2001 年 8 月 | 37.90 | 38.07 | 0.17 | 37.94 | 0.04 |
| 2001 年 9 月 | 37.50 | 37.98 | 0.48 | 37.54 | 0.04 |
| 2001 年 10 月 | 37.70 | 37.79 | 0.09 | 37.74 | 0.04 |
| 2001 年 11 月 | 37.80 | 37.67 | −0.13 | 37.81 | 0.01 |
| 2001 年 12 月 | 38.10 | 37.70 | −0.40 | 38.04 | −0.06 |
| 2002 年 1 月 | 37.77 | 37.90 | 0.13 | 37.76 | −0.01 |
| 2002 年 2 月 | 37.79 | 37.91 | 0.12 | 37.79 | 0.00 |
| 2002 年 3 月 | 38.20 | 37.85 | −0.35 | 38.19 | −0.01 |
| 2002 年 4 月 | 38.27 | 37.95 | −0.32 | 38.22 | −0.05 |
| 2002 年 5 月 | 37.92 | 38.15 | 0.23 | 37.91 | −0.01 |
| 2002 年 6 月 | 38.07 | 38.12 | 0.05 | 38.08 | 0.01 |
| 2002 年 7 月 | 37.70 | 38.06 | 0.36 | 37.76 | 0.06 |
| 2002 年 8 月 | 37.37 | 37.90 | 0.53 | 37.43 | 0.06 |
| 2002 年 9 月 | 38.30 | 37.65 | −0.65 | 38.28 | −0.02 |
| 2002 年 10 月 | 38.64 | 37.81 | −0.83 | 38.55 | −0.09 |
| 2002 年 11 月 | 38.45 | 38.24 | −0.21 | 38.34 | −0.11 |
| 2002 年 12 月 | 38.57 | | | | |

表 5.10 及表 5.11 中的模型 1 为 AR（$n$）模型，且表 5.10 中的模型 1 为 AR（2）模型（对应的剩余标准差最小）；表 5.11 中的模型 1 为 AR（3）模型（对应的剩余标准差最小）。

表 5.10 及表 5.11 中的模型 2 为基于 AR（$n$）模型的卡尔曼滤波模型。由观测资料分析知：沉降观测误差为 $D_{\Delta}(k)=\pm 1\text{mm}$，另外，计算时，取 $\boldsymbol{X}(0/0)$ 为相对应的 AR（$n$）模型参数的计算值。对于表 5.10，本次计算时取

$$\boldsymbol{D}_{\boldsymbol{X}}(0/0)=\boldsymbol{D}_{\boldsymbol{X}}(0)=\begin{bmatrix}1 & 0\\0 & 1\end{bmatrix},\quad \boldsymbol{D}_{\boldsymbol{\Omega}}(k)=\begin{bmatrix}1 & 0\\0 & 1\end{bmatrix}$$

对于表 5.11，本次计算时取

$$\boldsymbol{D}_{\boldsymbol{X}}(0/0)=\boldsymbol{D}_{\boldsymbol{X}}(0)=\begin{bmatrix}1 & 0 & 0\\0 & 1 & 0\\0 & 0 & 1\end{bmatrix},\quad \boldsymbol{D}_{\boldsymbol{\Omega}}(k)=\begin{bmatrix}1 & 0 & 0\\0 & 1 & 0\\0 & 0 & 1\end{bmatrix}$$

用 AR（$n$）模型建模时，$F_{上}$点的初选模型是 AR（2）模型（对应的剩余标准差最小，其剩余标准差为 0.31mm），而 $S_{长}$点的初选模型是 AR（3）模型（对应的剩余标准差最小，其剩余标准差为 0.41mm）。

表 5.10 中，由 AR（2）模型预测的 $F_{上}$点 2002 年 12 月的沉降值为 68.10mm，而 $F_{上}$点 2002 年 12 月的沉降观测值为 68.25mm，两者之差（即预测误差）为 0.15mm；表 5.11 中，由 AR(3)模型预测的 $S_{长}$点 2002 年 12 月的沉降值为 38.00mm，而 $S_{长}$点 2002 年 12 月的沉降观测值为 38.57mm，两者之差（即预测误差）为 0.57mm。

表 5.10 中，由基于 AR（2）模型的卡尔曼滤波模型预测的 $F_{上}$点 2002 年 12 月的沉降值为 68.16mm，而 $F_{上}$点 2002 年 12 月的沉降观测值为 68.25mm，两者之差（即预测误差）为 0.09mm；表 5.11 中，由基于 AR（3）模型的卡尔曼滤波模型预测的 $S_{长}$点 2002 年 12 月的沉降值为 38.27mm，而 $S_{长}$点 2002 年 12 月的沉降观测值为 38.57mm，两者之差（即预测误差）为 0.30mm。

由表 5.10 及表 5.11 可以看出，单纯的 AR（$n$）模型残差相对较大，而基于 AR（$n$）模型的卡尔曼滤波模型的残差相对较小，因此，基于 AR（$n$）模型的卡尔曼滤波模型的拟合精度高于单纯的 AR（$n$）模型。同时，从预测的效果看，基于 AR（$n$）模型的卡尔曼滤波模型的预测精度也高于单纯的 AR（$n$）模型。

本节充分考虑到处于不同位置的变形监测点，由于它们所处的位置不同，各种环境因素对它们的影响及影响程度也不同，先预置数个 AR（$n$）模型，通过计算比较，找出剩余标准差最小的模型作为初选模型，然后将初选的 AR（$n$）模型的模型参数看作含有动态噪声的状态向量，建立卡尔曼滤波模型，由于在卡尔曼滤波的过程中，模型的参数不断发生变化，从而使卡尔曼滤波模型具有较强的适应变形观测数据的能力，在某种程度上提高了模型的拟合和预测精度。而单纯的 AR（$n$）模型将模型的参数作为定值，从而在某种程度上限制了模型的拟合精度，同时也限制了模型的预测精度，实例计算也证明了这一点。

## 5.9 基于多因子的卡尔曼滤波模型

### 5.9.1 顾及时间及水位因子的卡尔曼滤波模型

2.4 节详细讨论了顾及时间及水位因子的大坝变形预测模型的建立方法，2.4 节的基本思想是事先预置数个变形与时间相关关系的变形模型，然后让计算机在这些模型中自动寻找预测变形误差最小的模型。同样，再预置数个变形与水位相关关系的变形模型，然后让计算机在这些模型中自动寻找预测变形误差最小的模型。

再以前面找出的变形与时间相关关系及变形与水位相关关系的变形模型为基础，组成新的变形与时间和水位相关关系的模型。为了提高模型的拟合精度，我们可以以变形与时间和水位相关关系的变形模型为基础，将变形与时间和水位相关关系的变形模型的模型参数看作状态向量，利用卡尔曼滤波法进行变形预测。实例计算表明，用这种方法确定的变形预测模型能够比较客观反映大坝的变形规律，而且预测效果也比较理想。

1. 顾及时间因子的大坝变形模型的建立

2.2.1 节详细讨论了顾及时间因子的大坝变形模型的建立方法，采用 2.2.1 节的方法可以找出变形与时间相关关系的最佳模型。如 PL10701 点最佳模型的形式为

$$y = a_1 + a_2\sqrt{t} + a_3\sqrt[3]{t} + a_4\ln t \tag{5.68}$$

式中：$a_1 \sim a_4$ 为模型的参数；$t$ 为观测时间；$y$ 为模型的拟合值。

2. 顾及水位因子的大坝变形模型的建立

采用 2.4 节的方法，同样可以找出变形与水位相关关系的最佳模型，如 PL10701 点最佳模型的形式为

$$y = a_1 + a_2H + a_3\ln H + \frac{a_4}{H} \tag{5.69}$$

式中：$a_1 \sim a_4$ 为模型的参数；$H$ 为观测时间为 $t$ 时的水库库水位；$y$ 为模型的拟合值。

3. 顾及时间及水位因子的大坝变形模型的建立

找出变形与时间相关关系及变形与水位相关关系的变形模型后，与 2.4 节类似可以采用叠加的方法组成新的变形与时间和水位相关关系的变形模型，如 PL10701 点其变形与时间和水位相关关系的变形模型为

$$y = a_1 + a_2\sqrt{t} + a_3\sqrt[3]{t} + a_4\ln t + a_5H + a_6\ln H + \frac{a_7}{H} \tag{5.70}$$

根据式（5.70），由 PL10701 点的变形观测值，根据观测时间和相应的水库库水位，由最小二乘法即可求出模型参数 $a_1 \sim a_7$，并以此为基础进行相应的计算。

4. 顾及时间及水位因子的卡尔曼滤波模型的建立[39]

由于式（5.70）中模型的参数 $a_1 \sim a_7$ 为定值，模型适应变形观测数据的能力较弱，为此可以将式（5.70）中的模型参数 $a_1 \sim a_7$ 看作状态向量，建立 PL10701 点的卡尔曼滤波模型，以便增强模型的适应性。其模型形式为

$$y_k = a_1 + a_2\sqrt{t_k} + a_3\sqrt[3]{t_k} + a_4 \ln t_k + a_5 H_k + a_6 \ln H_k + \frac{a_7}{H_k} + \varDelta_k \tag{5.71}$$

式中：$t_k$ 为观测时间；$H_k$ 为相应的水库库水位；$y_k$ 为相应的变形观测值。

在式（5.71）中，令

$$\boldsymbol{L}_k = \left[y_k\right],\quad \boldsymbol{B}_k = \left[1 \quad \sqrt{t_k} \quad \sqrt[3]{t_k} \quad \ln t_k \quad H_k \quad \ln H_k \quad \frac{1}{H_k}\right],$$

$$\boldsymbol{X}_k = \left[a_1 \quad a_2 \quad a_3 \quad a_4 \quad a_5 \quad a_6 \quad a_7\right]^{\mathrm{T}}$$

则式（5.71）变为

$$\boldsymbol{L}_k = \boldsymbol{B}_k \boldsymbol{X}_k + \boldsymbol{\varDelta}_k \tag{5.72}$$

式（5.72）即为相应的观测方程。为了便于卡尔曼滤波，将 $\boldsymbol{X}_k$ 看作包含有动态噪声的状态向量，则有

$$\boldsymbol{X}_{k+1} = \boldsymbol{X}_k + \boldsymbol{\Omega}_k$$

即

$$\boldsymbol{X}_{k+1} = \boldsymbol{\Phi}_{k+1,k} \boldsymbol{X}_k + \boldsymbol{\Omega}_k \tag{5.73}$$

式中：$\boldsymbol{\Phi}_{k+1,k} = \boldsymbol{I}$，即 $\boldsymbol{\Phi}_{k+1,k}$ 为单位矩阵。根据式（5.73）和式（5.72），则有卡尔曼滤波法的状态方程和观测方程

$$\begin{cases} \boldsymbol{X}_{k+1} = \boldsymbol{\Phi}_{k+1,k} \boldsymbol{X}_k + \boldsymbol{\Omega}_k \\ \boldsymbol{L}_{k+1} = \boldsymbol{B}_{k+1} \boldsymbol{X}_{k+1} + \boldsymbol{\varDelta}_{k+1} \end{cases} \tag{5.74}$$

5. 算例

根据以上思路，选取了清江隔河岩大坝右岸拱座 184m 高程的 PL10701 点 1998 年 1 月至 1998 年 12 月沿水库下游方向的水平变形观测资料进行了计算[39]，由变形观测资料分析知：变形观测误差为 $D_{\varDelta}(k) = \pm 1\text{mm}$。此外，计算时取 $\boldsymbol{X}(0/0) = [-3\,906.717\,00, -192.643\,10, 543.898\,40, -92.333\,05, 0.446\,54, 548.359\,90, 114\,242.600\,00]^{\mathrm{T}}$，即顾及时间及水位因子的变形模型中模型参数的计算值，本次计算取 $\boldsymbol{D}_{\boldsymbol{X}}(0/0) = \boldsymbol{D}_{\boldsymbol{X}}(0)$ =diag（1,1,1,1,1,1,1），即 $\boldsymbol{D}_{\boldsymbol{X}}(0/0)$ 为 7 行 7 列的单位矩阵（下同），$\boldsymbol{D}_{\boldsymbol{\Omega}}(k) = \text{diag}$（1,1,1,1,1,1,1）。

由式（5.74），利用卡尔曼滤波方程式即可进行相关的计算，有关结果见表 5.12。

表 5.12 PL10701 点有关计算结果

| 观测时间 | 平均水位/m | 变形观测值/mm | 模型 1 的残差/mm | 模型 2 的残差/mm | 模型 3 的残差/mm | 模型 4 的残差/mm |
|---|---|---|---|---|---|---|
| 1998 年 1 月 6 日 | 180.54 | 5.81 | −1.74 | −0.17 | 0.24 | −0.0002 |
| 1998 年 2 月 17 日 | 174.12 | 5.72 | 0.37 | 0.46 | −0.13 | 0.0001 |
| 1998 年 3 月 17 日 | 182.12 | 6.90 | 0.65 | −1.23 | −1.17 | −0.0002 |
| 1998 年 5 月 18 日 | 194.12 | 7.01 | 2.18 | 0.78 | 1.41 | 0.0001 |
| 1998 年 6 月 17 日 | 193.77 | 9.22 | 0.27 | −1.53 | −0.72 | −0.0004 |
| 1998 年 7 月 13 日 | 193.49 | 7.16 | 2.36 | 0.44 | 1.24 | −0.0000 |
| 1998 年 8 月 3 日 | 199.78 | 9.25 | 0.17 | 0.63 | 0.76 | −0.0001 |
| 1998 年 8 月 7 日 | 202.36 | 11.56 | −2.16 | −0.51 | −0.69 | −0.0001 |
| 1998 年 8 月 8 日 | 203.71 | 11.87 | −2.49 | −0.16 | −0.52 | 0.0002 |
| 1998 年 8 月 11 日 | 198.00 | 8.90 | 0.45 | 0.26 | 0.45 | −0.0003 |
| 1998 年 8 月 16 日 | 203.67 | 11.90 | −2.58 | −0.21 | −0.64 | 0.0005 |
| 1998 年 8 月 17 日 | 202.72 | 11.63 | −2.34 | −0.41 | −0.76 | 0.0001 |
| 1998 年 8 月 20 日 | 198.88 | 10.27 | −1.01 | −0.76 | −0.77 | −0.0000 |
| 1998 年 8 月 24 日 | 196.25 | 8.04 | 1.18 | 0.46 | 0.65 | −0.0002 |
| 1998 年 9 月 7 日 | 197.24 | 7.59 | 1.48 | 1.27 | 1.19 | 0.0001 |
| 1998 年 10 月 6 日 | 189.28 | 5.88 | 2.68 | 0.66 | 0.53 | 0.0000 |
| 1998 年 11 月 2 日 | 189.68 | 6.90 | 1.08 | 0.27 | −1.07 | −0.0001 |
| 1998 年 12 月 8 日 | 180.65 | 6.71 | | | | |

注：模型 1 为顾及时间因子的最佳变形模型，模型 2 为顾及水位因子的最佳变形模型，模型 3 为顾及时间和水位因子的变形模型，模型 4 为顾及时间和水位因子的卡尔曼滤波模型，残差为拟合值减观测值。由于模型 4 的残差非常小，因此模型 4 的残差取至小数点后面 4 位。

由表 5.12 可以看出，模型 1 的残差普遍较大，残差超过 1mm 的有 12 个，其中有 7 个残差超过 2mm。模型 2 的残差一般较小，残差超过 1mm 的仅有 3 个。模型 3 的残差相对较小，模型 3 的残差超过 1mm 的仅有 5 个。显然，模型 3 比模型 1 和模型 2 要合理得多。因为模型 1 仅描述了大坝变形与时间的相互关系，模型 2 仅描述了大坝变形与水库库水位之间的相互关系。而模型 3 描述了大坝变形与时间和水库库水位之间的相互关系。

模型 3 是以模型 1 和模型 2 为基础建立起来的，在某种程度上避免了模型 3 建模的盲目性。

由表 5.12 还可以看出，模型 4 的残差非常小，都小于 0.001mm，说明模型 4 的建模精度非常高。PL10701 点 1998 年 12 月 8 日的实测变形值为 6.71mm，而模型 4 求出的相应预测值为 6.34mm，两者之差（预测误差）为 0.37mm，预测效果较好。

模型 4 以模型 3 为基础，将模型 3 的模型参数看作状态向量，建立卡尔曼滤波模型，进行大坝变形分析，其建模效果较为理想。

顾及时间及水位因子的卡尔曼滤波模型以单因子（时间因子及水位因子）模型为基础，建立顾及时间因子和水位（水库库水位）因子的变形模型，然后将该模型的模型参数看作状态向量，建立顾及时间和水位因子的卡尔曼滤波模型，进行大坝变形分析，在卡尔曼滤波过程中，模型参数不断发生变化，从而增强了变形模型适应观测数据的能力。与常用的统计分析模型相比，顾及时间及水位因子的卡尔曼滤波模型具有拟合误差小且预测精度较高的优点。就 PL10701 点而言，模型残差值都小于 0.001mm，而且预测误差较小（小于 0.4mm），其建模精度和预测精度较高，这种建模方法可广泛用于大坝的变形预测。

### 5.9.2 顾及时间及地下水位因子的卡尔曼滤波模型

1. 模型的建立[40]

对于滑坡监测而言，滑坡的变形主要受大气降雨及水库库水位的影响，而大气降雨及水库的库水位直接影响滑坡地下水的位置，因此，滑坡地下水的位置反映了大气降雨及水库的库水位对滑坡变形的影响。为此，我们可以将滑坡的变形看作时间及地下水位的函数，即

$$x = x(t, w) \tag{5.75}$$

式中：$t$ 为时间（时刻）；$w$ 为 $t$ 时刻的地下水位；$x$ 为 $t$ 时刻滑坡的变形量。

由于滑坡变形观测的时间间隔较短（一般为一个月观测一次），且变形量的变化较小，现将 $t_{k+1}$ 时刻（对应的地下水位为 $w_{k+1}$）的变形量 $x(t_{k+1}, w_{k+1})$ 在 $t_k$ 时刻用泰勒级数展开，仅取时间间隔及水位变化的一次项及二次项得

$$\begin{aligned} x(t_{k+1}, w_{k+1}) = x(t_k, w_k) &+ \left(\frac{\partial x}{\partial t}\right)_{t_k} (t_{k+1} - t_k) + \frac{1}{2}\left(\frac{\partial^2 x}{\partial t^2}\right)_{t_k} (t_{k+1} - t_k)^2 \\ &+ \left(\frac{\partial x}{\partial w}\right)_{w_k} (w_{k+1} - w_k) + \frac{1}{2}\left(\frac{\partial^2 x}{\partial w^2}\right)_{w_k} (w_{k+1} - w_k)^2 + g_k \end{aligned} \tag{5.76}$$

在式（5.76）式中，令

$$v_k = \left(\frac{\partial x}{\partial t}\right)_{t_k}, \quad a_k = \left(\frac{\partial^2 x}{\partial t^2}\right)_{t_k}, \quad s_k = \left(\frac{\partial x}{\partial w}\right)_{w_k}, \quad y_k = \frac{1}{2}\left(\frac{\partial^2 x}{\partial w^2}\right)_{w_k}, \quad x_k = x(t_k, w_k)$$

则式（5.76）变为

$$\begin{aligned} x_{k+1} = x_k &+ v_k (t_{k+1} - t_k) + \frac{1}{2} a_k (t_{k+1} - t_k)^2 \\ &+ s_k (w_{k+1} - w_k) + y_k (w_{k+1} - w_k)^2 + g_k \end{aligned} \tag{5.77}$$

式中：$v_k$ 为 $t_k$ 时刻的变形速度；$a_k$ 为 $t_k$ 时刻的变形加速度；$s_k$ 为地下水位的变化对变形的影响；$y_k$ 为地下水位变化的二次方对变形的影响；$g_k$ 为泰勒级数的余项，其值微小，可以看作数学期望为 0 的动态噪声。

令

$$v_{k+1} = v_k + a_k(t_{k+1} - t_k) + c_k \tag{5.78}$$

$$a_{k+1} = a_k + r_k \tag{5.79}$$

$$s_{k+1} = s_k + y_k(w_{k+1} - w_k) + p_k \tag{5.80}$$

$$y_{k+1} = y_k + z_k \tag{5.81}$$

式中：$c_k$、$r_k$、$p_k$、$z_k$ 分别为微小的扰动，也可以分别看作数学期望为 0 的动态噪声。

将式（5.77）～式（5.81）写成矩阵形式，得

$$\begin{bmatrix} x_{k+1} \\ v_{k+1} \\ a_{k+1} \\ s_{k+1} \\ y_{k+1} \end{bmatrix} = \begin{bmatrix} 1 & t_{k+1}-t_k & \frac{1}{2}(t_{k+1}-t_k)^2 & w_{k+1}-w_k & (w_{k+1}-w_k)^2 \\ 0 & 1 & t_{k+1}-t_k & 0 & 0 \\ 0 & 0 & 1 & 0 & 0 \\ 0 & 0 & 0 & 1 & w_{k+1}-w_k \\ 0 & 0 & 0 & 0 & 1 \end{bmatrix} \begin{bmatrix} x_k \\ v_k \\ a_k \\ s_k \\ y_k \end{bmatrix} + \begin{bmatrix} g_k \\ c_k \\ r_k \\ p_k \\ z_k \end{bmatrix} \tag{5.82}$$

在式（5.82）中，令

$$\boldsymbol{X}_k = \begin{bmatrix} x_k \\ v_k \\ a_k \\ s_k \\ y_k \end{bmatrix},\quad \boldsymbol{\Omega}_k = \begin{bmatrix} g_k \\ c_k \\ r_k \\ p_k \\ z_k \end{bmatrix},$$

$$\boldsymbol{\Phi}_{k+1,k} = \begin{bmatrix} 1 & t_{k+1}-t_k & \frac{1}{2}(t_{k+1}-t_k)^2 & w_{k+1}-w_k & (w_{k+1}-w_k)^2 \\ 0 & 1 & t_{k+1}-t_k & 0 & 0 \\ 0 & 0 & 1 & 0 & 0 \\ 0 & 0 & 0 & 1 & w_{k+1}-w_k \\ 0 & 0 & 0 & 0 & 1 \end{bmatrix}$$

则式（5.82）变为

$$\boldsymbol{X}_{k+1} = \boldsymbol{\Phi}_{k+1,k}\boldsymbol{X}_k + \boldsymbol{\Omega}_k \tag{5.83}$$

式（5.83）即为卡尔曼滤波模型的状态方程。

对于变形观测，有

$$l_{k+1} = x_{k+1} + \varDelta_{k+1} \tag{5.84}$$

式中：$l_{k+1}$ 为 $t_{k+1}$ 时刻变形量的观测值；$\varDelta_{k+1}$ 为 $t_{k+1}$ 时刻的观测噪声。

在式（5.84）中，令

$$\boldsymbol{L}_{k+1} = \left[ l_{k+1} \right], \quad \boldsymbol{B}_{k+1} = \begin{bmatrix} 1 & 0 & 0 & 0 & 0 \end{bmatrix}$$

则式（5.84）变为

$$\boldsymbol{L}_{k+1} = \boldsymbol{B}_{k+1} \boldsymbol{X}_{k+1} + \boldsymbol{\varDelta}_{k+1} \tag{5.85}$$

式（5.85）即为卡尔曼滤波模型的观测方程。

由状态方程（5.83）及观测方程式（5.85），由卡尔曼滤波方程即可进行卡尔曼滤波。

需要指出的是，建立滑坡变形模型前，应进行地下水位与滑坡变形的相关性检验，以便判断地下水位与滑坡变形是否具有较强的相关性。相关性检验如下：

设有地下水位序列为 $w_1, w_2, \cdots, w_n$；相应的滑坡变形观测值序列为 $l_1, l_2, \cdots, l_n$，则两个序列的互相关系数为

$$\rho = \frac{\sum_{k=1}^{n} [(w_k - \overline{w})(l_k - \overline{l})]}{\sqrt{\left[ \sum_{k=1}^{n} (w_k - \overline{w})^2 \right] \left[ \sum_{k=1}^{n} (l_k - \overline{l})^2 \right]}} \tag{5.86}$$

其中

$$\overline{w} = \frac{\sum_{i=1}^{n} w_i}{n}, \quad \overline{l} = \frac{\sum_{i=1}^{n} l_i}{n}$$

若 $\rho$ 越接近 1，则两个序列的相关性越强。

2. 算例

基于上述建模思路，我们选取现有白水河滑坡 2005 年地表位移变形监测点 ZG118 的水平位移变形监测资料进行了计算。

计算前，根据式（5.86）对地下水位序列与滑坡变形观测值序列进行相关性检验，求得两个序列的互相关系数为 0.8925，表明两个序列具有较强的相关性，即地下水位对滑坡的变形影响较大。

根据变形监测资料分析，水平位移变形监测的中误差（方差）取 $D_{\Delta}(k)=\pm 1\text{mm}$，另外，计算时取

$$\boldsymbol{X}(0/0)=[\,298.3\quad 0\quad 0\quad 0\quad 0\,]^{\mathrm{T}}$$

式中：298.3 为 ZG118 点 2004 年 12 月的水平位移变形监测值。本次计算取

$$\boldsymbol{D}_{X}(0/0)=\boldsymbol{D}_{X}(0)=\begin{bmatrix}1&0&0&0&0\\0&1&0&0&0\\0&0&1&0&0\\0&0&0&1&0\\0&0&0&0&1\end{bmatrix},\quad \boldsymbol{D}_{\Omega}(k)=\begin{bmatrix}1&0&0&0&0\\0&1&0&0&0\\0&0&1&0&0\\0&0&0&1&0\\0&0&0&0&1\end{bmatrix}$$

有关计算结果见表 5.13。

**表 5.13　ZG118 点水平位移变形监测值与相应的滤波值**

| 观测时间 | 监测值/mm | 地下水位（高程）/m | 滤波值（拟合值）/mm | 残差/mm |
|---|---|---|---|---|
| 2005 年 1 月 15 日 | 296.0 | 269.69 | 296.7 | 0.7 |
| 2005 年 2 月 25 日 | 299.3 | 269.72 | 299.0 | −0.3 |
| 2005 年 3 月 19 日 | 298.0 | 270.39 | 298.3 | 0.3 |
| 2005 年 4 月 18 日 | 304.9 | 271.55 | 304.6 | −0.3 |
| 2005 年 5 月 16 日 | 310.9 | 269.80 | 310.8 | −0.1 |
| 2005 年 6 月 15 日 | 338.7 | 271.22 | 337.9 | −0.8 |
| 2005 年 7 月 14 日 | 364.4 | 271.12 | 364.3 | −0.1 |
| 2005 年 8 月 15 日 | 380.9 | 270.34 | 381.8 | 0.9 |
| 2005 年 9 月 7 日 | 438.8 | 274.40 | 438.8 | −0.0 |
| 2005 年 10 月 13 日 | 449.9 | 274.78 | 451.1 | 1.2 |
| 2005 年 11 月 15 日 | 454.9 | 275.64 | 455.5 | 0.6 |
| 2005 年 12 月 15 日 | 463.7 | 275.11 | | |

注：监测值为 ZG118 点水平位移变形监测值；地下水位为 ZG118 点附近地下水位监测孔监测的地下水位的高程；滤波值为使用卡尔曼滤波法求出的相应观测时刻的拟合值；残差为滤波值与监测值之差。

由表 5.13 可以看出，使用卡尔曼滤波法求出的残差较小，最大为 1.2mm，最小只有−0.0mm，且仅有一个残差超过 1mm，其余残差都小于 1mm。另外，残差的符号有正有负，正负残差各占接近一半，表明残差具有随机性。因此，卡尔曼滤波法的拟合误差较小，采用卡尔曼滤波法预测 2005 年 12 月 15 日 ZG118 点水平位移变形值为 461.9mm，而 ZG118 点 2005 年 12 月 15 日水平位移变形监测值为 463.7mm，预测误差为 1.8mm，预测效果较好。

考虑到滑坡的变形主要受大气降雨及水库库水位的影响，而大气降雨及水库

库水位将对滑坡地下水位产生直接影响，因此，地下水位的变化对滑坡变形的影响反映了大气降雨及水库库水位对滑坡变形的影响。为此，顾及时间及地下水位因子的卡尔曼滤波模型将滑坡的变形看作时间和地下水位的函数，使用泰勒级数建立滑坡变形与时间和地下水位的函数关系，并将泰勒级数的余项及时间变化的二次方和地下水位变化的二次方的系数的变化量等看作数学期望为 0 的动态噪声，建立卡尔曼滤波模型，并用于滑坡变形的预测预报。实例计算表明该模型的拟合效果和预测效果良好，可用于土质滑坡变形的短期预测预报。

### 5.9.3　顾及降雨及温度因子的卡尔曼滤波模型

滑坡变形预测模型大体上分为两种。一种是确定性模型，即通过力学的方法建立滑坡荷载与滑坡变形之间的力学关系预测滑坡的变形。由于确定性模型需要获取滑坡中一些岩土体的物理力学参数，而岩土体的物理力学参数具有高度的非线性，要想获取滑坡各个微小块体准确的物理力学参数并非易事，加之滑坡变形的力学机制比较复杂，要想准确建立滑坡荷载与滑坡变形之间的力学关系往往十分困难，从而导致确定性模型准确预测滑坡的变形比较困难。另一种是统计模型，即借助于滑坡变形观测数据，建立时间或环境因素与滑坡变形之间的数学关系式。

滑坡的变形主要受时效、降雨量及温度等因素的影响，所以滑坡变形监测点的位移（变形）统计模型一般由时效分量 $\delta_\theta$、降雨分量 $\delta_U$ 和温度分量 $\delta_T$ 组成[10]，即

$$\delta = \delta_\theta + \delta_U + \delta_T \tag{5.87}$$

1．时效分量 $\delta_\theta$

滑坡产生时效变形的原因比较复杂，根据文献[10]，其时效分量可以表示为

$$\delta_\theta = c_1(\theta - \theta_0) + c_2(\ln\theta - \ln\theta_0) \tag{5.88}$$

式中：$\theta$ 为变形观测日至起始观测日的累计天数 $t$ 除以 100；$\theta_0$ 为建模资料系列第 1 个测值日到起始观测日的累计天数 $t_0$ 除以 100；$c_1$、$c_2$ 为时效因子的回归系数。

2．降雨分量 $\delta_U$

由于大气降雨，雨水进入滑坡土体，从而改变了滑坡体的含水量，对滑坡的变形产生一定的影响。大气降雨对滑坡变形的影响可用三次式模拟，即

$$\delta_U = c_3 U + c_4 U^2 + c_5 U^3 \tag{5.89}$$

式中：$U$ 为观测时的月降雨量；$c_3$、$c_4$、$c_5$ 为降雨因子的回归系数。

3. 温度分量 $\delta_T$

温度影响滑坡裂隙的开合度及应力，因此对滑坡的稳定性产生一定的影响。温度对滑坡变形的影响可用二次式模拟，即

$$\delta_T = c_6 T + c_7 T^2 \tag{5.90}$$

式中：$T$ 为观测时的温度；$c_6$、$c_7$ 为温度因子的回归系数。

4. 顾及降雨及温度因子的变形预测模型

综合上述因素，基于滑坡体的变形特性，同时考虑到初始观测值的影响，则顾及降雨及温度因子的滑坡变形预测模型为

$$\begin{aligned}\delta(t) = {} & c_0 + c_1(\theta - \theta_0) + c_2(\ln\theta - \ln\theta_0) \\ & + c_3 U + c_4 U^2 + c_5 U^3 + c_6 T + c_7 T^2\end{aligned} \tag{5.91}$$

式中：$c_0$ 为常数项。

5. 顾及降雨及温度因子的卡尔曼滤波模型[41]

式（5.91）将模型的参数看作定值，从而在一定程度上使模型适应观测数据的能力受到相应的影响。为了提高模型适应观测数据的能力，现将式（5.91）的模型参数看作含有动态噪声的状态向量，同时用卡尔曼滤波法进行滤波，则得到如下模型：

$$\begin{aligned}\delta(t_k) = {} & c_0 + c_1(\theta_k - \theta_0) + c_2(\ln\theta_k - \ln\theta_0) \\ & + c_3 U_k + c_4 {U_k}^2 + c_5 {U_k}^3 + c_6 T_k + c_7 {T_k}^2 + \varDelta_k\end{aligned} \tag{5.92}$$

在式（5.92）中，令

$$\boldsymbol{L}_k = \left[\delta(t_k)\right]$$

$$\boldsymbol{B}_k = [\,1 \quad \theta_k - \theta_0 \quad \ln\theta_k - \ln\theta_0 \quad U_k \quad {U_k}^2 \quad {U_k}^3 \quad T_k \quad {T_k}^2\,],$$

$$\boldsymbol{X}_k = [\,c_0 \quad c_1 \quad c_2 \quad c_3 \quad c_4 \quad c_5 \quad c_6 \quad c_7\,]^{\mathrm{T}}$$

则式（5.92）变为

$$\boldsymbol{L}_k = \boldsymbol{B}_k \boldsymbol{X}_k + \boldsymbol{\varDelta}_k \tag{5.93}$$

式（5.93）即为相应的观测方程。现将 $\boldsymbol{X}_k$ 看作含有动态噪声的状态向量，则得到

$$\boldsymbol{X}_{k+1} = \boldsymbol{X}_k + \boldsymbol{\varOmega}_k$$

即

$$\boldsymbol{X}_{k+1} = \boldsymbol{\varPhi}_{k+1,k} \boldsymbol{X}_k + \boldsymbol{\varOmega}_k \tag{5.94}$$

式中：$\boldsymbol{\Phi}_{k+1,k}=\boldsymbol{I}$，即$\boldsymbol{\Phi}_{k+1,k}$为单位矩阵。根据式（5.94）及式（5.93），则有卡尔曼滤波模型的状态方程和观测方程

$$\begin{cases}\boldsymbol{X}_{k+1}=\boldsymbol{\Phi}_{k+1,k}\boldsymbol{X}_k+\boldsymbol{\Omega}_k\\ \boldsymbol{L}_{k+1}=\boldsymbol{B}_{k+1}\boldsymbol{X}_{k+1}+\boldsymbol{\Delta}_{k+1}\end{cases}\tag{5.95}$$

6. 算例

根据以上建模思路，现选取某滑坡 G11 监测点 2011 年的水平变形监测资料进行计算，相应的计算结果见表 5.14，其中模型 1 为顾及降雨及温度因子的变形预测模型，模型 2 为顾及降雨及温度因子的卡尔曼滤波模型，残差为模型的拟合值与观测值之差。

根据变形观测资料分析知：水平变形观测误差为$D_{\Delta}(k)=\pm1\text{mm}$，$\boldsymbol{X}(0/0)$取模型 1（顾及降雨及温度因子的变形预测模型）的参数的计算值，$\boldsymbol{D}_X(0/0)$及$\boldsymbol{D}_{\Omega}(k)$取单位矩阵。

由表 5.14 可以看出，模型 1（顾及降雨及温度因子的变形预测模型）的残差比较大，最大残差为−8.61mm，最小残差为 1.91mm，残差都超过 1.0mm，模型 1 的拟合误差相对较大，拟合效果较差；而模型 2（顾及降雨及温度因子的卡尔曼滤波模型）的残差较小，最大残差为 1.32mm，最小残差为−0.01mm，其中只有两个残差超过 1mm，其余的残差都小于 1mm，模型 2 的拟合误差较小，拟合效果较好。

**表 5.14　G11 点水平变形监测值与相应的滤波值**

| 观测时间 | 观测值/mm | 月降雨量/mm | 温度/℃ | 模型 1 的拟合值/mm | 模型 1 的残差/mm | 模型 2 的拟合值/mm | 模型 2 的残差/mm |
|---|---|---|---|---|---|---|---|
| 2011 年 1 月 13 日 | 94.0 | 33.8 | 7.1 | 97.37 | 3.37 | 95.32 | 1.32 |
| 2011 年 2 月 15 日 | 106.0 | 14.2 | 11.1 | 102.01 | −3.99 | 105.40 | −0.60 |
| 2011 年 3 月 17 日 | 122.6 | 7.5 | 14.5 | 118.06 | −4.54 | 122.97 | 0.37 |
| 2011 年 4 月 20 日 | 141.0 | 39.2 | 20.3 | 143.34 | 2.34 | 141.02 | 0.02 |
| 2011 年 5 月 21 日 | 145.4 | 159.9 | 22.1 | 147.31 | 1.91 | 145.39 | −0.01 |
| 2011 年 6 月 20 日 | 177.8 | 121.4 | 24.7 | 184.26 | 6.46 | 178.91 | 1.11 |
| 2011 年 7 月 22 日 | 246.0 | 170.3 | 27.6 | 243.57 | −2.43 | 246.32 | 0.32 |
| 2011 年 8 月 18 日 | 270.6 | 91.9 | 26.9 | 266.34 | −4.26 | 270.08 | −0.52 |
| 2011 年 9 月 21 日 | 286.3 | 114.5 | 23.8 | 284.03 | −2.27 | 286.39 | 0.09 |
| 2011 年 10 月 20 日 | 302.0 | 30.5 | 18.2 | 310.59 | 8.59 | 302.72 | 0.72 |
| 2011 年 11 月 20 日 | 308.2 | 51.4 | 12.6 | 299.59 | −8.61 | 307.41 | −0.79 |
| 2011 年 12 月 16 日 | 315.1 | 48.2 | 7.4 | | | | |

2011 年 12 月 16 日模型 1（顾及降雨及温度因子的变形预测模型）预测 G11 点的位移量为 324.16mm，而 2011 年 12 月 16 日 G11 点的位移量观测值为 315.1mm，预测误差为 9.06mm；而 2011 年 12 月 16 日模型 2（顾及降雨及温度因子的卡尔曼滤波模型）预测 G11 点的位移量为 317.78mm，而 2011 年 12 月 16 日 G11 点的位移量观测值为 315.1mm，预测误差为 2.68mm。这表明，模型 2（顾及降雨及温度因子的卡尔曼滤波模型）的拟合精度及预测精度高于模型 1（顾及降雨及温度因子的变形预测模型）的拟合精度及预测精度，模型 2（顾及降雨及温度因子的卡尔曼滤波模型）的拟合效果及预测效果较为理想。

考虑到滑坡的变形受时效、降雨量及温度等因素的影响，建立顾及时间、降雨及温度因子的变形预测模型，然后将顾及时间、降雨及温度因子的变形预测模型的模型参数看作带有动态噪声的状态向量，建立顾及降雨及温度因子的卡尔曼滤波模型，随着卡尔曼滤波的不断进行，其模型的参数不断更新，从而在很大程度上提高了卡尔曼滤波模型适应观测数据的能力，提高了卡尔曼滤波模型的拟合精度及预测精度。

### 5.9.4　基于泰勒级数的多因子卡尔曼滤波模型

滑坡的变形与很多因素密切相关，其中降雨及气温对滑坡的变形影响较为显著。大气降雨对滑坡稳定性的破坏主要表现在降雨除产生坡面径流外，有相当部分的雨水渗入到滑坡坡体中，加大了滑坡坡体的重量，从而增加了滑坡体的下滑力；此外，降雨渗透到滑坡隔水层顶面时，将在这里聚集，使这里的物质软化甚至泥化，降低了滑坡的摩阻力，从而形成滑面或滑带；大气降雨还使坡体中的孔隙水压力增大，从而降低了滑坡体的有效应力，最终导致滑带摩阻力降低。大气温度的变化导致滑坡裂隙的伸缩和变形，从而影响滑坡的稳定性。

考虑到大气降雨及温度对滑坡的稳定性产生较大的影响，将滑坡的变形看作时间、月降雨量、气温的函数，使用泰勒级数建立卡尔曼滤波模型，并用于滑坡变形的预测预报。

1. 基于泰勒级数的多因子卡尔曼滤波模型[42]

对于土质滑坡，滑坡的变形主要受大气降雨及气温的影响，为此可以将土质滑坡的变形看作时间、月降雨量及气温的函数，即

$$F_x = x(t, j, w) \tag{5.96}$$

式中：$t$ 为时间（时刻）；$j$ 为 $t$ 时刻的月降雨量；$w$ 为 $t$ 时刻的气温；$F_x$ 为 $t$ 时刻滑坡的变形量。

由于滑坡变形观测的时间间隔（一般为一个月观测一次）较短，且变形量的

变化较小，现将 $t_{k+1}$ 时刻（对应的月降雨量为 $j_{k+1}$，气温为 $w_{k+1}$）的变形量 $x(t_{k+1},j_{k+1},w_{k+1})$ 在 $t_k$ 时刻用泰勒级数展开，仅取泰勒级数的一次项及二次项得

$$\begin{aligned}x(t_{k+1},j_{k+1},w_{k+1})&=x(t_k,j_k,w_k)+\left(\frac{\partial x}{\partial t}\right)_{t_k}(t_{k+1}-t_k)+\frac{1}{2}\left(\frac{\partial^2 x}{\partial t^2}\right)_{t_k}(t_{k+1}-t_k)^2\\&\quad+\left(\frac{\partial x}{\partial j}\right)_{j_k}(j_{k+1}-j_k)+\frac{1}{2}\left(\frac{\partial^2 x}{\partial j^2}\right)_{j_k}(j_{k+1}-j_k)^2+\left(\frac{\partial x}{\partial w}\right)_{w_k}(w_{k+1}-w_k)\\&\quad+\frac{1}{2}\left(\frac{\partial^2 x}{\partial w^2}\right)_{w_k}(w_{k+1}-w_k)^2+g_k\end{aligned}\tag{5.97}$$

在式（5.97）中，令

$$v_k=\left(\frac{\partial x}{\partial t}\right)_{t_k},\quad a_k=\left(\frac{\partial^2 x}{\partial t^2}\right)_{t_k},\quad b_k=\left(\frac{\partial x}{\partial j}\right)_{j_k},\quad c_k=\left(\frac{\partial^2 x}{\partial j^2}\right)_{j_k},$$

$$s_k=\left(\frac{\partial x}{\partial w}\right)_{w_k},\quad y_k=\left(\frac{\partial^2 x}{\partial w^2}\right)_{w_k},\quad x_k=x(t_k,j_k,w_k)$$

则式（5.97）变为

$$\begin{aligned}x_{k+1}&=x_k+v_k(t_{k+1}-t_k)+\frac{1}{2}a_k(t_{k+1}-t_k)^2+b_k(j_{k+1}-j_k)+\frac{1}{2}c_k(j_{k+1}-j_k)^2\\&\quad+s_k(w_{k+1}-w_k)+\frac{1}{2}y_k(w_{k+1}-w_k)^2+g_k\end{aligned}\tag{5.98}$$

式中：$v_k$ 为 $t_k$ 时刻的变形速度；$a_k$ 为 $t_k$ 时刻的变形加速度；$b_k$ 为月降雨量的变化对变形的影响；$c_k$ 为月降雨量的变化的二次方对变形的影响；$s_k$ 为气温的变化对变形的影响；$y_k$ 为气温的变化的二次方对变形的影响；$g_k$ 为泰勒级数的余项，其值微小，可以看作数学期望为 0 的动态噪声。

令

$$v_{k+1}=v_k+a_k(t_{k+1}-t_k)+d_k\tag{5.99}$$

$$a_{k+1}=a_k+r_k\tag{5.100}$$

$$b_{k+1}=b_k+c_k(j_{k+1}-j_k)+p_k\tag{5.101}$$

$$c_{k+1}=c_k+e_k\tag{5.102}$$

$$s_{k+1}=s_k+y_k(w_{k+1}-w_k)+h_k\tag{5.103}$$

$$y_{k+1}=y_k+z_k\tag{5.104}$$

式中：$d_k$、$r_k$、$p_k$、$e_k$、$h_k$、$z_k$ 分别为微小的扰动，也可以分别看作数学期望为 0 的动态噪声。

将式（5.98）～式（5.104）写成矩阵形式，得

$$\begin{bmatrix} x_{k+1} \\ v_{k+1} \\ a_{k+1} \\ b_{k+1} \\ c_{k+1} \\ s_{k+1} \\ y_{k+1} \end{bmatrix} = \begin{bmatrix} 1 & t_{k+1}-t_k & \frac{1}{2}(t_{k+1}-t_k)^2 & j_{k+1}-j_k & \frac{1}{2}(j_{k+1}-j_k)^2 & w_{k+1}-w_k & \frac{1}{2}(w_{k+1}-w_k)^2 \\ 0 & 1 & t_{k+1}-t_k & 0 & 0 & 0 & 0 \\ 0 & 0 & 1 & 0 & 0 & 0 & 0 \\ 0 & 0 & 0 & 1 & j_{k+1}-j_k & 0 & 0 \\ 0 & 0 & 0 & 0 & 1 & 0 & 0 \\ 0 & 0 & 0 & 0 & 0 & 1 & w_{k+1}-w_k \\ 0 & 0 & 0 & 0 & 0 & 0 & 1 \end{bmatrix} \begin{bmatrix} x_k \\ v_k \\ a_k \\ b_k \\ c_k \\ s_k \\ y_k \end{bmatrix} + \begin{bmatrix} g_k & d_k & r_k & p_k & e_k & h_k & z_k \end{bmatrix}^{\mathrm{T}} \tag{5.105}$$

在式（5.105）中，令

$$\boldsymbol{X}_k = \begin{bmatrix} x_k & v_k & a_k & b_k & c_k & s_k & y_k \end{bmatrix}^{\mathrm{T}},$$

$$\boldsymbol{\Omega}_k = \begin{bmatrix} g_k & d_k & r_k & p_k & e_k & h_k & z_k \end{bmatrix}^{\mathrm{T}}$$

$$\boldsymbol{\Phi}_{k+1,k} = \begin{bmatrix} 1 & t_{k+1}-t_k & \frac{1}{2}(t_{k+1}-t_k)^2 & j_{k+1}-j_k & \frac{1}{2}(j_{k+1}-j_k)^2 & w_{k+1}-w_k & \frac{1}{2}(w_{k+1}-w_k)^2 \\ 0 & 1 & t_{k+1}-t_k & 0 & 0 & 0 & 0 \\ 0 & 0 & 1 & 0 & 0 & 0 & 0 \\ 0 & 0 & 0 & 1 & j_{k+1}-j_k & 0 & 0 \\ 0 & 0 & 0 & 0 & 1 & 0 & 0 \\ 0 & 0 & 0 & 0 & 0 & 1 & w_{k+1}-w_k \\ 0 & 0 & 0 & 0 & 0 & 0 & 1 \end{bmatrix}$$

则式（5.105）变为

$$\boldsymbol{X}_{k+1} = \boldsymbol{\Phi}_{k+1,k}\boldsymbol{X}_k + \boldsymbol{\Omega}_k \tag{5.106}$$

式（5.106）即为卡尔曼滤波模型的状态方程。

对于变形观测，有

$$l_{k+1} = x_{k+1} + \Delta_{k+1} \tag{5.107}$$

式中：$l_{k+1}$ 为 $t_{k+1}$ 时刻变形量的观测值；$\Delta_{k+1}$ 为 $t_{k+1}$ 时刻的观测噪声。

在式（5.107）中，令

$$\boldsymbol{L}_{k+1} = l_{k+1},\quad \boldsymbol{B}_{k+1} = \begin{bmatrix} 1 & 0 & 0 & 0 & 0 & 0 & 0 \end{bmatrix}$$

则式（5.107）变为

$$\boldsymbol{L}_{k+1} = \boldsymbol{B}_{k+1}\boldsymbol{X}_{k+1} + \boldsymbol{\Delta}_{k+1} \tag{5.108}$$

式（5.108）即为卡尔曼滤波模型的观测方程。

由状态方程（5.106）及观测方程（5.108），并顾及随机模型，由卡尔曼滤波方程即可进行卡尔曼滤波。

2. 算例

基于上述建模思路，现取某滑坡（该滑坡为土质滑坡，且有多条裂隙贯穿该滑坡体）ZG118 监测点 2004 年 4 月至 2005 年 12 月的水平位移监测资料进行计算（其中 2004 年 4 月至 2005 年 10 月的水平位移监测资料用于建模，2005 年 11 月及 12 月的水平位移监测资料用于与预测值进行比较），并将计算结果与多项式回归模型（即将变形看作是时间、月降雨量及气温的二次函数建立的模型）进行比较计算，相关计算结果见表 5.15，其中模型 1 为多项式回归模型，模型 2 为基于泰勒级数的多因子卡尔曼滤波模型，残差为模型的拟合值与监测值之差。

**表 5.15　ZG118 点水平位移变形监测值与相应的滤波值**

| 观测时间 | 月降雨量/mm | 气温/℃ | 监测值/mm | 模型 1 的拟合值/mm | 模型 1 的残差/mm | 模型 2 的拟合值/mm | 模型 2 的残差/mm |
|---|---|---|---|---|---|---|---|
| 2004 年 4 月 19 日 | 49.5 | 18.2 | 118.3 | 151.60 | 33.30 | 118.86 | 0.56 |
| 2004 年 5 月 19 日 | 173.0 | 24.6 | 128.2 | 147.68 | 19.48 | 128.27 | 0.07 |
| 2004 年 6 月 18 日 | 124.6 | 26.3 | 172.7 | 188.19 | 15.49 | 171.78 | −0.92 |
| 2004 年 7 月 20 日 | 187.9 | 30.4 | 228.4 | 206.19 | −22.21 | 229.24 | 0.84 |
| 2004 年 8 月 18 日 | 114.9 | 27.4 | 253.9 | 229.97 | −23.93 | 254.85 | 0.95 |
| 2004 年 9 月 21 日 | 121.4 | 24.1 | 259.7 | 230.61 | −29.09 | 259.68 | −0.02 |
| 2004 年 10 月 18 日 | 46.0 | 18.9 | 290.3 | 253.40 | −36.90 | 289.52 | −0.78 |
| 2004 年 11 月 18 日 | 49.3 | 13.8 | 294.6 | 259.19 | −35.41 | 294.39 | −0.21 |
| 2004 年 12 月 14 日 | 8.6 | 8.5 | 298.3 | 285.31 | −12.99 | 297.94 | −0.36 |
| 2005 年 1 月 15 日 | 6.6 | 7.2 | 296.0 | 302.49 | 6.49 | 296.81 | 0.81 |
| 2005 年 2 月 25 日 | 20.8 | 9.8 | 299.3 | 315.46 | 16.16 | 298.73 | −0.57 |
| 2005 年 3 月 19 日 | 40.5 | 14.4 | 298.0 | 322.22 | 24.22 | 298.99 | 0.99 |
| 2005 年 4 月 18 日 | 76.0 | 17.8 | 304.9 | 329.40 | 24.50 | 305.11 | 0.21 |
| 2005 年 5 月 16 日 | 129.4 | 22.8 | 310.9 | 338.50 | 27.60 | 311.65 | 0.75 |
| 2005 年 6 月 15 日 | 86.9 | 25.6 | 338.7 | 377.21 | 38.51 | 338.59 | −0.11 |
| 2005 年 7 月 14 日 | 162.6 | 29.5 | 364.4 | 383.97 | 19.57 | 365.15 | 0.75 |
| 2005 年 8 月 15 日 | 198.7 | 28.2 | 380.9 | 377.76 | −3.14 | 381.88 | 0.98 |
| 2005 年 9 月 7 日 | 44.3 | 25.8 | 438.8 | 427.52 | −11.28 | 439.67 | 0.87 |
| 2005 年 10 月 13 日 | 102.0 | 19.2 | 449.9 | 399.52 | −50.38 | 449.39 | −0.51 |
| 2005 年 11 月 15 日 | 17.5 | 14.4 | 454.9 | | | | |
| 2005 年 12 月 15 日 | 11.0 | 7.3 | 463.7 | | | | |

根据变形监测资料分析，水平位移变形监测的中误差（方差）取$D_{\Delta}(k)=\pm 1\text{mm}$，另外，计算时取

$$\boldsymbol{X}(0/0)=\begin{bmatrix}115.4 & 0 & 0 & 0 & 0 & 0 & 0\end{bmatrix}^{\mathrm{T}}$$

式中：115.4 为 ZG118 点 2004 年 3 月 15 日的水平位移变形监测值。状态向量的初始值及动态噪声可以认为是独立不相关的，此时可取

$$\boldsymbol{D}_{\boldsymbol{X}}(0/0)=\boldsymbol{D}_{\boldsymbol{X}}(0)=\begin{bmatrix}1&0&0&0&0&0&0\\0&1&0&0&0&0&0\\0&0&1&0&0&0&0\\0&0&0&1&0&0&0\\0&0&0&0&1&0&0\\0&0&0&0&0&1&0\\0&0&0&0&0&0&1\end{bmatrix},\ \boldsymbol{D}_{\boldsymbol{\Omega}}(k)=\begin{bmatrix}1&0&0&0&0&0&0\\0&1&0&0&0&0&0\\0&0&1&0&0&0&0\\0&0&0&1&0&0&0\\0&0&0&0&1&0&0\\0&0&0&0&0&1&0\\0&0&0&0&0&0&1\end{bmatrix}$$

由表 5.15 可以看出，当月降雨量增大及气温升高时，ZG118 点变形明显增大，表明滑坡变形与月降雨量及气温具有明显的相关性。

由表 5.15 还可以看出，多项式回归模型残差普遍较大，都超过了 3mm，最大为−50.38mm，最小为−3.14mm，大部分残差超过 10mm，表明多项式回归模型的拟合误差较大；而基于泰勒级数的多因子卡尔曼滤波模型残差普遍较小，都小于 1mm，最大只有 0.99mm，最小只有−0.02mm。残差的符号有正有负，残差具有随机性，表明卡尔曼滤波模型的拟合误差较小。多项式回归模型预测 2005 年 11 月 15 日 ZG118 点水平位移变形值为 431.84mm，而 2005 年 11 月 15 日 ZG118 点水平位移变形监测值为 454.9mm，预测误差为 23.06mm。2005 年 12 月 15 日多项式回归模型预测 ZG118 点水平位移变形值为 445.30mm，而 2005 年 12 月 15 日 ZG118 点水平位移变形监测值为 463.7mm，预测误差为 18.40mm。2005 年 11 月 15 日基于泰勒级数的多因子卡尔曼滤波模型预测 ZG118 点水平位移变形值为 456.20mm，预测误差为 1.30mm。2005 年 12 月 15 日基于泰勒级数的多因子卡尔曼滤波模型预测 ZG118 点水平位移变形值为 466.81mm，预测误差为 3.11mm。这表明，卡尔曼滤波模型的预测误差小于多项式回归模型的预测误差。

由于多项式回归模型将模型的参数作为定值，限制了多项式回归模型适应观测数据的能力，从而导致模型的残差较大，拟合效果也不理想，尤其是观测数据较多时更是如此。而基于泰勒级数的多因子卡尔曼滤波模型在卡尔曼滤波的过程中，模型参数不断发生变化，从而提高了卡尔曼滤波模型适应观测数据的能力，导致模型的残差较小，拟合效果也较好。

考虑到某滑坡的变形主要受大气降雨及气温的影响，以泰勒级数为基础，建

立基于时间、月降雨量、气温的多因子卡尔曼滤波模型，并用于滑坡变形的预测预报。实例计算表明以泰勒级数为基础建立的基于时间、月降雨量、气温的多因子卡尔曼滤波模型，其拟合效果和预测效果良好，可用于土质滑坡变形的短期预测预报。

### 5.9.5　基于模型筛选法的多因子卡尔曼滤波模型

2.2.1 节详细讨论了大坝变形与时间相关关系的变形模型，5.6 节以 2.2.1 节为基础，将 2.2.1 节中的变形模型的模型参数作为状态向量，采用卡尔曼滤波法进行变形分析。2.2.1 节指出清江隔河岩大坝右岸拱座 PL10701 点沿水库下游方向的水平变形量与水库的库水位成正相关关系。也就是说，水库的库水位是引起大坝变形的一个重要因素。对于混凝土坝（清江隔河岩大坝为混凝土坝），温度也是引起大坝变形的一个重要因素。显然，只顾及时间因子的大坝变形分析模型是不完善的。为此，可以以 2.2.1 节及 5.6 节为基础，事先预置数个变形与时间相关关系的变形模型，然后让计算机在这些模型中自动寻找预测变形误差最小的模型。再考虑到水位和温度对大坝变形的影响，然后组成新的变形与时间、水位、温度相关关系的变形模型。最后，将变形与时间、水位、温度相关关系的变形模型的模型参数看作状态向量，利用卡尔曼滤波法进行变形分析。实例分析表明，用这种方法确定的变形预测模型能够比较客观地反映大坝的变形规律，而且预测效果也比较理想。

1. 顾及时间因子的大坝变形模型的建立

2.2.1 节详细讨论了顾及时间因子的大坝变形模型的建立方法，在此不再重复。如 PL10701 点最佳模型的形式为

$$\delta_t = a_1 + a_2\sqrt{t} + a_3\sqrt[3]{t} + a_4 \ln t \tag{5.109}$$

式中：$a_1 \sim a_4$ 为模型的参数；$t$ 为观测时间；$\delta_t$ 为顾及时间因子的变形模型的拟合值。

2. 顾及水位因子的大坝变形模型的建立

由 2.2.1 节的分析知，大坝沿水库下游方向的水平变形量与水库的库水位成正相关关系，因此水位是引起大坝变形的一个重要因素。由水位引起的大坝变形量与库水位之间的相关关系可由下式予以表达[43]：

$$\delta_H = b_1 H + b_2 H^2 + b_3 H^3 \tag{5.110}$$

式中：$b_1 \sim b_3$ 为模型的参数；$H$ 为观测时间为 $t$ 时的水库库水位；$\delta_H$ 为由水位引起的大坝变形量。

3. 顾及温度因子的大坝变形模型的建立

对于混凝土大坝，温度也是引起大坝变形的一个重要因素，考虑到大坝坝体温度相对于气温的滞后性，由气温引起的大坝变形量可由下式予以表达[43]：

$$\delta_T = \sum_{i=1}^{m} c_i T_i \tag{5.111}$$

式中：$T_i$ 为观测日前 $i$ 天的平均气温，取 $i=1,5,15,30,60$；$c_i$ 为相应的模型参数；$\delta_T$ 为由气温引起的大坝变形量。

4. 顾及时间、水位、温度因子的大坝变形模型的建立

顾及时间、水位、温度的单因子变形模型建立后，可以采用叠加的方法组成新的变形与时间、水位、温度相关关系的变形模型，如 PL10701 点其变形与时间、水位、温度相关关系的变形模型形式为

$$\begin{aligned} y = {} & a_1 + a_2\sqrt{t} + a_3\sqrt[3]{t} + a_4 \ln t + b_1 H + b_2 H^2 + b_3 H^3 \\ & + c_1 T_1 + c_5 T_5 + c_{15} T_{15} + c_{30} T_{30} + c_{60} T_{60} \end{aligned} \tag{5.112}$$

根据式（5.112），由 PL10701 点的变形观测值，根据观测时间和相应的水库库水位及相关时间的平均气温，由最小二乘法即可求出式（5.112）中模型的 12 个参数值，并以此为基础进行其他的相关计算。

5. 顾及时间、水位、温度因子的卡尔曼滤波模型[44]

由于式（5.112）中模型的参数为定值，模型适应变形观测数据的能力较弱，为此可以将式（5.112）中的模型参数看作状态向量，建立 PL10701 点的卡尔曼滤波模型，以便增强模型的适应性。其模型形式为

$$\begin{aligned} y_k = {} & a_1 + a_2\sqrt{t_k} + a_3\sqrt[3]{t_k} + a_4 \ln t_k + b_1 H_k + b_2 H_k^2 + b_3 H_k^3 \\ & + c_1 T_{1k} + c_5 T_{5k} + c_{15} T_{15k} + c_{30} T_{30k} + c_{60} T_{60k} + \varDelta_k \end{aligned} \tag{5.113}$$

式中：$t_k$ 为观测时间；$H_k$ 为相应的水库库水位；$T_{ik}$（$i=1,5,15,30,60$）为观测时间为 $t_k$ 时前 $i$ 天的平均气温；$y_k$ 为相应的变形观测值；$\varDelta_k$ 为相应的观测噪声。

在式（5.113）中，令

$\boldsymbol{L}_k = y_k$，

$\boldsymbol{B}_k = \begin{bmatrix} 1 & \sqrt{t_k} & \sqrt[3]{t_k} & \ln t_k & H_k & H_k^2 & H_k^3 & T_{1k} & T_{5k} & T_{15k} & T_{30k} & T_{60k} \end{bmatrix}$，

$\boldsymbol{X}_k = [a_1 \quad a_2 \quad a_3 \quad a_4 \quad b_1 \quad b_2 \quad b_3 \quad c_1 \quad c_5 \quad c_{15} \quad c_{30} \quad c_{60}]^{\mathrm{T}}$

则式（5.113）变为

$$L_k = B_k X_k + \Delta_k \tag{5.114}$$

式（5.114）即为相应的观测方程。为了便于卡尔曼滤波，将 $X_k$ 看作包含有动态噪声的状态向量，则有

$$X_{k+1} = X_k + \Omega_k$$

即

$$X_{k+1} = \Phi_{k+1,k} X_k + \Omega_k \tag{5.115}$$

式中：$\Phi_{k+1,k} = I$，即 $\Phi_{k+1,k}$ 为单位矩阵。根据式（5.115）和式（5.114），则有卡尔曼滤波法的状态方程和观测方程

$$\begin{cases} X_{k+1} = \Phi_{k+1,k} X_k + \Omega_k \\ L_{k+1} = B_{k+1} X_{k+1} + \Delta_{k+1} \end{cases} \tag{5.116}$$

6. 算例

根据以上思路，选取2.2.1节中清江隔河岩大坝右岸拱座184m高程的PL10701点，对1998年1月至1998年12月沿水库下游方向的水平变形观测资料进行了计算，由变形观测资料分析知：变形观测误差为 $D_\Delta(k) = \pm 1\,\text{mm}$，此外，计算时取 $X(0/0) = [-761.469\,300\,00, -468.631\,800\,00, 1\,327.905\,000\,00, -224.873\,500\,00, 3.494\,176\,00, -0.044\,160\,52, 0.000\,122\,35, 0.039\,693\,99, -0.216\,550\,30, -0.021\,417\,27, 0.090\,443\,57, 0.009\,201\,53]^{\mathrm{T}}$，即顾及时间、水位、温度因子模型中模型参数的计算值，本次计算取 $D_X(0/0) = D_X(0) = \mathrm{diag}(1,1,1,1,1,1,1,1,1,1,1,1)$，$D_\Omega(k) = \mathrm{diag}(1,1,1,1,1,1,1,1,1,1,1,1)$。

由式（5.116），利用卡尔曼滤波方程式即可进行相关的计算，有关结果见表5.16。

**表 5.16　PL10701 点有关计算结果**

| 观测时间 | 平均水位/m | 平均气温/℃ | 变形观测值/mm | 模型1的残差/mm | 模型2的残差/mm | 模型3的残差/mm |
|---|---|---|---|---|---|---|
| 1998年1月6日 | 180.54 | 6.0 | 5.81 | −1.74 | −0.21 | 0.000 07 |
| 1998年2月17日 | 174.12 | 7.3 | 5.72 | 0.37 | 0.90 | 0.000 08 |
| 1998年3月17日 | 182.12 | 13.4 | 6.90 | 0.65 | −0.91 | −0.000 01 |
| 1998年5月18日 | 194.12 | 22.9 | 7.01 | 2.18 | 1.23 | 0.000 06 |
| 1998年6月17日 | 193.77 | 27.1 | 9.22 | 0.27 | −1.49 | 0.000 12 |

续表

| 观测时间 | 平均水位/m | 平均气温/℃ | 变形观测值/mm | 模型 1 的残差/mm | 模型 2 的残差/mm | 模型 3 的残差/mm |
|---|---|---|---|---|---|---|
| 1998 年 7 月 13 日 | 193.49 | 28.2 | 7.16 | 2.36 | −0.20 | 0.000 05 |
| 1998 年 8 月 3 日 | 199.78 | 24.4 | 9.25 | 0.17 | 0.29 | −0.000 18 |
| 1998 年 8 月 7 日 | 202.36 | 26.6 | 11.56 | −2.16 | 0.03 | −0.000 08 |
| 1998 年 8 月 8 日 | 203.71 | 27.2 | 11.87 | −2.49 | 0.83 | 0.000 03 |
| 1998 年 8 月 11 日 | 198.00 | 28.5 | 8.90 | 0.45 | −0.07 | 0.000 02 |
| 1998 年 8 月 16 日 | 203.67 | 23.1 | 11.90 | −2.58 | −0.11 | −0.000 18 |
| 1998 年 8 月 17 日 | 202.72 | 22.7 | 11.63 | −2.34 | −0.36 | 0.000 06 |
| 1998 年 8 月 20 日 | 198.88 | 27.5 | 10.27 | −1.01 | −0.77 | −0.000 11 |
| 1998 年 8 月 24 日 | 196.25 | 28.2 | 8.04 | 1.18 | −0.10 | 0.000 06 |
| 1998 年 9 月 7 日 | 197.24 | 27.1 | 7.59 | 1.48 | 0.73 | 0.000 00 |
| 1998 年 10 月 6 日 | 189.28 | 22.5 | 5.88 | 2.68 | 0.83 | −0.000 10 |
| 1998 年 11 月 2 日 | 189.68 | 17.5 | 6.90 | 1.08 | −0.62 | −0.000 12 |
| 1998 年 12 月 8 日 | 180.65 | 14.3 | 6.71 | | | |

注：模型 1 为顾及时间因子的最佳变形模型，模型 2 为顾及时间、水位、温度因子的变形模型，模型 3 为基于模型筛选法的多因子卡尔曼滤波模型，残差为拟合值减观测值。由于模型 3 的残差非常小，因此模型 3 的残差取至小数点后面 5 位。

由表 5.16 可以看出，模型 1 的残差普遍较大，残差超过 1mm 的有 12 个，其中有 7 个残差超过 2mm。模型 2 的残差一般较小，残差超过 1mm 的仅有 2 个，并且残差没有超过 1.5mm。显然，模型 2 比模型 1 要合理得多。因为模型 1 仅描述了大坝变形与时间的相互关系，而模型 2 以模型 1 为基础，顾及库水位、温度对大坝变形的影响，建立大坝变形与时间、库水位、温度之间相互关系的变形模型，因此模型 2 比模型 1 要合理得多。

模型 2 是以模型 1 为基础建立起来的，在某种程度上避免了模型 2 建模的盲目性。

由表 5.16 还可以看出，模型 3 的残差非常小，都小于 0.0002mm，说明模型 3 的建模精度非常高。PL10701 点 1998 年 12 月 8 日的实测变形值为 6.71mm，而模型 3 求出的相应预测值为 7.34mm，两者之差（预测误差）为 0.63mm，预测误差小于 0.7mm，预测效果较好。

模型 3 以模型 2 为基础，将模型 2 的模型参数看作状态向量，建立卡尔曼滤波模型，在卡尔曼滤波过程中，模型参数不断发生变化，从而增强了模型适应变形观测数据的能力，计算表明其建模效果较为理想。

基于模型筛选法的多因子卡尔曼滤波模型以顾及时间因子的单因子模型为基础，考虑到水位及温度对大坝变形的影响，建立大坝变形与时间、水位、温度相关关系的变形模型，然后将该模型的模型参数看作状态向量，建立顾及时间、水位、温度因子的卡尔曼滤波模型，进行大坝变形分析。在卡尔曼滤波过程中，模型参数不断发生变化，从而增强了变形模型适应变形观测数据的能力。就 PL10701 点而言，模型残差值都小于 0.0002mm，而且预测误差较小（小于 0.7mm），其建模精度和预测精度较高，这种建模方法可广泛用于大坝的变形分析。

### 5.9.6　基于多模型优选法的卡尔曼滤波模型

一般地，滑坡的变形是由各种原因引起的，尤其是大气降雨、温度、水库水位等，在建立滑坡变形预测模型时，就必须考虑这些因素的影响。

处于不同位置的滑坡变形监测点，由于它们所处的位置不同，各种环境因素对它们的影响和影响程度也不尽相同，因此它们的变形规律也不尽相同。此时，可以事先预置数个变形与时间、大气降雨、温度、水库水位相关关系的单因子变形模型，通过计算，寻找剩余标准差最小的变形与时间、大气降雨、温度、水库水位相关关系的单因子变形模型，再以这些单因子变形模型为基础，建立变形与时间、大气降雨、温度、水库水位相关关系的多因子变形模型，最后将多因子变形模型的模型参数看作含有动态噪声的状态向量，建立顾及多个因子的卡尔曼滤波模型，以此为基础进行变形预测。

1. 单因模型的建立

与 2.2.1 节类似，先预置 9 个变形与时间相关关系的单因子模型，其模型形式如下：

$$y_1 = a_1 + a_2\sqrt{t} + a_3 e^t + a_4 \ln t \tag{5.117}$$

$$y_2 = a_1 + a_2\sqrt{t} + a_3\sqrt[3]{t} + a_4 \ln t \tag{5.118}$$

$$y_3 = a_1 + a_2\sqrt[3]{t} + a_3 e^t + a_4 \ln t \tag{5.119}$$

$$y_4 = a_1 + a_2\sqrt{t} + a_3 e^t + a_4 \sin t \tag{5.120}$$

$$y_5 = a_1 + a_2\sqrt{t} + a_3 \ln t + a_4 \sin t \tag{5.121}$$

$$y_6 = a_1 + a_2 t + a_3 t^2 + a_4 t^3 \tag{5.122}$$

$$y_7 = a_1 + a_2 t + a_3 e^t + a_4 \ln t \tag{5.123}$$

$$y_8 = a_1 + a_2\sqrt{t} + a_3 t + a_4 \sin t \tag{5.124}$$

$$y_9 = a_1 + a_2 \ln t + a_3 \sin t + a_4 t^2 \tag{5.125}$$

式中：$a_1 \sim a_4$ 为模型参数；$t$ 为观测时间；$y_1 \sim y_9$ 分别为 9 个模型的拟合值。

类似地，可以建立变形与大气降雨、温度、水库水位相关关系的单因子模型，其模型形式类似于式（5.117）～式（5.125），只是将式（5.117）～式（5.125）中的观测时间 $t$ 换成相应的降雨量 $j$ 、温度 $w$ 、水位 $s$ 。例如，经计算，白水河滑坡 ZG118 监测点剩余标准差最小的变形与时间、大气降雨、温度相关关系的单因子变形模型分别为

$$y_t = a_1 + a_2\sqrt{t} + a_3 \ln t + a_4 \sin t \tag{5.126}$$

$$y_j = a_1 + a_2\sqrt{j} + a_3\sqrt[3]{j} + a_4 \ln j \tag{5.127}$$

$$y_w = a_1 + a_2\sqrt{w} + a_3 e^w + a_4 \sin w \tag{5.128}$$

2. 多因子模型的建立

将剩余标准差最小的变形与时间、大气降雨、温度相关关系的单因子变形模型通过叠加组成多因子模型。如白水河滑坡 ZG118 监测点的多因子模型为

$$\begin{aligned} y = {} & a_1 + a_2\sqrt{t} + a_3 \ln t + a_4 \sin t + a_5\sqrt{j} + a_6\sqrt[3]{j} + a_7 \ln j + a_8\sqrt{w} \\ & + a_9 e^w + a_{10} \sin w \end{aligned} \tag{5.129}$$

3. 基于多模型优选法的卡尔曼滤波模型[45]

由于多因子模型（5.129）将模型的参数 $a_1 \sim a_{10}$ 作为定值，限制了模型适应变形观测数据的能力，从而使模型的拟合误差和预测误差偏大，为了解决这个问题，可以将式（5.129）中的模型参数看作状态向量，建立 ZG118 监测点的卡尔曼滤波模型，以便增强模型的适应性。其模型形式为

$$\begin{aligned} y_k = {} & a_1 + a_2\sqrt{t_k} + a_3 \ln t_k + a_4 \sin t_k + a_5\sqrt{j_k} + a_6\sqrt[3]{j_k} + a_7 \ln j_k \\ & + a_8\sqrt{w_k} + a_9 e^{w_k} + a_{10} \sin w_k + \varDelta_k \end{aligned} \tag{5.130}$$

式中：$t_k$ 为观测时间； $j_k$ 为月降雨量； $w_k$ 为观测时的气温； $y_k$ 为相应的变形观测值； $\varDelta_k$ 为相应的观测噪声。

在式（5.130）中，令

$\boldsymbol{L}_k = y_k$，

$\boldsymbol{B}_k = \begin{bmatrix} 1 & \sqrt{t_k} & \ln t_k & \sin t_k & \sqrt{j_k} & \sqrt[3]{j_k} & \ln j_k & \sqrt{w_k} & e^{w_k} & \sin w_k \end{bmatrix}$，

$\boldsymbol{X}_k = [a_1 \quad a_2 \quad a_3 \quad a_4 \quad a_5 \quad a_6 \quad a_7 \quad a_8 \quad a_9 \quad a_{10}]^{\mathrm{T}}$

则式（5.130）式变为

$$\boldsymbol{L}_k = \boldsymbol{B}_k \boldsymbol{X}_k + \boldsymbol{\varDelta}_k \tag{5.131}$$

式（5.131）即为相应的观测方程。为了便于卡尔曼滤波，将 $\boldsymbol{X}_k$ 看作包含有动态噪声的状态向量，则有

$$\boldsymbol{X}_{k+1}=\boldsymbol{X}_k+\boldsymbol{\Omega}_k$$

即

$$\boldsymbol{X}_{k+1}=\boldsymbol{\Phi}_{k+1,k}\boldsymbol{X}_k+\boldsymbol{\Omega}_k \tag{5.132}$$

式中：$\boldsymbol{\Phi}_{k+1,k}=\boldsymbol{I}$，即 $\boldsymbol{\Phi}_{k+1,k}$ 为单位矩阵。根据式（5.132）和式（5.131），则有卡尔曼滤波法的状态方程和观测方程为

$$\begin{cases}\boldsymbol{X}_{k+1}=\boldsymbol{\Phi}_{k+1,k}\boldsymbol{X}_k+\boldsymbol{\Omega}_k\\ \boldsymbol{L}_{k+1}=\boldsymbol{B}_{k+1}\boldsymbol{X}_{k+1}+\boldsymbol{\Delta}_{k+1}\end{cases} \tag{5.133}$$

根据卡尔曼滤波模型的状态方程和观测方程，由卡尔曼滤波方程，即可进行卡尔曼滤波，并进行相关计算。

4. 算例

现选取白水河滑坡 ZG118 监测点 2004 年至 2005 年部分水平位移监测资料进行计算，计算结果见表 5.17，其中模型 1 为多因子模型，模型 2 为基于多模型优选法的卡尔曼滤波模型。残差为模型的拟合值与观测值之差。

**表 5.17　ZG118 点水平位移变形监测值与相应的滤波值**

| 观测时间 | 月降雨量/mm | 平均气温/℃ | 监测值/mm | 模型 1 的残差/mm | 模型 2 的残差/mm |
|---|---|---|---|---|---|
| 2004 年 8 月 18 日 | 114.9 | 28.2 | 253.9 | 18.5 | 0.6 |
| 2004 年 9 月 21 日 | 121.4 | 25.8 | 259.7 | −6.2 | −1.4 |
| 2004 年 10 月 18 日 | 46.0 | 19.2 | 290.3 | −16.3 | −0.4 |
| 2004 年 11 月 18 日 | 49.3 | 14.4 | 294.6 | −32.1 | −0.7 |
| 2004 年 12 月 14 日 | 8.6 | 7.3 | 298.3 | −5.9 | 0.7 |
| 2005 年 1 月 15 日 | 6.6 | 7.2 | 296.0 | −1.3 | −0.0 |
| 2005 年 2 月 25 日 | 20.8 | 9.8 | 299.3 | 12.9 | 0.5 |
| 2005 年 3 月 19 日 | 40.5 | 14.4 | 298.0 | 17.5 | 0.4 |
| 2005 年 4 月 18 日 | 76.0 | 17.8 | 304.9 | 18.7 | 0.4 |
| 2005 年 5 月 16 日 | 129.4 | 22.8 | 310.9 | 28.6 | 0.5 |
| 2005 年 6 月 15 日 | 86.9 | 25.6 | 338.7 | 19.9 | −0.3 |
| 2005 年 7 月 14 日 | 162.6 | 29.5 | 364.4 | −15.0 | −0.9 |
| 2005 年 8 月 15 日 | 198.7 | 28.2 | 380.9 | −3.1 | 0.3 |
| 2005 年 9 月 7 日 | 44.3 | 25.8 | 438.8 | −17.8 | −0.4 |
| 2005 年 10 月 13 日 | 102.0 | 19.2 | 449.9 | −32.1 | −0.4 |
| 2005 年 11 月 15 日 | 17.5 | 14.4 | 454.9 | 13.7 | 0.6 |
| 2005 年 12 月 15 日 | 11.0 | 7.3 | 463.7 | | |

由表 5.17 可以看出，多因子模型的残差相对较大，最大为-32.1mm，最小为-1.3mm；而基于多模型优选法的卡尔曼滤波模型的残差相对较小，最大为-1.4mm，最小为-0.0mm。多因子模型的剩余标准差为 30.3mm，而基于多模型优选法的卡尔曼滤波模型的剩余标准差为 0.9mm。2005 年 12 月 15 日多因子模型预测 ZG118 监测点的水平位移值为 450.9mm，而 2005 年 12 月 15 日 ZG118 监测点的实测水平位移值为 463.7mm，预测误差为 12.8mm；基于多模型优选法的卡尔曼滤波模型预测 2005 年 12 月 15 日 ZG118 监测点的水平位移值为 465.8mm，预测误差为 2.1mm，因此，基于多模型优选法的卡尔曼滤波模型的预测精度及预测效果比多因子模型好。

一般地，滑坡变形预测模型多种多样，应根据滑坡所处的地质环境及变形特性和已有的监测内容确定。如果只监测了滑坡的变形量，而没有进行影响因子（如降雨量、气温、水位）监测，可建立变形与时间相关关系的变形预测模型，此时，如果监测是等时间间隔监测且变形具有平稳性的特性，则可建立时间序列分析模型；若变形逐渐趋缓，可建立指数趋势模型或基于指数趋势模型的卡尔曼滤波模型；如果滑坡监测内容比较丰富，可进行相关分析，建立变形与时间、地下水位、降雨量、气温、水位相关关系的多因子模型或基于多因子模型的卡尔曼滤波模型，必要时建立多种模型进行比较分析。

任何变形模型都是对变形监测点变形规律的一种描述，如果抛开变形监测点所处的具体环境，空洞地谈论哪种模型好、哪种模型不好没有任何实际意义。从理论上讲，建模时考虑的因素越多，则建模的合理性越高。但如果把某些次要因素考虑得太多，反而冲淡了主要因素对变形的影响，不利于提高建模的精度，尤其是建立统计变形分析模型时这种情况显得更为突出。因此建模时，既要考虑合理性，又要考虑适用性，而适用性的重要表现形式是变形模型必须具有足够的预测精度。因此，预测精度是判断所建变形模型好坏的一个重要尺度。

# 第6章　神经网络模型

人工神经系统的研究最早可以追溯到 1800 年弗洛伊德（Frued）的精神分析学时期，他在人工神经系统研究方面做了一些初步工作[46]。1943 年，美国心理学家麦卡洛克（McCulloch）与数学家皮茨（Pitts）合作提出了形式神经元的数学模型，简称为 MP 模型，从而开创了人工神经系统的理论研究时代。MP 模型用逻辑的数学工具研究客观世界的事件在形式神经网络中的表述。后来，MP 模型经过数学家的精心整理和抽象，最终发展成一种有限自动机理论。MP 模型一直沿用至今，直接影响着这一领域的研究进展。1949 年，心理学家赫布（Hebb）提出了改变神经元连接强度的 Hebb 学习规则。Hebb 学习规则开始是作为假设提出来的，其正确性在 30 年后才得到证实，Hebb 学习规则至今仍在各种神经网络模型中起着非常重要的作用。1973 年，福库西马（Fukushima）提出了神经认知机网络理论；1974 年，阿马里（Amari）进行了神经网络相关数学理论的研究；1974 年，韦伯斯（Werbos）提出了 BP 学习理论。这些研究成果为以后研究神经网络理论、数学模型和体系结构等方面打下了坚实的基础。1982 年，美国物理学家霍普菲尔德（Hopfield）提出了 HNN（Hopfield neural network）模型，从而拉开了神经网络计算机研制的序幕；1985 年，塞诺夫斯基（Sejnowski）和欣顿（Hinton）提出的玻尔兹曼（Boltzman）机模型借用统计物理学的概念和方法，首次提出了多层网络的学习算法，即在学习过程中采用模拟退火技术，保证整个系统趋于全局稳定；认知心理学家鲁姆哈特（Rumelhart）和麦克莱兰（McClelland）等提出的 PDP 理论致力于认知微观结构的探索，同时发展了多层网络的 BP（back propagation）算法，BP 算法具有很强的运算能力，在语言综合、模型分类和识别以及自适应控制等方面得到广泛的应用。

神经网络的特点主要表现如下。

（1）以分布方式存储知识，知识不是存储在特定的存储单元中，而是分布在整个系统中。

（2）神经网络的计算功能分布在多个处理单元中，从而大大提高了信息处理和运算的速度。

（3）具有较强的容错能力，它可以从不完善的数据和图形中通过学习做出判断。

（4）可以用来逼近任意复杂的非线性系统。

（5）具有良好的自学习、自适应、联想等功能。

（6）能适应系统复杂多变的动态特性。

## 6.1　神经网络的计算模型

大脑的学习过程就是神经元之间连接强度随外部激励信息做出自适应变化的过程，大脑处理信息的结果由神经元的状态表现出来，因此神经元是信息处理系统的最小单元。人脑包含大约 $10^{12}$ 个神经元，神经元的类型有 1000 多种，每个神经元与 $10^2$～$10^4$ 个其他神经元相连接，形成极为错综复杂而又灵活多变的神经网络。每个神经元虽然十分简单，但是如此大量的神经元之间、如此复杂的连接却可演化出丰富多彩的行为方式。同时，如此大量的神经元与外部感受器之间的多种连接方式也蕴含了变化莫测的反应方式。

神经系统的基本构造是神经细胞，也称神经元。每个神经元都包括三个主要部分即细胞体、树突和轴突[47]。树突的作用是收集由其他神经细胞传来的信息，轴突的作用是传出从细胞体送来的信息。每个神经细胞产生和传递的基本信息是兴奋的或抑制的。两个神经细胞之间的相互接触点为突触。神经元结构的模型示意图见图 6.1。

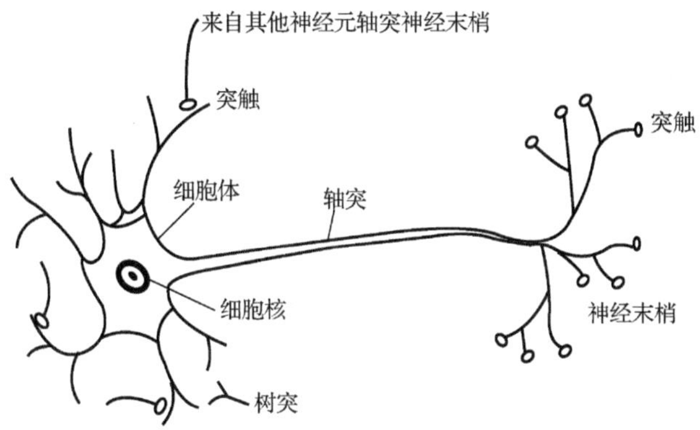


图 6.1　神经元结构的模型示意图

从信息的传递过程看，一个神经细胞的树突在突触处从其他神经细胞接受信号，这些信号可能是兴奋的，也可能是抑制的，所有树突接收到的信号都能传到细胞体进行综合处理。如果在一个时间间隔内，某一细胞受到的兴奋性信号量足够大，以至于使该细胞受到激活而产生一个脉冲信号，这个信号将沿着该细胞的轴突传送出去，并通过突触传给其他神经细胞，神经细胞通过突触的连接形成神经网络。

人工神经网络简称神经网络，是对人脑的抽象、简化和模拟，反映人脑的基本特性。人工神经网络的研究是从人脑的生理结构出发来研究人的智能行为，模拟人脑信息处理的功能。它是根植于神经科学、数学、统计学、物理学、计算机科学等学科的一种技术。

人工神经网络是一个由大量简单神经元连接而成的复杂网络，这样一个网络可以由硬件或软件构成，人工神经网络信息处理的功能由网络的单元（神经元）的输入特性（激活特性），网络的拓扑结构（神经元的连接方式）所决定。神经网络的计算模型主要包括 MP 模型、感知器模型、Hopfield 网络模型等[46]。

### 6.1.1　MP 模型

MP 模型由美国心理学家 McCulloch 和数学家 Pitts 在 1943 年共同建立的模型，被称为 MP 人工神经元模型见图 6.2。它是一个多输入/多输出的非线性信息处理单元。

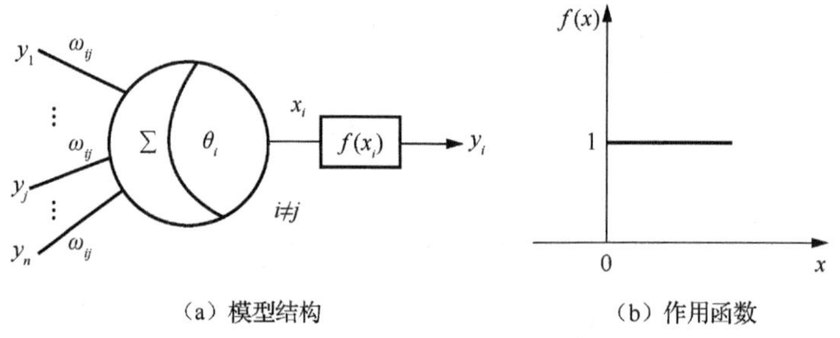


（a）模型结构　　（b）作用函数

图 6.2　MP 神经元模型

图 6.2（a）中，$y_i$ 为神经元 $i$ 的输出，它可与其他多个神经元通过权连接，$y_j$ 为与神经元 $i$ 连接的神经元 $j$ 的输出，也是 $i$ 的输入，$i\neq j$（$j$=1,2,⋯,$n$），$w_{ij}$ 为神经元 $j$ 至 $i$ 的连接权值，$\theta_i$ 为神经元 $i$ 的阈值，$f(x_i)$ 为非线性函数。

神经元 $i$ 的输出 $y_i$ 可描述[46]为

$$y_i = f\left(\sum_{j=1}^{n} w_{ij} y_j - \theta_i\right) \quad (i\neq j) \tag{6.1}$$

令

$$x_i = \sum_{j=1}^{n} w_{ij} y_j - \theta_i$$

则式（6.1）可以写成

$$y_i = f(x_i) \tag{6.2}$$

每一神经元的输出为 0 或 1，分别表示“抑制”或“兴奋”状态，则

$$f(x)=\begin{cases}1 & (x\geqslant 0)\\ 0 & (x<0)\end{cases} \tag{6.3}$$

式中：$f(x)$ 是一个作用函数，也称激励函数。式（6.3）的作用函数为阶跃函数，如图 6.2（b）所示。

由式（6.1）和式（6.3）可知，当神经元 $i$ 的输入信号加权和超过阈值时，输出为 1，即“兴奋”状态；反之，输出为 0，即“抑制”状态。

若把阈值也作为一个权值，则式（6.1）可写成

$$y_i=f\left(\sum_{j=0}^{n}w_{ij}y_j\right) \tag{6.4}$$

式中：$w_{i0}=-\theta_i$，$y_0=1$。

MP 神经元模型是人工神经元模型的基础，也是神经网络理论的基础。

### 6.1.2　感知器模型

感知器借助于模拟人的视觉接受环境信息，并由神经冲动进行信息传递的神经网络。感知器分为单层感知器和多层感知器。

#### 1. 单层感知器

感知器模型是由美国学者罗森布拉特（Rosenblatt）于 1957 年建立的。它是一个具有单层处理单元的神经网络，见图 6.3。非线性作用函数 $f(x)$ 是对称型阶跃函数，即

$$f(x)=\begin{cases}+1 & (x\geqslant 0)\\ -1 & (x<0)\end{cases} \tag{6.5}$$

感知器的输出[46]为

$$y=f\left(\sum_{j=1}^{n}w_ju_j-\theta\right)=f\left(\sum_{j=0}^{n}w_ju_j\right) \tag{6.6}$$

式中：$u_j$ 为感知器的第 $j$ 个输入，$\omega_0=-\theta$（阈值），$u_0=1$。

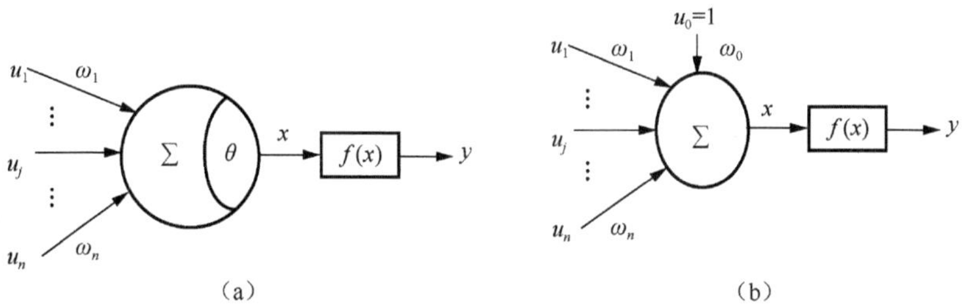


图 6.3　单层感知器

单层感知器与MP模型不同之处是权值可由学习进行调整。

2. 多层感知器

在输入和输出层间加一层或多层隐单元即可构成多层感知器，也称多层前馈神经网络。只加一层隐层单元，为三层网络，即可解决“异或问题”，见图6.4。此时网络的输入/输出见表6.1。

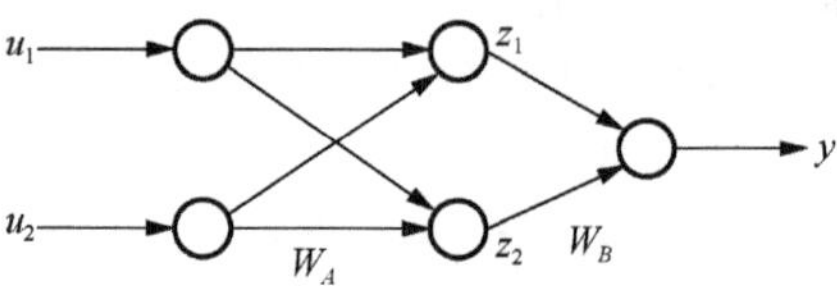


图6.4　三层感知器的结构

**表6.1　网络的输入/输出**

| $u_1$ | $u_2$ | $y$ |
|---|---|---|
| 0 | 0 | 0 |
| 1 | 0 | 1 |
| 0 | 1 | 1 |
| 1 | 1 | 0 |

网络的权值和阈值分别[46]为

$$\boldsymbol{W}_A=\begin{bmatrix}1 & -1\\1 & -1\end{bmatrix},\quad \boldsymbol{\theta}_1=\begin{bmatrix}1\\-1.5\end{bmatrix},\quad \boldsymbol{W}_B=\begin{bmatrix}1\\1\end{bmatrix},\quad \boldsymbol{\theta}_2=[2]$$

设输入层向量为

$$\boldsymbol{U}=\begin{bmatrix}u_1\\u_2\end{bmatrix}$$

则隐层单元输出为

$$\boldsymbol{Z}=\begin{bmatrix}z_1\\z_2\end{bmatrix}=f\left[\boldsymbol{W}_A^{\mathrm{T}}\boldsymbol{U}-\boldsymbol{\theta}_1\right] \tag{6.7}$$

输出层单元输出为

$$\boldsymbol{Y}=(y)=f\left[\boldsymbol{W}_B^{\mathrm{T}}\boldsymbol{Z}-\boldsymbol{\theta}_2\right] \tag{6.8}$$

其中

$$f(x)=\begin{cases}+1 & (x\geqslant 0)\\ 0 & (x<0)\end{cases} \tag{6.9}$$

式中：$z_1$ 及 $z_2$ 为两个隐单元的输出。

三层感知器可以识别任一凸区域，更多层的感知器可以识别更为复杂的图形。

### 6.1.3 Hopfield 网络模型

Hopfield 网络分为两类，即离散型 Hopfield 网络和连续型 Hopfield 网络[46]。

1. 离散型 Hopfield 网络

离散型 Hopfield 网络只有一个神经元层次，这种单层网络的每个神经元的输出与其他神经元的输入相连，称为单层全反馈网络。其结构见图 6.5。

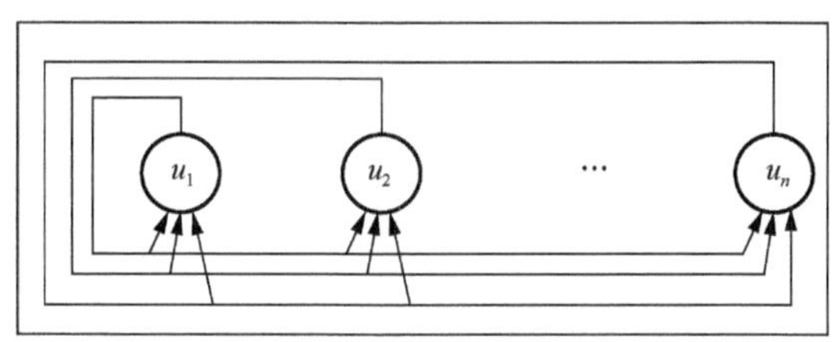


图 6.5　离散型 Hopfield 网络的结构

离散型 Hopfield 网络每个单元均有一个状态值，它取两个可能的值之一，这里用 0 和 1 表示。整个网络的状态由单个神经元的状态组成。网络的状态可用一个 0 /1 组成的向量表示。向量的某个元素对应于网络中某个神经元的状态。这样在任一给定时刻，网络的状态可表示为

$$\boldsymbol{u}=\begin{bmatrix}u_1 & u_2 & \cdots & u_n\end{bmatrix}$$

$u_i$（$i$=1,2,⋯,$n$）用 0 或 1 表示。Hopfield 网络中的各个神经元之间是全互连的，即各个神经元之间均相互连接。这种连接方式使得网络中的每个神经元的输出均反馈到同一层次的其他神经元的输入上。这种网络在没有外部输入的情况下也能进入稳定状态。在某一时刻 $t$，每个神经元按下式计算状态值[46]：

$$u_i(t+1)=\mathrm{sgn}(H_i(t))=\begin{cases}1 & [H_i(t)\geqslant 0]\\ 0 & [H_i(t)<0]\end{cases} \tag{6.10}$$

对于所有的 $1 \leqslant i \leqslant n$，有

$$H_i(t) = \sum_{j=1}^{n} w_{ij} u_j + I_i \tag{6.11}$$

式中：$w_{ij}$ 为神经元 $i$ 与神经元 $j$ 之间的连接权值；$I_i$ 为第 $i$ 个神经元的外输入信号。如果神经网络从 0 时刻的状态 $u(0)$ 出发，按照式（6.10）及式（6.11）进行演化，直到某个时刻 $t$ 到达 $u(t_1)$，并且 $t>t_1$ 之后，整体状态始终不变，则称网络处于稳定状态。

2. 连续型 Hopfield 网络

连续型 Hopfield 网络具有与离散型 Hopfield 网络相同的结构，这种结构反映了生物神经系统中广泛存在的神经回路现象。连续型 Hopfield 网络结构见图 6.6（a)，它属于单层反馈型非线性网络，每一节点的输出均反馈至其他节点的输入，无自反馈。Hopfield 用模拟电路（电阻、电容和运算放大器）实现网络的神经元（节点)，见图 6.6（b)。

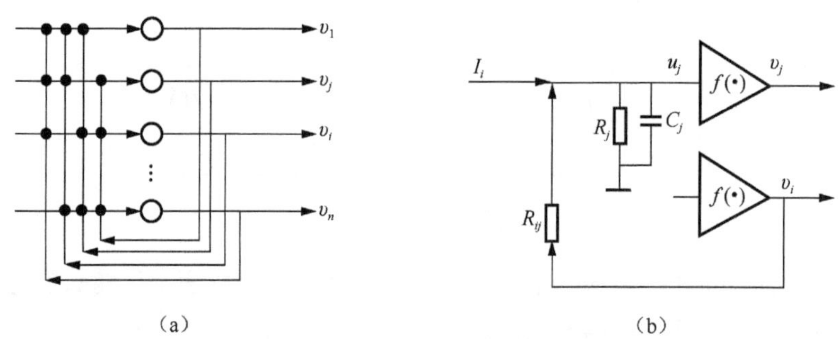


图 6.6　连续型 Hopfield 网络结构及神经元电路模型

在连续型 Hopfield 网络中，各个神经元的状态取值是连续的，且根据下面所规定的规律变化[46]：

$$\begin{cases} C_j \dfrac{\mathrm{d}u_j}{\mathrm{d}t} = \displaystyle\sum_{i=1}^{n} \dfrac{v_i - u_j}{R_{ij}} - \dfrac{u_j}{R_j} + I_j & (i \neq j) \\ v_j = f(u_j) & (j = 1, 2, \cdots, n) \end{cases} \tag{6.12}$$

式中：$u_j$ 为神经元 $j$ 的状态；$C_j$ 表征细胞输入电容，为一个大于 0 的常数；$R_j$ 表示细胞电阻，其值为正数；$I_j$ 为外部输入；$v_i$ 为神经元 $i$ 的输出；输出函数 $f(x)$ 为 S 型函数，即

$$f(x)=\frac{1}{1+\mathrm{e}^{-x}} \tag{6.13}$$

从式（6.12）的形式看，可以把神经细胞信息的传递用一个简单的放大器来仿真形成人工神经元。图 6.6（b）中第 $j$ 个运算放大器的输入为状态 $u_j$，它与输出 $v_j$ 之间的关系 $f(\ )$ 满足式（6.13），其电源电压为输出 $v_j$ 的最大值。

## 6.2　神经网络的学习方式与学习规则

神经网络的学习也称为训练，指的是通过神经网络所在环境的刺激作用调整神经网络的自由参数，使神经网络以一种新的方式对外部环境做出反应的一个过程。

### 1. 神经网络的学习方式

神经网络的学习方式有三种，即有导师学习、无导师学习和再励学习[47]。

1）有导师学习

有导师学习也称为有监督学习，学习时需要给出导师信号（也称为期望输出）。有导师学习中，神经网络的输出值与期望值相比较，根据两者之间的目标函数（即误差函数）来调节各层神经元之间的连接权值，经过多次调整，最终使目标函数达到容许的误差范围。

2）无导师学习

无导师学习也称为无监督学习，学习时，输入的样本进入神经网络后，网络按照预先设定的规则来调整神经元之间的权值或网络结构从而使网络最终有模式分类等功能。

3）再励学习

再励学习也称为强化学习，这种学习介于有导师学习与无导师学习之间，外部环境对系统输出结果只给出评价而不给出正确答案，学习系统通过强化那些受奖励的动作来改善自身的性能。

### 2. 神经网络的学习规则

神经网络的学习规则也就是连接权的修正规则，两个比较典型的学习规则是 Hebb 学习规则和德尔塔（Delta）学习规则[47]。

1）Hebb 学习规则

Hebb 学习规则是一种联想式学习方法。联想是人脑形象思维过程中的一种表现形式。例如，在空间和时间上相互接近的事物间，在性质上相似或相反的事物间都容易在人脑中产生联想。生物学家 Hebb 基于对生物学和心理学的研究，提出了学习行为的突触联系和神经群理论。这种学习规则可归结为“当某一突触两端的神经元的激活同步时，该连接的强度应增强，反之应减弱”。用数学表达式表示如下：

$$\Delta w_{ij} = \eta v_i v_j \tag{6.14}$$

式中：$v_i$、$v_j$ 分别为神经元 $i$ 和 $j$ 的输出；$w_{ij}$ 为神经元 $i$ 和 $j$ 的连接权；$\eta$ 为训练速率，其值大于 0；$\Delta w_{ij}$ 为连接权的修正值。Hebb 学习规则是人工神经网络学习的基本规则。几乎所有人工神经网络的学习规则都可以看作 Hebb 学习规则的变形。

2）Delta 学习规则

Delta 学习规则是 Hebb 学习规则的一个派生形式，其实质是神经网络模型整个均方误差朝极小化方向演化。设某神经网络输出层只有一个神经元 $i$，给该神经网络加上输入，这样就产生了输出 $y_i(n)$，称为实际输出。对于加上的输入，人们期望该神经网络的输出为 $d(n)$，称为期望输出或者目标输出。实际输出与目标输出之间存在误差，用 $e(n)$ 表示，即

$$e(n) = d(n) - y_i(n) \tag{6.15}$$

现在要调整突触权值，使误差 $e(n)$ 达到最小，为此设定能量函数 $E(n)$，即

$$E(n) = \frac{1}{2}\mathrm{e}^2(n) \tag{6.16}$$

反复调整突触权值，使能量函数达到最小，就完成了学习过程。

## 6.3　BP 神经网络模型

自 20 世纪 80 年代以来，神经网络模型发展迅速，应用领域极为广泛，在变形分析中也具有广泛的应用。

神经网络的处理单元为神经元，也称为节点。处理单元用来模拟生物的神经元，其模拟过程具有如下特点：

（1）对每个输入信号进行处理，以确定其强度。

（2）确定所有输入信号组合的效果。

（3）确定其输出。

图 6.7 为处理单元的示意图。

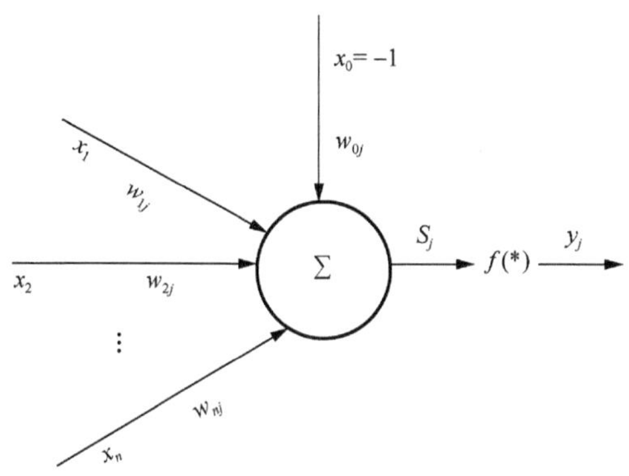


图 6.7　处理单元的示意图

输入信号来自外部或其他处理单元的输出，分别为

$$x_1, x_2, \cdots, x_n$$

式中：$n$ 为输入的数目。连接到节点 $j$ 的权值相应为

$$w_{1j}, w_{2j}, \cdots, w_{nj}$$

式中：$w_{ni}$ 表示从节点 $i$ 到节点 $j$ 的权值，即节点 $i$ 与节点 $j$ 的连接强度。$w_{ij}$ 可以为正，也可以为负，分别表示兴奋型突触和抑制型突触。

处理单元的内部门限为 $Q_j$，若用 $x_0=-1$ 的固定偏量输入表示，其连接强度取 $w_{0j}=Q_j$，则输入的加权总和为

$$S_j = \sum_{i=1}^{n} w_{ij}x_i - Q_j = \sum_{i=0}^{n} w_{ij}x_i \tag{6.17}$$

若令

$$\boldsymbol{X} = [x_0 \quad x_1 \quad x_2 \quad \dots \quad x_n]^{\mathrm{T}}, \quad \boldsymbol{W}_j = [w_{0j} \quad w_{1j} \quad w_{2j} \quad \dots \quad w_{nj}]^{\mathrm{T}}$$

则式（6.17）可写成

$$S_j = \boldsymbol{W}_j^{\mathrm{T}}\boldsymbol{X} \tag{6.18}$$

$S_j$ 通过转移函数 $f(\cdot)$ 的处理，得到处理单元的输出

$$y_j = f(S_j) = f(\boldsymbol{W}_j^{\mathrm{T}}\boldsymbol{X}) \tag{6.19}$$

转移函数也称为作用函数或激励函数，它描述了生物神经元的转移特性。

在神经网络模型中，常用的转移函数有如下两种：

（1）符号函数，即

$$y = f(S) = 1 \quad (S \geqslant 0) \tag{6.20}$$

$$y = f(S) = -1 \quad (S < 0) \tag{6.21}$$

（2）S 型函数，即

$$y = f(S) = \frac{1}{1 + \mathrm{e}^{-S}} \quad (-\infty < S < \infty) \tag{6.22}$$

神经网络模型有多种类型，但目前应用最广，其基本思想最直观、最容易理解的是多层前馈神经网络及误差逆传播学习算法（error back-propagation），人们将按这一学习算法进行训练的多层前馈神经网络简称为 BP 神经网络。BP 神经网络在神经网络发展史上产生过重大影响，并且是目前最流行的神经网络模型之一。

1. BP 网络的拓扑结构

BP 神经网络结构一般由输入层、隐含层和输出层组成（图 6.8）。

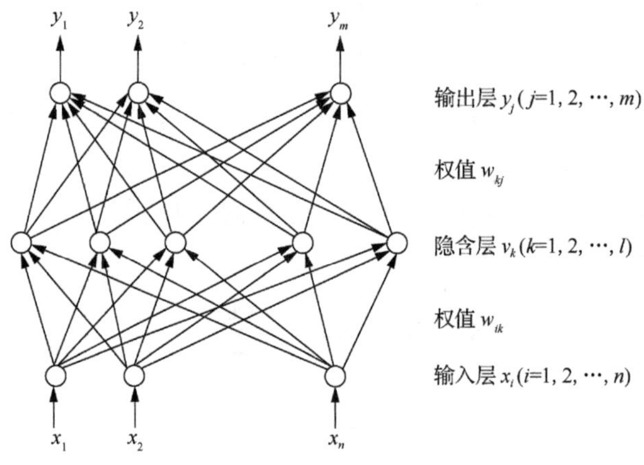


图 6.8　BP 网络模型的结构

在 BP 网络中，层与层之间一般采用全互联方式，但同一层的节点之间不存在相互连接。隐含层可以是一层，也可以是多层。

图 6.8 是一个 3 层 BP 网络结构，$x_i$ 表示输入层的输入，$w_{ik}$ 表示从输入层节点到隐含层节点的连接权值，$v_k$ 表示隐含层的输出，$w_{kj}$ 表示从隐含层节点到输出层节点的连接权值，$y_j$ 表示输出层的输出。$i$、$k$、$j$ 分别表示输入节点、隐含节点和输出节点，$n$、$l$、$m$ 分别表示输入节点、隐含节点和输出节点的数量。

由 BP 网络的拓扑结构可知，为了最终确定神经网络的输入、输出关系，首先需要选定神经网络的层次、各层的节点数和转移函数，然后还要确定各层之间节点的连接权值。

网络的层次和不同层中节点的个数根据需要由设计者选定，转移函数一般采用式（6.22），而连接权值则由输入、输出的观测数据通过网络的学习过程进行估计。

2. BP 网络的学习算法

BP 网络的学习过程由正向传播和误差反向传播组成。当给定网络一组输入模式时，BP 网络将依次对这组输入模式中的每个输入模式按如下方式进行学习：把输入模式从输入层传到隐含层节点，经隐含层节点逐层处理后，产生一个输出模式传至输出层，这一过程称为正向传播，如果经正向传播在输出层没有得到所期望的输出模式，则转为误差反向传播过程，即把误差信号沿原连接路径返回，并通过修改各层节点的连接权值，使误差信号为最小，重复正向传播和反向传播过程，直至得到所期望的输出模式为止。

如图 6.8 所示，设网络的输入为 $\boldsymbol{X}=(x_1, x_2, \cdots, x_n)$，目标输出为 $\boldsymbol{D}=(d_1, d_2, \cdots, d_m)$，而实际输出为 $\boldsymbol{Y}=(y_1, y_2, \cdots, y_m)$，则网络的学习步骤如下[22,48]：

（1）用均匀分布随机数将各权值设定为一个小的随机数作为节点间连接权的初值和阈值。

（2）计算网络的实际输出 $\boldsymbol{Y}$：

① 对于输入层节点，其输出 $O_i^I$ 与输入数据 $x_i$ 相等，即 $O_i^I=x_i$（$i$=1,2,$\cdots$,$n$）。

② 对于隐含层节点，其输入为

$$net_k^H=\sum_{i=1}^{n} w_{ki}^{HI} O_i^I \qquad (k=1,2,\cdots,l) \tag{6.23}$$

输出为

$$O_k^H=f(net_k^H-\theta_k^H) \tag{6.24}$$

式中：$w_{ki}^{HI}$ 为隐含层节点 $k$ 与输入层节点 $i$ 的连接权；$\theta_k^H$ 为隐含层节点 $k$ 的阈值；$l$ 为隐含层节点个数；$O_i^I$ 为输入层节点 $i$ 的输出，即 $x_i$；$f(\cdot)$ 为 S 型函数。

③ 对于输出层节点，其输入为

$$net_j^O=\sum_{k=1}^{l} w_{jk}^{OH} O_k^H \qquad (j=1,2,\cdots,m) \tag{6.25}$$

输出为

$$y_j = f(net_j^O - \theta_j^O) \tag{6.26}$$

式中：$w_{jk}^{OH}$ 为输出层节点 $j$ 与隐含层节点 $k$ 的连接权；$\theta_j^O$ 为输出层节点 $j$ 的阈值。

（3）由输出接点 $j$ 的误差 $e_j = d_j - y_j$ 计算所有输出接点的误差平方和，得到能量函数：

$$E = \frac{1}{2}\sum_{j=1}^{m}(d_j - y_j)^2 \tag{6.27}$$

如果 $E$ 小于规定的值，则转步骤（5），否则继续步骤（4）。

（4）调整权值：

① 对于输出层节点与隐含层节点的权 $w_{jk}^{OH}$ 调整为

$$\bar{w}_{jk}^{OH} = w_{jk}^{OH} + \Delta w_{jk}^{OH}$$

$$\Delta w_{jk}^{OH} = \eta \delta_j^o O_k^H$$

$$\delta_j^o = (d_j - y_j) y_j (1 - y_j) \tag{6.28}$$

式中：$\eta$ 为训练速率，一般取 $\eta$ 为 0.01～1。

② 对于隐含层节点与输入层节点的权 $w_{ki}^{HI}$ 调整为

$$\bar{w}_{ki}^{HI} = w_{ki}^{HI} + \Delta w_{ki}^{HI}$$

$$\Delta w_{ki}^{HI} = \eta \delta_k^H O_i^I$$

$$\delta_k^H = O_k^H (1 - O_k^H) \sum_{j=1}^{m} \delta_j^o w_{jk}^{OH} \tag{6.29}$$

（5）进行下一个训练样本，直至训练样本集合中的每一个训练样本都满足目标输出，则 BP 网络学习完成。

## 6.4　基于模拟退火算法的 BP 神经网络模型

BP 神经网络是一种多层前馈神经网络，它由输入层、隐含层和输出层组成。层与层之间可以相互连接，同一层之间不存在相互连接，隐含层可以有一个或多个。构造一个 BP 神经网络需要确定网络的拓扑结构以及隐含层的神经元个数。一般来说，隐含层神经元个数不能确定，其选择数目的不同将影响到输出的精度。BP 算法按照最优训练的准则反复迭代计算，并不断调整神经网络的权值，当权值收敛时学习过程结束。因此，BP 神经网络具有误差小、收敛性好等方面的特点，但它具有收敛速度慢、容易陷入局部极小等方面的缺点。

1. 模拟退火算法

模拟退火算法是 1983 年由柯克帕特里克（Kirkpatric）等提出的一种算法，其基本思想是将优化问题同热动力平衡的问题结合起来，模拟物理中固体物质退火的过程，寻求全局问题的最优解或近似最优解。模拟退火算法的基本过程是在初始温度 $t_0$ 下利用梅特罗波利斯（Metropolis）准则寻求稳定状态，让温度缓慢下降，再用该准则寻求稳定状态，当满足一定的条件时停止降温。

Metropolis 准则是模拟退火算法的基础，它是以一定的概率接收新的状态，通过 Metropolis 准则确定每一个温度下的稳定状态。在温度 $t$ 时，当前状态为 $i$，通过相应扰动产生新的状态 $j$，$E$ 为目标函数。若 $E_j<E_i$，则接收新状态 $j$ 为当前状态；若 $E_j>E_i$，则计算概率 $P$

$$P=\exp\left[-\frac{E_j-E_i}{kt}\right] \tag{6.30}$$

式中：$k$ 为玻尔兹曼常数。

若 $P>$random[0,1]，则新状态 $j$ 为当前状态；否则，则保留 $i$ 为当前状态。其中 random[0,1]为在[0,1]区间内以一定概率生成的随机数。

基于模拟退火算法的 BP 神经网络模型通过对 BP 神经网络模型中的权值和阈值进行全局优化，防止权值和阈值陷入局部最小，因此该模型既可保持 BP 网络良好的收敛性、动态性等方面的优点，又可从全局上调整权值和阈值，使输出结果的可靠性更高。

2. 基于模拟退火算法的桥梁变形预测模型

利用模拟退火算法对桥梁变形监测数据进行处理和变形预测，其基本思想和建模步骤如下[22]：

（1）确定模型的网络结构。一般来说，可以将影响桥梁变形的因素（如上游水位、下游水位、当天气温）作为输入层的神经元，输出层为桥梁的径向位移值，隐含层为一层，神经元的个数可以通过下式确定：

$$J=\sqrt{n+m}+a \tag{6.31}$$

式中：$J$ 为隐含层神经元的个数；$n$ 为输入层神经元的个数；$m$ 为输出层神经元的个数；$a$ 为 1～10 的整数，一般取 $a$=2。

（2）为了使输入层的数据限制在 0～1 内，需将数据进行归一化处理，处理方法如下：

$$\bar{X}_i^k = \frac{X_i^k - X_{\min}^k}{X_{\max}^k - X_{\min}^k} \quad (i=1,2,\cdots,n)$$

式中：$X_i^k$ 为输入层的第 $k$ 个神经元的第 $i$ 个样本；$X_{\min}^k$、$X_{\max}^k$ 分别为输入层第 $k$ 个神经元样本的最小值和最大值。对于输出层的数据也作类似处理。

（3）对 BP 网络权值 $w_{ij}$ 和阈值 $v_{ij}$ 的初始化。$w_{ij}$ 为连接相邻两层之间的权值，$v_{ij}$ 为第 $j$ 层的阈值，其数值范围一般为−1～1，$j$ 为隐含层或输出层。利用 MATLAB 中的 rand 函数可以实现对网络权值及阈值的初始化。初始温度 $t_0$ 可以根据具体的输入输出数据进行调整，一般可取 $t_0$=100。

（4）利用 BP 网络调整权值和阈值。

（5）BP 网络调整后的权值 $w_{ij}$ 和阈值 $v_{ij}$ 为该温度下的当前状态 $i$，新状态 $j$ 按照柯西（Cauchy）分布由下式计算：

$$y = \arctan\left(\frac{x}{t}\right) \tag{6.32}$$

式中：$x$ 为[0,1]之间服从均匀分布的随机函数；$t$ 为当前温度。

计算出相应的扰动 $\Delta w_{ij}$ 及 $\Delta v_{ij}$ 后与当前状态相加。按下式确定目标函数：

$$E_k = \frac{1}{2}[y(k) - o(k)]^2 \quad (k=1,2,\cdots) \tag{6.33}$$

式中：$y(k)$ 为实际值；$o(k)$ 为网络的输出值后执行 Metropolis 准则并满足内循环的止准则（循环次数为 500），输出此时的权值 $w_{ij}$ 和阈值 $v_{ij}$。

（6）将步骤（5）中输出的权值 $w_{ij}$ 和阈值 $v_{ij}$ 作为网络新的权值和阈值计算目标函数值，若目标函数值与实际值之差满足精度要求，则停止外循环并输出桥梁变形的预测值；否则进行降温处理，即 $t_{k+1} = \lambda t_k$（$\lambda$ 的取值一般为 0～1，且不能太小，$t_k$ 为当前温度），将 $t_{k+1}$ 代入式（6.32）进行迭代计算。

3. 计算实例

现选取某桥梁 1999 年 6 月 29 日至 2000 年 11 月 12 日的相关观测数据进行计算[22]，计算结果列于表 6.2 中。将前 12 组数据作为训练样本，后 4 组数据作为预测样本，上、下游水位和气温作为网络的输入，径向位移作为网络的输出，隐含层的个数为 1 个，包括 4 个神经元，模拟退火算法的初始温度为 100，$\lambda$=0.9，Metropolis 准则内循环的终止条件是循环 500 次，其中模型 1 为 BP 神经网络模型，模型 2 为基于模拟退火算法的 BP 神经网络模型。

表 6.2　BP 网络与模拟退火 BP 网络的计算结果

| 观测日期 | 上游水位/m | 下游水位/m | 当天气温/℃ | 径向位移/mm | 模型 1 的误差/mm | 模型 2 的误差/mm |
|---|---|---|---|---|---|---|
| 1999 年 6 月 29 日 | 183.28 | 74.87 | 21.70 | 120.11 | 0.0276 | −0.0000 |
| 1999 年 6 月 30 日 | 184.26 | 76.44 | 22.90 | 120.06 | 0.0834 | 0.0078 |
| 1999 年 7 月 1 日 | 184.63 | 76.12 | 24.70 | 120.05 | −0.0178 | 0.0069 |
| 1999 年 7 月 2 日 | 184.28 | 75.76 | 25.20 | 120.08 | −0.0244 | −0.0008 |
| 1999 年 7 月 3 日 | 183.76 | 75.62 | 24.50 | 120.11 | 0.0144 | 0.0005 |
| 1999 年 7 月 4 日 | 183.31 | 74.73 | 25.70 | 120.13 | −0.0105 | −0.0046 |
| 1999 年 7 月 5 日 | 182.47 | 75.61 | 28.40 | 120.13 | −0.0200 | −0.0011 |
| 1999 年 7 月 6 日 | 181.43 | 75.64 | 27.30 | 120.10 | −0.0323 | −0.0003 |
| 2000 年 11 月 3 日 | 199.90 | 79.33 | 8.40 | 119.01 | 0.0483 | 0.0026 |
| 2000 年 11 月 4 日 | 199.77 | 79.60 | 10.10 | 119.02 | −0.0392 | −0.0049 |
| 2000 年 11 月 5 日 | 199.57 | 79.30 | 9.90 | 119.03 | −0.0081 | 0.0004 |
| 2000 年 11 月 6 日 | 199.31 | 79.27 | 10.50 | 119.06 | −0.0237 | 0.0020 |
| 2000 年 11 月 9 日 | 198.13 | 78.97 | 6.90 | 119.05 | −0.7185 | 0.0023 |
| 2000 年 11 月 10 日 | 197.94 | 78.27 | 6.90 | 119.08 | −0.6885 | 0.0008 |
| 2000 年 11 月 11 日 | 197.67 | 78.30 | 3.10 | 119.09 | −0.6785 | −0.0020 |
| 2000 年 11 月 12 日 | 197.49 | 77.83 | 4.40 | 119.17 | −0.5985 | −0.0130 |

从表 6.2 中可以看出，基于模拟退火算法的 BP 神经网络模型的拟合误差及预测误差明显小于 BP 神经网络模型。

## 6.5　模糊神经网络模型

### 6.5.1　模糊理论基础

美国加利福尼亚大学查德（Zadeh）教授于 1965 年发表了名为《模糊集合》（*Fuzzy Sets*）的论文，提出了“隶属函数”这个概念来描述现象差异的中间过渡，从而突破了古典集合论中属于或者不属于的绝对关系，产生了模糊数学。模糊集合是一种特别定义的集合，它可用来描述模糊现象。有关模糊集合、模糊逻辑等方面的数学理论称为模糊数学。

1．模糊集合

1）模糊集合与隶属函数

模糊集合是模糊概念的一种描述。模糊概念大量存在于人们的观念之中，如

“人到中年”这个词语本身就是一个模糊事件，人们对“中年”的理解和界定并不能给出精确的一个岁数，只能是30～40岁这样一个区间范围。也就是说，“中年”是一个模糊概念，构成的集合就是模糊集合。

设论域X上的一个实值函数用$\mu_A$表示，即

$$\mu_A: x \to [0,1]$$

对于$x \in X$，$\mu_A(x)$称为$x$对模糊集合A的隶属度，而$\mu_A$称为隶属函数[49]。模糊集合$A$是一个抽象的东西，而函数则是具体的，因此人们只能通过$\mu_A$来认识和掌握$A$。为了简单起见，常用$A(x)$代替$\mu_A$。隶属度$A(x)$正是$x$属于$A$的程度的数量指标。

在经典集合论中，一个元素$x$要么属于某个集合，要么不属于某个集合，其特征函数值为1或0。而对于模糊集合而言，一个元素可以既属于该集合又不属于该集合，亦此亦彼，界限模糊。对于建立在模糊集基础上的模糊逻辑，任何陈述或命题的真实性只是在一定程度上的真实性，即模糊性。它反映了事件的不确定性，这种不确定性可以用一个元素属于某个集合的程度，一个属于[0，1]的数值即隶属函数来刻画，即模糊集合用隶属函数作定量描述。隶属函数的值域是闭区间[0，1]，当隶属函数的值域是0或1时，模糊集合便退化为一个普通集合。

正确确定隶属函数是运用模糊集合理论解决实际问题的基础。然而，目前确定隶属函数还没有一种成熟而有效的方法，一般根据经验或模糊统计的方法确定，因而隶属函数的确定并不是唯一的。把神经网络与模糊逻辑结合起来，通过对神经网络的训练，由神经网络直接自动生成隶属函数是解决这一问题的有效方法。

2）模糊集合的运算

在模糊逻辑中，任何陈述都以一定程度的真实性表示，其值可以是“0”和“1”之间的任一实数。

模糊集合的运算[49]有

并集 $$\mu_{A\cup B}(x) = \mu_A(x) \vee \mu_B(x) = \max(\mu_A(x), \mu_B(x))$$

交集 $$\mu_{A\cap B}(x) = \mu_A(x) \wedge \mu_B(x) = \min(\mu_A(x), \mu_B(x))$$

补集 $$\mu_{\bar{A}}(x) = 1 - \mu_A(x)$$

代数积 $$\mu_{A\bullet B}(x) = \mu_A(x) \times \mu_B(x)$$

代数和 $$\mu_{A+B}(x) = \mu_A(x) + \mu_B(x) - \mu_A(x) \cdot \mu_B(x)$$

有界和 $$\mu_{A\oplus B}(x) = (\mu_A(x) \times \mu_B(x)) \wedge 1$$

有界差 $$\mu_{A\ominus B}(x) = (\mu_A(x) - \mu_B(x)) \vee 0$$

有界积　　$\mu_{A\otimes B}(x)=(\mu_A(x)+\mu_B(x)-1)\vee 0$

式中：max 为取最大运算；min 为取最小运算。

3）模糊集合与普通集合的联系

模糊集合 $A$ 本身是一个没有确定边界的集合，但是如果约定凡是 $x$ 对 $A$ 的隶属度达到或超过某个人水平者才算是 $A$ 的成员，那么模糊集合 $A$ 就变成了普通集合 $A_\lambda$。

设 $A\in F(x)$，任取 $\lambda\in[0,1]$，设 $A_\lambda=\{x\in X;\ A(x)\geqslant\lambda\}$，称 $A_\lambda$ 为 $A$ 的 $\lambda$ 截集，其中 $\lambda$ 称为阈值或置信水平。

又记 $A_{\lambda+}=\{x\in X;\ A(x)>\lambda\}$，称 $A_{\lambda+}$ 为 $A$ 的 $\lambda$ 强截集。

分解定理：设 $A$ 为论域 $X$ 上的模糊集合，$A_\lambda$ 是 $A$ 的截集，则有

$$A=\bigcup_{\lambda\in[0,1]}\lambda A_\lambda \qquad (\lambda\in[0,1])$$

式中：$A$ 是模糊集；$A_\lambda$ 是普通集合（非模糊集合）。它们之间的联系和转化可由分解定理用数学语言表达出来。分解定理也说明了模糊性的成因，大量的甚至无限多的普通集合叠加在一起，总体上就形成了模糊集。

## 2. 模糊条件语句

在模糊系统建模时常用以下几种条件语句。

1）简单模糊条件语句

简单模糊条件语句的句型为：“如果 $x$ 是 $A$，则 $y$ 是 $B$”。

若 $A(x)$，$x\in X$，$B(y)$，$y\in Y$，则 $A\to B$ 是 $X\times Y$ 上的一个二元模糊关系。其隶属函数为

$$\mu_R(x,\ y)=\mu_{A\to B}(x,\ y)=(1-\mu_A(x))\vee(\mu_A(x)\wedge\mu_B(y))$$

2）多重简单模糊条件语句

由多个简单模糊条件语句并列组成的语句称为多重简单模糊条件语句，其句型为：“IF A　THEN　B　ELSE　C”。

定义如下马姆达尼（Mamdani）模糊蕴涵关系：

$$R=(A_1\times B_1)\cup(A_2\times B_2)\cup\cdots\cup(A_n\times B_n)=\bigcup_{i=1}^{n}(A_i\times B_i)$$

其隶属函数为

$$\mu_R(x,\ y)=\bigvee_{i=1}^{n}(\mu_{A_i}(x)\wedge\mu_{B_i}(y))$$

3）多维模糊条件语句

多维模糊条件语句的句型为：“IF A AND B THEN C”。

若 $A\in F(x)$，$B\in F(Y)$，$C\in F(Z)$，则有三元模糊关系 $R$：

$$R=(A\times B)\to C$$

其隶属函数为

$$\mu_R(x,\ y,\ z)=\mu_A(x)\wedge\mu_B(y)\wedge\mu_C(z)$$

4）多重多维模糊条件语句

由多个多维模糊条件语句并列组成的语句称为多重多维模糊条件语句，其句型为“IF $A_i$ AND $B_i$ THEN $C_i$”，其中 $i=1,2,\cdots,n$。

这种模糊蕴涵关系为

$$R=(A_1\times B_1\times C_1)\cup(A_2\times B_2\times C_2)\cup\cdots\cup(A_n\times B_n\times C_n)=\bigcup_{i=1}^{n}(A_i\times B_i\times C_i)$$

### 6.5.2 模糊神经网络模型的建立

神经网络对环境变化具有较强的自适应学习能力，从系统建模的角度看，它采用的是典型的黑匣子模式。因此学习完成后，神经网络所获得的输入输出关系无法用直观的方式表示出来。而模糊系统采用的是“如果-则”的表达方式，容易理解和接受。但如何自动生成和调整隶属函数和模糊规则，却相当困难，往往只能采用手动的方式，因此必须依赖专家，效率不高。由于模糊系统与神经网络都能实现非线性输入输出关系，且在数据处理中均采用并行处理的结构。模糊神经网络将模糊系统与神经网络结合起来，扬长避短，用于建立预报模型，可以提高模型的学习能力和表达能力。在大坝安全监控领域中，结构承受的荷载与结构响应的效应具有复杂的非线性关系。如何精确拟合荷载与效应之间的非线性关系，合理预测预报大坝的结构性态，是大坝安全监控的重要内容。利用模糊神经网络较强的表达能力可以较好反映这种非线性关系。

1. 结合形式

从映射的角度出发，模糊系统和神经网络都具有非线性函数逼近的能力。模糊系统与神经网络的融合有多种形式，依其连接形式和使用功能，大致可归纳为松散型、并联型、串联型、网络学习型、结构等价型五类，其中结构等价型使用较多。结构等价型指模糊系统由一等价结构的神经网络来表示，神经网络不再是一个黑箱，其所有节点和参数都具有一定的意义，即对应模糊系统的隶属函数或推理过程。

### 2. 模型构建方法

对于 $n$ 个输入、单个输出的模糊系统，可采用高木-关野（Takagi-Sugeno）模型[50]。

如果 $x_1 \in A_1^j, x_2 \in A_2^j, \cdots, x_n \in A_n^j$，则 $y = f_j(x)$。其中 $A_1^j, A_2^j, \cdots, A_n^j$ 是模糊子集，$f_j(x)$ 可取输入变量的线性组合，即

$$f_j(x) = C_j^1 x_1 + C_j^2 x_2 + \cdots + C_j^n x_n + C_j^{n+1} \tag{6.34}$$

由于该模型对输入空间的分割是线性的，即输入变量是相互独立的。当输入空间为非线性分割时，如果要使用上述模型，则必须将输入空间分割很细，这样模糊规则的数目会急剧增多。为了避免这种情况，可采用下述模型：

如果 $\boldsymbol{X} \in R_j$，则 $y = f_j(\boldsymbol{X})$，其中 $\boldsymbol{X} = (x_1, x_2, \cdots, x_n)^{\mathrm{T}}$，$R_j$ 为输入空间分割后的部分空间。

使用这种模型时，可利用神经网络求出条件部输入变量的联合隶属函数，同样，结论部的函数 $f_j(\boldsymbol{X})$ 也可用神经网络表示，于是可得到基于神经网络的模糊系统见图 6.9。

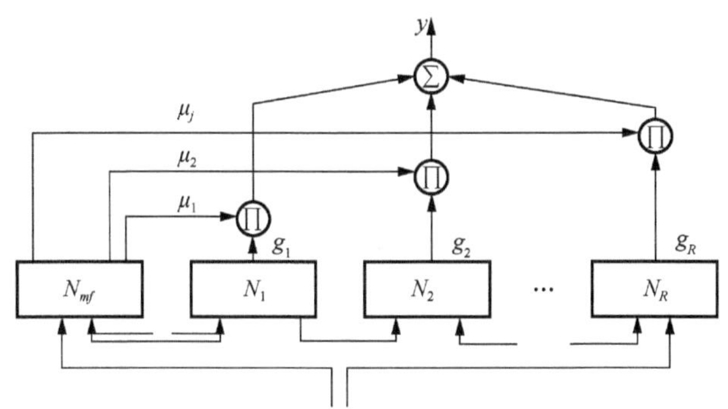


图 6.9　基于神经网络的模糊系统

系统共有 $R$+1 个神经网络，其中 $N_1 \sim N_R$ 分别表示 $R$ 条规则的结论部中的函数 $f_j(\boldsymbol{X})$，而 $N_{mf}$ 则是给出每条规则对于输入 $\boldsymbol{X}$ 的适用度，因此系统的输出为

$$y = \sum_{j=1}^{R} \mu_j g_j \tag{6.35}$$

要建立图 6.9 所示的系统，可按下列步骤进行[50]：

（1）将给定的输入输出数据样本（$x_i, y_i$）适当分成两部分，一部分用于训练网络，另一部分用于测试和评价求得的系统性能。

（2）对于训练用的样本，利用聚类对输入样本进行聚类。聚类后的每个组对应一条规则，假设聚类分成 $R$ 个组，即有 $R$ 条模糊规则。

（3）训练 $N_{mf}$。此神经网络由 $n$ 个输入量，$R$ 个输出量构成。假设训练样本中的 $x_i$ 在步骤（2）中被聚类到第 $S$ 组中，则

$$\begin{cases} W_j^i = \text{ON} & (j = S) \\ W_j^i = \text{OFF} & (j \neq S) \end{cases} \quad (j=1,2,\cdots,R) \tag{6.36}$$

其中 ON/OF 可取值 1/0，由于 S 型函数［式（6.22）］不能完全取 1/0 值，故可采用 0.9/0.1 代替，以便提高网络的训练速度。

（4）训练对应结论部的神经网络 $N_S$（$S$= 1,2,⋯ ,$R$）。假设 $N_S$ 对应第 $S$ 条规则，即对应步骤（2）聚类分组后的第 $S$ 组，那么第 $S$ 组内的所有输入输出样本就是 $N_S$ 的学习样本。为了防止网络的过学习，引入准则函数：

$$\varepsilon_n^s = \frac{n_c}{n_t^s + n_c}\sum_{i=1}^{n_t^s}[y_i - g_s(x_i)]^2 + \frac{n_t^s}{n_t^s + n_c}\sum_{j=1}^{n_c}[y_j^s - \mu_s(x_j)g_s(x_j)]^2 \tag{6.37}$$

式中：$n_c$ 为测试评价用的样本函数；$n_t^s$ 为 $S$ 组内的样本数；$y_j^s$ 为 $S$ 组内对应 $x_j$ 的输出样本。

当 $\varepsilon_n^s$ 的值在网络 $N_S$ 的训练中取最小值时即可停止训练。在上述过程中，所有网络都具有相同的输入量，但对于结论部的 $g_s(x)$，可能只是部分输入量的函数，此时，构成的网络结构可以简化，即可消除那些无关的输入变量。具体方法如下：

定义

$$\varepsilon_p^s = \sum_{i=1}^{n_c}[y_i^s - \mu_s(x_i)g_s(x_i)]^2 \tag{6.38}$$

在 $n$ 个输入变量中，任意去掉一变量 $x_p$，按步骤（4）重新训练网络，然后按式（6.38）计算没有 $x_p$ 时的 $\varepsilon_p^s$，如果 $\varepsilon_p^s \leqslant \varepsilon_n^s$，则可去掉 $x_p$，然后对所有变量重复上述步骤。

3. 算例

众所周知，对于混凝土重力坝，位移量是水位、气温及时效的非线性函数。本节以某混凝土重力坝 6#坝段坝顶水平位移为例，取 1990 年至 1994 年共 60 次观测数据（每月观测一次）及相应的水位和气温资料，用 1990 年至 1993 年的数据进行训练，用 1994 年的数据进行检验[50]。

首先，根据 $K$-means 聚类法将训练用的 48 个样本聚类，结果分成两组。然后，利用两组样本训练 $N_{mf}$，$N_{mf}$ 系用两层中间层（节点数均为 4）的 BP 网络。当用样本反复训练 $N_{mf}$ 500 次后，网络输出值（即输入样本对规则的适用度）达到稳定。

再训练 $N_1$、$N_2$，两神经网络所含节点数均为 8 的两层隐含层，当用训练样本

分别反复训练网络 2000 次后，由式(6.38)所计算的 $\varepsilon_3^s$（$s$= 1,2）值分别为 $\varepsilon_3^1$=27.86，$\varepsilon_3^2$=1.93。

分别将 $N_i$（$i$=1,2）的任意一输入变量去掉，重复上述训练 $N_1$、$N_2$ 后，分别计算所得的结果列入表 6.3 中。因此，对于规则 1（$N_1$）对应的任一输入变量都不能去掉，而对于规则 2（$N_2$），去掉$\theta$对结果影响不大。对去掉$\theta$后的 $N_2$ 再重复上述步骤，分析去掉其输入变量是否对结果有影响。最后得到的模糊系统模型如下：

规则 1　若 $\boldsymbol{X}=(H,T,\theta)^{\mathrm{T}}$ 为 $R_1$，则

$$y_1 = N_1(H,T,\theta)$$

规则 2　若 $\boldsymbol{X}=(H,T,\theta)^{\mathrm{T}}$ 为 $R_2$，则

$$y_2 = N_2(H,T,\theta)$$

其中$(H,T,\theta)$的权重值由 $N_{mf}$ 的输出值决定。

**表 6.3　输入变量减少后的输出误差 $\boldsymbol{\varepsilon}_n^s$**

| 方法 | 规则 1（$N_1$） | 规则 2（$N_2$） |
|---|---|---|
| 去掉 $H$ | $\varepsilon_2^{11}$ =42.84 | $\varepsilon_2^{21}$ =38.93 |
| 去掉 $T$ | $\varepsilon_2^{12}$ =74.71 | $\varepsilon_2^{22}$ =73.28 |
| 去掉$\theta$ | $\varepsilon_2^{13}$ =55.27 | $\varepsilon_2^{23}$ =9.61 |

最后利用学习后的模糊神经网络系统，对 1994 年的观测值进行预报。为了评价模糊神经网络模型的性能，同时建立逐步回归统计模型，两种模型的预报精度见表 6.4。由表 6.4 可以看出，模糊神经网络模型的预报精度优于普通的回归统计模型。

**表 6.4　模糊神经网络模型与回归统计模型预报精度的对比**

| 模型 | 标准差/mm | 最大差值/mm | 平均相对误差/% |
|---|---|---|---|
| 模糊神经网络模型 | 0.527 | 1.050 | 10.5 |
| 回归统计模型 | 0.895 | 2.180 | 37.8 |

## 6.6　灰色神经网络模型

灰色神经网络模型集中了灰色理论模型和人工神经网络模型二者的优点，通过灰色理论与神经网络模型有机结合，能够对复杂的不确定性问题进行求解。将它用于变形监测数据处理中，能够得到比较理想的结果。

1. GM（1,1）模型简述

设有非负等间距原始数据序列 $x^{(0)}=\{x^{(0)}(1),x^{(0)}(2),x^{(0)}(3),\cdots,x^{(0)}(n)\}$，对此数据序列依次累加，得到一组新的数据序列 $x^{(1)}(k)=\sum_{m=1}^{k}x^{(0)}(m)$，对此生成序列建立一阶微分方程 $\frac{\mathrm{d}x^{(1)}}{\mathrm{d}t}+\otimes ax^{(1)}=\otimes u$，由最小二乘法可求出参数 $a$、$u$ 的值。微分方程的时间响应序列为

$$\hat{x}^{(1)}(k+1)=\left[x^{(0)}(1)-\frac{u}{a}\right]\mathrm{e}^{-ak}+\frac{u}{a}\qquad (k=0,1,2,\cdots,n-1)\tag{6.39}$$

$x^{(0)}$ 的灰色预测值为

$$\hat{x}^{(0)}(k+1)=\hat{x}^{(1)}(k+1)-\hat{x}^{(1)}(k)$$
$$\hat{x}^{(0)}(1)=\hat{x}^{(1)}(1)\qquad (k=1,2,3,\cdots,n)\tag{6.40}$$

2. 灰色 BP 神经网络的建模方法

灰色 BP 神经网络的建模方法如下[51]：

（1）设有时间序列 $\{x^{(0)}(1),x^{(0)}(2),x^{(0)}(3),\cdots,x^{(0)}(n)\}$，利用 GM（1,1）模型，可得预测值 $\hat{x}^{(0)}(i)$，设 $\mathrm{e}^{(0)}(i)$ 为残差序列，即 $\mathrm{e}^{(0)}(i)=x^{(0)}(i)-\hat{x}^{(0)}(i)$。

（2）建立残差序列 $\{\mathrm{e}^{(0)}(i)\}$ 的 BP 网络模型。设预测阶数为 $s$，即用 $\mathrm{e}^{(0)}(i-1)$，$\mathrm{e}^{(0)}(i-2)$，$\cdots$，$\mathrm{e}^{(0)}(i-s)$ 的信息预测 $i$ 时刻的值，将 $\mathrm{e}^{(0)}(i-1)$，$\mathrm{e}^{(0)}(i-2)$，$\cdots$，$\mathrm{e}^{(0)}(i-s)$ 作为 BP 网络训练的输入样本，将 $\mathrm{e}^{(0)}(i)$ 的值作为 BP 网络训练的预测期望值。采用 BP 网络算法，通过足够多的残差序列训练这个网络，使不同的输入向量得到相应的输出量值。训练好的 BP 网络模型便可以对残差序列进行拟合和预测。

（3）确定 $\{\mathrm{e}^{(0)}(i)\}$ 新的预测值。设对 $\{\mathrm{e}^{(0)}(i)\}$ 用 BP 网络模型预测出来的残差序列为 $\{\hat{\mathrm{e}}^{(0)}(i)\}$，在此基础上构造新的预测值 $\hat{y}^{(0)}(i)$，即

$$\hat{y}^{(0)}(i)=\hat{x}^{(0)}(i)+\hat{\mathrm{e}}^{(0)}(i)\tag{6.41}$$

3. 实例

为了检验灰色神经网络模型的有效性，现选取某居民楼 X-4 号点 2007 年 4 月 16 日至 6 月 12 日的沉降观测资料进行计算[51]，建立 15 维 GM（1,1）模型，再以 GM（1,1）模型计算出来的残差序列 $\{\mathrm{e}^{(0)}(i)\}$ 建立等维信息 BP 网络模型。本例计算时输入层神经元个数为 4，隐含层神经元个数为 9，输出层神经元个数为 1。为了加快网络的收敛速度，需要对残差序列数据进行归一化处理，即

$$e' = \frac{e - e_{\min}}{e_{\max} - e_{\min}} \tag{6.42}$$

经过归一化处理的数据加载到 BP 网络后，即可选取一定的训练参数进行训练和学习。有关的计算结果列入表 6.5 中。

**表 6.5　GM（1,1）模型及灰色神经网络模型的计算结果**　（单位：mm）

| 观测时间 | 观测值 | GM（1,1）模型的残差 | 灰色神经网络模型的残差 |
| --- | --- | --- | --- |
| 2007 年 4 月 16 日 | 32.5 | 0.00 | |
| 2007 年 4 月 20 日 | 34.5 | −3.61 | |
| 2007 年 4 月 24 日 | 35.4 | −3.36 | |
| 2007 年 4 月 28 日 | 40.2 | 0.78 | |
| 2007 年 5 月 2 日 | 42.9 | 2.80 | 0.04 |
| 2007 年 5 月 6 日 | 42.1 | 1.31 | 0.01 |
| 2007 年 5 月 10 日 | 45.2 | 3.72 | 0.19 |
| 2007 年 5 月 14 日 | 43.2 | 1.00 | 0.01 |
| 2007 年 5 月 18 日 | 43.2 | 0.28 | 0.02 |
| 2007 年 5 月 22 日 | 43.7 | 0.05 | −0.00 |
| 2007 年 5 月 26 日 | 45.5 | 1.10 | 0.04 |
| 2007 年 5 月 30 日 | 43.4 | −1.76 | −0.02 |
| 2007 年 6 月 4 日 | 44.1 | −1.84 | −0.05 |
| 2007 年 6 月 8 日 | 46.6 | −0.12 | 0.11 |
| 2007 年 6 月 12 日 | 47.1 | −0.42 | −0.08 |

由表 6.5 可以看出，灰色神经网络模型的拟合效果明显优于 GM（1,1）模型。用两种模型对 X-4 号点 2007 年 6 月 16 日的沉降量进行了预测，GM（1,1）模型的预测结果为 48.34mm，灰色神经网络模型的预测结果为 46.45mm，与 X-4 号点 2007 年 6 月 16 日的实测值 46.2mm 进行比较，GM（1,1）模型的预测误差为 2.14mm，灰色神经网络模型的预测误差为 0.25mm。表明灰色神经网络模型的预测效果也明显优于 GM（1,1）模型。

灰色神经网络模型集合了灰色模型和神经网络模型的优点，能够在小样本、贫信息和波动数据序列等情况下对变形监测数据做出比较准确的模拟和预报，具有模型简单、不需要确定非线性函数以及计算方便等方面的优点，为变形监测的数据处理提供了一种新途径。但灰色模型与神经网络模型如何更好结合以及网络参数的选取和网络结构的确定仍需进一步研究。

# 6.7　基于时间序列分析的神经网络模型

## 6.7.1　基于非线性位移的神经网络时间序列分析模型

### 1. 边坡位移预测的时间序列模型

对于一个平稳、零均值的时间序列$\{x_t\}$，可以将它拟合成如下形式的随机差分方程[52]：

$$x_t - \varphi_1 x_{t-1} - \varphi_2 x_{t-2} - \ldots - \varphi_n x_{t-n} = a_t - \theta_1 a_{t-1} - \theta_2 a_{t-2} - \ldots - \theta_m a_{t-m} \tag{6.43}$$

式中：$x_t$为时间序列$\{x_t\}$在$t$时刻的元素；$\varphi_i$（$i$=1,2,⋯,$n$）为自回归参数；$\theta_i$（$i$=1,2,⋯,$m$）为滑动平均参数；$a_t$为残差。

显然，式（6.43）左边是一个$n$阶差分多项式，为$n$阶自回归部分，右边是一个$m$阶差分多项式，为$m$阶滑动平均部分。式（6.43）为$n$阶自回归$m$阶滑动平均模型，记为ARMA（$n,m$）模型。若无滑动平均部分，则该模型蜕化为$n$阶自回归模型，记为AR（$n$）模型。对于像边坡位移这样的非平稳时间序列，可以用以下模型表示[52]：

$$\{x_t\} = \{\overline{\varphi}_t\} + \{\eta_t\} \tag{6.44}$$

式中：$\{\overline{\varphi}_t\}$为趋势项；$\{\eta_t\}$为剩余部分，且为一平稳随机过程，可按上述ARMA模型进行处理。

1）数据的预处理

输入ARMA模型的数据要进行预处理，首先要对不符合要求的观测时序数据进行简单的线性插值以满足等时距的要求，然后采用BP神经网络提取趋势项及标准化处理以便满足平稳、零均值和正态的要求。

2）ARMA模型的参数估计

ARMA模型参数的估计过程是多元非线性回归过程，可采用高斯-牛顿法进行ARMA模型的迭代求解。

### 2. BP神经网络趋势项的提取

如果把边坡位移看作时间的函数，通过训练BP神经网络可以逼近这个函数，训练好的网络就可以用来拟合边坡位移时序，得到的拟合时序就是后续进行ARMA模型分析需要提取的趋势项。对于边坡位移-时间曲线，BP网络的映射模型是从时间$t$到变形$s$的一对一的简单映射模式，因此模型的输入和输出神经元节点都只有一个。对于单隐含层BP神经网络，只要神经元数量足够多，可以精确逼近任何复杂曲面和多维欧氏空间曲面。通过试算也证明隐含层只取一层即可满足拟合精度要求。

在实际建模和网络学习过程中发现，如果按照常用的归一化方法进行样本预处理，往往使网络收敛性能不佳，为此可采用零均值化且标准偏差为 1 的预处理方法，即对应每个输入变量，要使输入的 $L$ 组数据满足零均值且标准偏差为 1，具体算法如下：

已知输入层有 $n$ 个节点，对应 $n$ 个输入变量，学习样本有 $L$ 个，则原始的观测数据可构成如下矩阵：

$$\boldsymbol{X}=[X_{j,i}] \quad (i=1,2,\cdots,L;\ j=1,2,\cdots,n) \tag{6.45}$$

式中：$X_{j,i}$为第 $i$ 个样本的第 $j$ 个输入变量观测值。经处理后的矩阵记为$\boldsymbol{X}^*$，有

$$\boldsymbol{X}^*=[X^*_{j,i}] \quad (i=1,2,\cdots,L;\ j=1,2,\cdots,n) \tag{6.46}$$

式中：$X^*_{j,i}=\dfrac{X_{j,i}-\bar{X}_j}{\sigma(X_j)}$，$\bar{X}_j$为第 $j$ 个输入变量的均值，$\sigma(X_j)$为第 $j$ 个输入变量的标准偏差，且

$$\begin{cases} \bar{X}_j=\dfrac{1}{L}\displaystyle\sum_{i=1}^{L}X_{j,i} \\ \sigma(X_j)=\sqrt{\dfrac{1}{L-1}\displaystyle\sum_{i=1}^{n}(X_{j,i}-\bar{X}_j)^2} \end{cases} \tag{6.47}$$

同样，对输出层数据也要进行上述预处理。

对于单隐含层 BP 神经网络，理论上讲只要隐含层节点数量足够多，就可以逼近任何复杂的非线性映射，这固然是优势所在，但同时也带来映射能力过剩的问题。在对沉降曲线的 BP 网络训练的过程中，均方误差常常能够达到 0，这意味着强行使模拟的沉降曲线通过每一个观测点，曲线因此变得不平滑，这就是所谓的“训练过度”现象。训练过度的实质是机械地过分强调单个数据点的独立性而忽略了数据整体所蕴含的规律性，为防止训练过度，可采用规则化能量函数的方法。

### 3. 滚动预测

根据预测理论，随着预测步数的增大，误差急剧增大，为了充分利用最新的监测信息，提高预测的准确性，可以采用滚动预测的方法，该方法又称为实时跟踪算法。其基本思想是，假设要对时间序列$\{x_t\}$进行预测，最佳历史点数为 $p$，预测步数为 $m$（$p,m$ 根据试算确定），目前实测 $n$ 个监测值$\{x_1,x_2,\cdots,x_n\}$，滚动

预测的第一步是用$\{x_{n-p+1}, x_{n-p+2}, \cdots, x_n\}$预测 $n$ 时刻后的$\{x_{n+1}, x_{n+2}, \cdots, x_{n+m}\}$；随着后面 $m$ 个实测数据的获得，剔除最前面的 $m$ 个数据$\{x_1, x_2, \cdots, x_m\}$，用 $n$ 个新的实测数据加入到时序中构成$\{x_{m+1}, x_{m+2}, \cdots, x_{m+n}\}$进行下一步的预测，依次类推。滚动预测方法由于每次预测都利用了最新的观测数据，因此可以克服时序分析中预测步数不能过大的问题，使实时跟踪预测成为可能。

4. 算例

对某边坡监测点 M1 的位移监测资料进行了计算[52]，进行历史点数为 10 的单步滚动预测。测量时序共计 38 个，使用后 28 个时步检验该方法的预测能力。BP 神经网络采用 3 层结构，隐含层选取 6 个节点，输入输出层均只有一个节点，映射模型是从时间 $t$ 到变形 $s$ 的一对一的映射模式，对应的学习样本是实测的前 10 个监测数据，并按照滚动预测的方法不断增补新的数据和剔除旧的数据。

通过对神经网络提取趋势项后的残差进行 ARMA 模型分析，并根据模型适用性检验的方法搜索 ARMA（$n,m$）模型中不同 $n$、$m$ 组合下的 FPE，AIC 和 BIC 的最小值，确定 ARMA（3,1）为最优模型。将神经网络和 ARMA（3,1）单步预测的值叠加即得到单步预测值，再通过滚动预测算法预测第 11～38 时步的预测值，观测值与预测值对照见表 6.6。

**表 6.6　监测点 M1 位移观测值与预测值对照**

| 时间/d | 观测值/mm | 预测值/mm | 误差/mm | 时间/d | 观测值/mm | 预测值/mm | 误差/mm |
|---|---|---|---|---|---|---|---|
| 7 | 1.411 | | | 98 | 1.519 | 1.513 | −0.006 |
| 14 | 1.407 | | | 105 | 1.507 | 1.536 | 0.029 |
| 21 | 1.414 | | | 112 | 1.528 | 1.512 | −0.016 |
| 28 | 1.410 | | | 119 | 1.580 | 1.552 | −0.028 |
| 35 | 1.405 | | | 126 | 1.572 | 1.578 | 0.006 |
| 42 | 1.401 | | | 133 | 4.312 | 1.527 | −2.785 |
| 49 | 1.427 | | | 140 | 5.351 | 1.996 | −3.355 |
| 56 | 1.421 | | | 147 | 5.665 | 5.241 | −0.424 |
| 63 | 1.472 | | | 150 | 5.742 | 5.963 | 0.221 |
| 70 | 1.467 | | | 161 | 6.087 | 5.797 | −0.290 |
| 77 | 1.471 | 1.472 | 0.001 | 168 | 6.134 | 6.254 | 0.120 |
| 84 | 1.484 | 1.485 | 0.001 | 175 | 6.143 | 6.300 | 0.157 |
| 91 | 1.520 | 1.468 | −0.052 | 182 | 6.000 | 6.231 | 0.231 |

续表

| 时间/d | 观测值/mm | 预测值/mm | 误差/mm | 时间/d | 观测值/mm | 预测值/mm | 误差/mm |
|---|---|---|---|---|---|---|---|
| 189 | 5.344 | 5.793 | 0.449 | 231 | 3.798 | 3.750 | −0.048 |
| 196 | 5.033 | 5.124 | 0.091 | 238 | 3.793 | 3.690 | −0.103 |
| 203 | 4.876 | 5.007 | 0.131 | 245 | 3.695 | 3.746 | 0.051 |
| 210 | 3.995 | 5.024 | 1.029 | 252 | 3.635 | 3.769 | 0.134 |
| 217 | 3.802 | 3.860 | 0.058 | 259 | 3.608 | 3.587 | −0.021 |
| 224 | 3.801 | 3.908 | 0.107 | 266 | 3.586 | 3.624 | 0.038 |

从表 6.6 中可以看出，基于时间序列分析的神经网络模型预测的误差相对较小，除 133d、140d、210d（这段时间内进行了施工爆破，导致边坡位移产生较大的变化）的预测误差较大外，其余的预测误差较小。

### 6.7.2　基于时间序列的动态神经网络模型

1. 模型结构及 BP 神经网络样本集构

神经网络应用于时间序列本质上是利用神经网络具有的自适应、自组织、联想记忆的能力去逼近一个时间序列。设有一组时间序列 $T(i)$ （$i$=1,2,…,$N$），可表示为[53]

$$T(i)=\varphi(T(t-1),T(t-2),\cdots,T(t-p)) \tag{6.48}$$

式中：$\varphi(\cdot)$ 表示非线性时间序列函数；$p$ 表示函数的阶数。由于 3 层 BP 神经网络可以高精度逼近任意连续函数，因此在正确设置神经网络参数的情况下能够很好反演出 $T(i)$ 。

神经网络通过大量观测数据构成的样本集的学习与仿真，保证了神经网络对数据预测的准确性，通过一组时间序列 $T(i)$ ，利用前 $p$ 个观测数据去预测第 $p$+1 个观测数据，可以构造如表 6.7 所示的样本集，构造的样本数量为 $N$−$p$，可用矩阵 $\boldsymbol{R}$ 表示。

$$\boldsymbol{R}=\begin{bmatrix} T(1) & T(2) & \cdots & T(p) \\ T(2) & T(3) & \cdots & T(p+1) \\ T(3) & T(4) & \cdots & T(p+2) \\ \vdots & \vdots & & \vdots \\ T(N-p) & T(N-p+1) & \cdots & T(N-1) \end{bmatrix}$$

BP 神经网络是具有 3 层及以上神经元的神经网络，其中有输入层、隐含层以及输出层。输入层输入样本集，每一个样本集组成一个神经元，神经元激活值通过隐含层正向传播至输出层。学习过程中反复修改神经元权值，若输出的结果满足期望，则学习过程结束，可以进行数据预测；若与期望存在一定差距，则需要调整神经网络相应的参数。

**表 6.7　样本集的构造**

| 样本 | 输入向量 | 目标输出向量 |
|---|---|---|
| 第 1 组样本 | $T(1)\ \ T(2)\cdots T(p)$ | $T(p+1)$ |
| 第 2 组样本 | $T(2)\ \ T(3)\cdots T(p+1)$ | $T(p+2)$ |
| ⋮ | ⋮ | ⋮ |
| 第 $x-p$ 组样本 | $T(x-p)\ \ T(x-p+1)\cdots T(x-1)$ | $T(x)$ |
| ⋮ | ⋮ | ⋮ |
| 第 $N-p$ 组样本 | $T(N-p)\ \ T(N-p+1)\cdots T(N-1)$ | $T(N)$ |

2. 隐含层节点数的选取

通过观测数据所生成的样本集可以确定建立基于时间序列的动态神经网络模型输入层节点数以及输出层节点数。对于 BP 神经网络，选择隐含层节点数十分重要。随着隐含层节点的增加，网络能更好地解决非线性问题，但同时也会引起网络收敛速度慢，增加网络学习的时间，所以隐含层存在一个临界节点数。选择隐含层节点数十分复杂，常用的方法主要有两种：第一种是根据输入层节点数确定隐含层节点数，若输入层节点数为 $n$，则隐含层节点数 $i$ 为 $2n+1$ 或 $4n$；第二种是根据输入层节点数和输出层节点数确定隐含层节点数，若输入层节点数为 $n$，输出层节点数为 $m$，则隐含层节点数 $i$ 为 $\sqrt{n+m}+a$，其中 $a$ 取值为 1 到 10 之间的常数。隐含层节点数 $i$ 的取值往往需要通过多次试算确定。

3. 算例

现选取某市轨道交通 2 号线 $LZ_7$ 沉降监测点 18 期沉降监测数据进行计算[53]，沉降监测数据列于表 6.8 中。

**表 6.8　沉降监测数据**　　（单位：mm）

| 期数 | 沉降量 | 期数 | 沉降量 | 期数 | 沉降量 | 期数 | 沉降量 | 期数 | 沉降量 |
|---|---|---|---|---|---|---|---|---|---|
| 1 | 0.86 | 5 | 3.26 | 9 | 6.87 | 13 | 12.36 | 17 | 16.53 |
| 2 | 1.25 | 6 | 3.75 | 10 | 9.69 | 14 | 13.87 | 18 | 18.69 |
| 3 | 1.58 | 7 | 5.66 | 11 | 10.32 | 15 | 15.89 | | |
| 4 | 1.86 | 8 | 6.87 | 12 | 11.69 | 16 | 16.53 | | |

由 18 期观测数据的前 12 期作为学习样本，后 4 期用于检验建模的误差。根据前述方法构造输入层输入向量样本集 $\boldsymbol{R}$ 及输出向量 $\boldsymbol{L}$ 。

$$\boldsymbol{R}=\begin{bmatrix} 0.86 & 1.25 & 1.58 & 1.86 & 3.26 & 3.75 \\ 1.25 & 1.58 & 1.86 & 3.26 & 3.75 & 5.66 \\ 1.58 & 1.86 & 3.26 & 3.75 & 5.66 & 6.87 \\ 1.86 & 3.26 & 3.75 & 5.66 & 6.87 & 6.87 \\ 3.26 & 3.75 & 5.66 & 6.87 & 6.87 & 9.69 \\ 3.75 & 5.66 & 6.87 & 6.87 & 9.69 & 10.32 \end{bmatrix},\quad \boldsymbol{L}=\begin{bmatrix} 5.66 \\ 6.87 \\ 6.87 \\ 9.69 \\ 10.32 \\ 11.69 \end{bmatrix}$$

本次计算取输入层节点数为 6，输出层节点数为 1，隐含层节点数经过反复试算取 20。基于时间序列的动态神经网络模型的沉降量实测值与预测值对照列于表 6.9 中。

**表 6.9　沉降量实测值与预测值对照**　　（单位：mm）

| 期数 | 实测沉降量 | 预测沉降量 | 误差 |
|---|---|---|---|
| 13 | 12.36 | 12.337 | −0.023 |
| 14 | 13.87 | 13.329 | −0.541 |
| 15 | 15.89 | 15.522 | −0.368 |
| 16 | 16.53 | 16.563 | 0.033 |
| 17 | 16.53 | 16.158 | −0.372 |
| 18 | 18.69 | 18.006 | −0.684 |

从表 6.9 中可以看出，基于时间序列的动态神经网络模型的预测误差最大为−0.684mm，最小为−0.023mm，且预测误差没有超过 0.7mm，预测效果较为理想。

## 6.8　基于遗传算法的神经网络模型

### 6.8.1　遗传算法的基本理论

19 世纪中叶，查尔斯·达尔文（Charles Darwin）在总结前人进化思想的基础上，用大量的科学事实证明生物进化过程在总体上表现为：从低级到高级，从简单到复杂，从单一适应到多种适应，从低的有序性到高的有序性以及沿着物种数目日益增多的方向发展进化。达尔文认为，生物进化的动力和机制在于自然选择，自然选择是用变异作材料，通过生存斗争实现的。凡是适应性较强的个体，在生存斗争中将有更多的机会生存和繁殖后代，而适应性较差的个体将被淘汰。因此，生物进化就是“物竞天择、适者生存”的过程。这种进化思想在后来成为遗传算法模拟的对象。

1975 年，美国密执安大学霍兰德（Holland）教授与他的同事和学生研究了具有开创意义的遗传算法理论和方法。遗传算法（genetic algorithm，GA）是一种借鉴自然界自然选择和进化机制发展起来的高度并行、随机、自适应搜索算法，它使用了群体搜索技术，将种群代表一组问题解，通过对当前种群施加选择、交叉和变异等一系列遗传操作，从而产生新一代种群，并逐步使种群进化到包含近似最优解的状态。由于其思想简单、易于实现，因此遗传算法在问题求解、优化、智能控制、模式识别等领域得到广泛应用。

1. 遗传算法的特点

为解决各种优化计算问题，人们提出了各种各样的优化算法，如单纯形法、梯度法、动态规划法、分枝定界法等。这些优化算法各有各的长处，各有各的适用范围，也各有各的限制。遗传算法是一类可用于复杂系统优化计算的鲁棒搜索算法，与其他一些优化算法相比，它主要有如下几个特点[49]：

（1）遗传算法以决策变量的编码作为运算对象。传统的优化算法往往直接利用决策变量的实际值本身进行优化计算，但遗传算法不是直接以决策变量的值，而是以决策变量的某种形式的编码作为运算对象。这种对决策变量的编码处理方式使得人们在优化计算过程中可以借鉴生物学中染色体和基因等概念，可以模仿自然界中生物的遗传和进化等机理，也使得人们可以方便地应用遗传操作算子。特别是对一些无数值概念或者很难有数值概念，而只有代码概念的优化问题，编码处理方式更显示出其独特的优越性。

（2）遗传算法直接以目标函数值作为搜索信息。传统的优化算法不仅需要利用目标函数值，而且往往需要目标函数的导数值等其他一些辅助信息才能确定搜索方向。而遗传算法仅使用由目标函数值变换来的适应度函数值就可确定进一步的搜索方向和搜索范围，无须目标函数的导数值等其他一些辅助信息。这个特性对很多目标函数是无法或很难求导数的函数或者导数不存在的函数的优化问题，以及组合优化问题等，应用遗传算法时就显得比较方便，因为它避开了函数求导这个障碍。另外，直接利用目标函数值或个体适应度，也可使得人们可以把搜索范围集中到适应度较高的部分搜索空间中，从而提高了搜索效率。

（3）遗传算法同时使用多个搜索点的搜索信息。传统的优化算法往往是从解空间中的一个初始点开始最优解的迭代搜索过程，单个搜索点所提供的搜索信息毕竟不多，所以搜索效率不高，有时甚至使搜索过程陷入局部最优解而停滞不前。遗传算法从由很多个体所组成的一个初始群体开始最优解的搜索过程，而不是从一个单一的个体开始搜索。对这个群体所进行的选择、交叉、变异等运算，产生的是新一代的群体，在这之中包括了很多群体信息。这些信息可以避免搜索一些不必搜索的点，所以实际上相当于搜索了更多的点，这是遗传算法所特有的一种隐含并行性。

（4）遗传算法使用概率搜索技术。很多传统的优化算法往往使用的是确定性的搜索方法，一个搜索点到另一个搜索点的转移有确定的转移方法和转移关系。这种确定性往往也有可能使得搜索永远达不到最优点，因而也限制了算法的应用范围。而遗传算法属于一种自适应概率搜索技术，其选择、交叉、变异等运算都是以一种概率的方式来进行的，从而增加了其搜索过程的灵活性。虽然这种概率特性也会使群体中产生一些适应度不高的个体，但随着进化过程的进行，新的群体中总会更多地产出许多优良的个体，实践和理论证明了在一定条件下遗传算法总是以概率 1 收敛于问题的最优解。当然，交叉概率和变异概率等参数也会影响算法的搜索效果和搜索效率，所以如何选择遗传算法的参数在其应用中是一个比较重要的问题。而另一方面，与其他一些算法相比，遗传算法的鲁棒性又会使得参数对其搜索效果的影响尽可能降低。

2. 遗传算法的基本思想

生命的基本特征包括生长、繁殖、新陈代谢和遗传与变异。生命是进化的产物，现代生物是在长期进化过程中发展起来的。达尔文用自然选择来解释物种的起源和生物的进化，其自然选择学说包括以下三个方面[49]。

（1）遗传（heredity）。遗传是生物的普遍特征，父代把生物信息交给子代，子代按照所得信息而发育、分化，因而子代总是和父代具有相同或相似的性状。生物有了这个特征，物种才能稳定存在。

（2）变异（variation）。父代与子代之间以及子代的不同个体之间总有些差异，这种现象，称为变异。变异是随机发生的，变异的选择和积累是生命多样性的根源。

（3）生存斗争和适者生存。自然选择来自繁殖过剩和生存斗争。由于弱肉强食的生存斗争不断进行，其结果是适者生存，具有适应性变异的个体被保留下来，不具有适应性变异的个体被淘汰，通过一代代的生存环境的选择作用，物种变异朝着一个方向积累，于是性状逐渐和原先的祖先种不同，演变为新的物种。这种自然选择过程是一个长期的、缓慢的、连续的过程。

假设对相当于自然界中的一群人的一个种群进行操作，第一步的选择是以现实世界中的优胜劣汰现象为背景的，第二步的重组交叉则相当于人类的结婚和生育，第三步的变异则与自然界中偶然发生的变异是一致的。由于包含着对模式的操作，遗传算法不断产生出更加优良的个体，正如人类向前进化一样。所采用的遗传操作与生物尤其是人类的进化过程相对应。一群人随着时间的推移而不断进化，并具备越来越多的优良品质。然而，由于他们的生长、演变、环境和原始祖先的局限性，经过相当一段时间后，他们将逐渐进化到某些特征相对优势的状态，这种状态被定义为平衡态。当一个种群进化到这种状态，这种种群的特性就不再有很大的变化了。一个简单的遗传算法，从初始代开始，并且各项参数都设定，也会达到平衡态。此时种群中的优良个体仅包含了某些类的优良模式，因为该遗传算法的设置特性参数使得这些优良模式的各个串位未能得到平等的竞争机会。

遗传算法是从代表问题可能潜在解集的一个种群（population）开始的，而一个种群则由经过基因（gene）编码（coding）的一定数目的个体（individual）组成。每个个体实际上是染色体（chromosome）带有特征的实体。染色体作为遗传物质的主要载体。即多个基因的集合，其内部表现（即基因型）是某种基因组合，它决定了个体形状的外部表现。因此，在一开始需要实现从表现型到基因型的映射即编码工作。由于仿照基因编码的工作很复杂，人们往往进行简化，如二进制编码。初代种群产生之后，按照适者生存和优胜劣汰的原理，逐代演化产生出越来越好的近似解。在每一代，根据问题域中个体的适应度（fitness）大小挑选（selection）个体，并借助于自然遗传学的遗传算子（genetic operator）进行组合交叉（crossover）和变异（mutation），产生出代表新的解集的种群。这个过程将导致种群像自然进化一样的后生代种群比前代更加适应环境，末代种群中的最优个体经过解码（decoding），可以作为问题的近似最优解。

遗传算法采纳了自然进化模型，如选择、交叉、变异、迁移、局域与邻域等。计算开始时，设一定数目 $N$ 个个体（父个体 1、父个体 2、父个体 3、父个体 4、…）即种群随机地初始化，并计算每个个体的适应度函数，第一代即初始代也就产生了。如果不满足优化准则，开始产生新一代的计算。为了产生下一代，按照适应度选择个体，父代要求基因重组（交叉）而产生子代。所有子代按一定概率变异，然后子代的适应度又被重新计算，子代被插入到种群中将父代取而代之，构成新的一代（子个体 1、子个体 2、子个体 3、子个体 4、……）。这一过程循环执行，直到满足优化准则为止。

对一个需要进行优化计算的实际应用问题，一般可按下述步骤构造求解该问题的遗传算法。

（1）确定决策变量及各种约束条件，即确定出个体的表现型和问题的解空间。

（2）建立优化模型，即确定目标函数的类型（是求目标函数的最大值还是求目标函数的最小值）及数学描述形式或量化方法。

（3）确定表示可行解的染色体编码方法，即确定个体的基因型及遗传算法的搜索空间。

（4）确定解码方法，即确定由个体基因型到个体表现型的对应关系或转换方法。

（5）确定个体适应度的量化评价方法，即确定由目标函数值 $f(x)$到个体适应度 $F(x)$的转换规则。

（6）设计遗传算子，即确定选择运算、交叉运算、变异运算等遗传算子的具体操作方法。

（7）确定遗传算法的有关运行参数，包括群体大小即群体中所含个体的数量 $M$、遗传运算的终止进化代数 $T$、交叉概率 $pc$、变异概率 $pm$ 等。

其中可行解的编码方法、遗传算子的设计是构造遗传算法时需要考虑的两个主要问题，也是设计遗传算法的两个关键步骤。对不同的优化问题需要使用不同的编码方法和不同操作的遗传算子。它们与所求解的具体问题密切相关，因而对所求解问题的理解程度是遗传算法应用成功与否的关键。

3. 基本遗传算法的构成要素

基于对自然界中生物遗传与进化机理的模仿，针对不同的问题，很多学者设计了许多不同的编码方法表示问题的可行解，并且开发了许多不同的遗传算子来模仿不同环境下的生物遗传特性。不同的编码方法和不同的遗传算子就构成了不同的遗传算法。这些遗传算法有一个共同特点，即通过对生物遗传和进化过程中选择、交叉、变异机理的模仿完成对问题最优解的自适应搜索过程。基于这个特点，Holland 的学生古德伯格（Goldberg）总结了一种统一的最基本的遗传算法——基本遗传算法（simple genetic algorithm，SGA）。基本遗传算法只使用选择算子、交叉算子和变异算子这三种基本遗传算子，其遗传进化操作过程简单，容易理解。基本遗传算法是其他一些遗传算法的雏形和基础。

1）染色体编码方法

基本遗传算法一般使用固定长度的二进制符号串表示群体中的个体，初始群体中各个个体的基因值可用均匀分布的随机数来生成。如 X=10110000101101 就可表示一个个体，该个体染色体长度 $n$=14。

2）个体适应度评价

基本遗传算法按与个体适应度成正比的概率决定当前群体中每个个体遗传到下一代群体中的机会多少。为了正确计算这个概率，要求所有个体的适应度必须为正数或 0。这样，根据不同种类的问题，必须预先确定好由目标函数值到个体适应度之间的转换规则，特别是要预先确定好当目标函数值为负数时的处理方法。

3）遗传算子

基本遗传算法使用下述三种操作。

（1）选择操作。选择是在群体中选择生命力强的个体产生新的群体的过程。

选择操作体现了达尔文的优胜劣汰、适者生存的原则，它建立在对个体的适应度进行评价的基础上，适应度较高的个体被遗传到下一代群体中的概率较大；反之则小。常用的选择操作有轮盘赌选择、随机遍历抽样、局部选择、截断选择等。其中轮盘赌选择是根据个体的适应度占整个群体适应度之和的比例确定该个体的选择概率，个体的适应度越大，其被选择的概率就越高；反之亦然。

（2）交叉操作。交叉操作是遗传算法中最主要的操作，它把两个父代个体的部分结构加以替换重组而生成新个体的操作。通过重组交叉使遗传算法的搜索能力得到提高，是遗传算法中获取新优良个体的重要手段。交叉操作体现了信息交换的思想，通过交叉操作可以得到结合了其父代个体特性的新一代个体。

（3）变异操作。变异是以较小的概率对个体编码串上的某个或某些位置进行改变，如二进制编码中 0 变为 1，1 变为 0，进而生成新个体。变异实际上是子代基因按小概率扰动产生的变化。变异本身是一种局部随机搜索，与选择操作和交叉操作结合在一起，使遗传算法具有局部的随机搜索能力，同时保证种群的多样性。防止出现非成熟收敛。

需要指出的是，$M$、$T$、$pc$、$pm$ 这四个运行参数对遗传算法的求解结果和求解效率有一定的影响。种群规模过小将影响搜索范围，从而得不到最优解；种群规模过大则搜索时间长，搜索效率低。当 $pm$ 很小时，解群体的稳定性较好，但同时容易陷入局部最优解，若增大 $pm$ 的值，种群的多样性高，但是搜索的随机性增大。根据一些学者的研究和实际经验，四个运行参数的取值范围为：$M$ 的取值范围为 20～100；$T$ 的取值范围为 100～500；$pc$ 的取值范围为 0.4～0.99；$pm$ 的取值范围为 0.0001～0.1。

目前尚无合理选择参数的理论依据，在实际应用中，往往需要多次试算后才能确定出这些参数合理的取值大小和取值范围。

### 6.8.2　基于遗传算法的 BP 神经网络模型

神经网络作为一种人工智能技术，其模型的应用取得了良好的效果，然而在应用于大坝变形监测过程中，存在一定的局限性如训练速度比较慢，训练抖动，容易收敛于局部极小点以及算法不一定收敛等，这就需要采取一定的措施对人工神经网络的算法进行必要的改进。遗传算法是一种建立在生物进化理论和遗传学知识基础上的全局优化搜索方法，具有简单通用，鲁棒性强，适用于并行处理和应用范围广等方面的优点。利用遗传算法对人工神经网络模型的结构、连接权值和阈值进行优化搜索，可以提高人工神经网络的函数逼近效果，而且采用遗传算法还可以提高遗传算法的优化搜索速度和效果。

建立基于遗传算法的 BP 神经网络模型时，首先利用全部训练样本建立 BP 模型，并对 BP 网络的连接权重进行编码，产生初始种群，然后利用遗传算法优化初始种群，在解空间定出一个较优的搜索空间。把遗传算法优化后的种群解码，将其作为 BP 网络的初始权值，并利用 BP 算法训练网络，调整网络权值，在这个小空间搜索出最优解，从而建立输入到输出的非线性映射关系，最后利用训练好的网络整体预测多个时段的监测值。

1. BP 网络模型的结构

BP 神经网络通常由输入层、输出层和若干隐含层构成，每层由若干个节点组成，每一个节点表示一个神经元，上层节点与下层节点之间通过权连接，层与层之间的节点采用全互连的连接方式，每层内节点之间没有联系。典型的 BP 网络是含有一个隐含层的三层结构的网络，其中输入层节点个数为 $r$，隐层节点个数为 $p$，输出层节点个数为 $n$，输入层与隐含层节点间的连接权值为 $w_{ij}$，隐含层与输出层节点间的连接权值为 $w_{jt}$，隐含层神经元的阈值为 $\theta_j$、输出层神经元的阈值为 $\theta_t$，激活函数取 S 型函数。

2. 基于遗传算法的 BP 神经网络模型权重的优化

利用遗传算法优化神经网络的连接权重，对神经网络的连接权重进行编码，形成初始种群，然后以适应度函数指导随机搜索的方向，借助复制、交叉、变异等操作，不断迭代计算，最终产生全局最优解，再经解码得到优化的网络连接权重。例如，用于建立大坝安全监测模型的遗传神经网络的设计实质上是一个带约束条件的多目标优化问题，可以描述[54]为

$$\begin{aligned}\min E(x) &= f(x_1, x_2, \cdots, x_s)\\ &= f(w_1, w_2, \cdots, w_M;\ \theta_1, \theta_2, \cdots, \theta_j, \cdots, \theta_k)\end{aligned} \tag{6.49}$$

式中：$E(x)=\sum(y_t-c_t)^2$，即搜索所有进化代中使网络误差平方和 $E(x)$ 最小的网络权重；$x_i$（$i=1,2,\cdots,s$）为一组染色体，$s$ 为染色体长度，其值为全部权值和阈值之和[54]；$w_i$ 为网络的第 $i$ 个连接权值；$\theta_j$ 为第 $j$ 个神经元的阈值；$M$ 为连接权值的总数；$k$ 为隐含层和输出层神经元的总数。

约束条件：

$$a_i \leqslant w_i \leqslant b_i \quad (i=1,2,\cdots,M)$$

$$c_j \leqslant \theta_j \leqslant d_j \quad (j=1,2,\cdots,k)$$

式中：$a_i$ 和 $b_i$ 分别为 $w_i$ 变化的下限和上限；$c_j$ 和 $d_j$ 分别为 $\theta_j$ 变化的下限和上限。

### 3. 基于遗传算法的BP神经网络模型的建立方法

基于遗传算法的神经网络模型的建立步骤如下[54]：

（1）采用浮点编码，直接利用网络的连接权重作为染色体进行编码。对于三层BP网络，任一组完整的神经网络权重 $w_i$ =（$w_{1,i}, w_{2,i}, b_{1,i}, b_{2,i}$）（$i$ =1,2,⋯,$N$）相当于一个染色体，这样的染色体共有 $N$ 个，即种群规模为 $N$。

（2）利用小区间生成法随机生成初始种群。即把待优化参数的取值范围分成群体总数个小区间，再在各小区间中随机生成一个个体，如此形成初始种群。

（3）根据适应度函数对个体性能进行评价。适应度函数定义为目标函数的倒数，即 $F(x)=1/E(x)$。

（4）对父代种群进行选择、交叉和变异操作生成子代种群，并采用优化保存策略，即对于前一代中最佳的个体及适应度最大的个体直接保存到下一代中，以避免上一代的最优个体被交叉操作和变异操作所破坏。

（5）若达到最大进化代数则对最优个体解码作为 BP 网络的最优初始权值，转入下一步；否则，转入步骤（3）。

（6）将规范化的样本输入网络，利用 BP 算法训练网络，调整网络权值，并计算网络输出值及总误差。

（7）若 $E \leqslant \varepsilon$（$\varepsilon$ 为网络训练精度），则训练结束，转入下一步；否则把此次优化后的连接权值作为下一次训练的初始权值，转入步骤（6）。

（8）输出满足训练精度要求的网络连接权值，并对大坝变形监测量进行预报。

### 4. 实例应用

某大坝的变形主要受水位、温度及时效三个因素影响，现使用某大坝坝顶2002 年 4 月至 2006 年 6 月的水平位移监测资料及同期的库水位、温度、时效资料进行相应计算。其中 2002 年 4 月至 2005 年 5 月的数据用于建模，2005 年 7 月至 2006 年 6 月的数据用于预报和检验。

BP 网络取输入层节点个数 $r$=10，其中：水压因子取 4 个，即 $H$、$H^2$、$H^3$、$H^4$；温度因子取 4 个，即 $\sin\left(\frac{2\pi t}{365}\right)$、$\cos\left(\frac{2\pi t}{365}\right)$、$\sin\left(\frac{2\pi t}{365}\right)\cos\left(\frac{2\pi t}{365}\right)$、$\cos^2\left(\frac{2\pi t}{365}\right)$；时效因子取 2 个，即 $\theta$ 、$\ln(1+\theta)$。隐层节点个数 $p$=21，输出层节点个数 $n$=1。训练次数 5000 次，网络训练精度 $\varepsilon$=0.001。

遗传算法的控制要素为：终止进化代数 $T$=100，染色体长度为 36，选择概率为 0.95，交叉概率 $pc$=0.4，变异概率 $pm$=0.05。

有关水平位移观测值及预测值列于表 6.10 中，其中模型 1 为 BP 神经网络模型，模型 2 为基于遗传算法的 BP 神经网络模型。

表 6.10　大坝水平位移观测值与预测值　（单位：mm）

| 观测时间 | 观测值 | 模型 1 的预测值 | 模型 1 的误差 | 模型 2 的预测值 | 模型 2 的误差 |
|---|---|---|---|---|---|
| 2005 年 7 月 31 日 | 1.7160 | 2.5390 | 0.8230 | 1.8210 | 0.1050 |
| 2005 年 8 月 16 日 | 1.3980 | 2.5390 | 1.1410 | 1.2620 | −0.1360 |
| 2005 年 10 月 15 日 | −1.6270 | −1.2050 | 0.4220 | −1.3430 | 0.2840 |
| 2005 年 12 月 17 日 | −0.5620 | −0.8688 | −0.3068 | −0.6310 | −0.0690 |
| 2006 年 1 月 14 日 | 1.3650 | 0.6264 | −0.7386 | 1.1430 | −0.2220 |
| 2006 年 2 月 19 日 | 1.6110 | 1.5207 | −0.0903 | 1.4870 | −0.1240 |
| 2006 年 3 月 9 日 | 1.9610 | 1.8960 | −0.0650 | 1.8900 | −0.0710 |
| 2006 年 4 月 15 日 | 2.5390 | 1.9870 | −0.5520 | 2.2640 | −0.2750 |
| 2006 年 5 月 11 日 | 2.4390 | 2.1140 | −0.3250 | 2.1250 | −0.3140 |
| 2006 年 6 月 25 日 | 2.1380 | 1.9070 | −0.2310 | 1.9350 | −0.2030 |

从表 6.10 中可以看出，从总体上讲基于遗传算法的 BP 神经网络模型的预测误差明显小于 BP 神经网络模型。

将遗传算法和 BP 神经网络模型相结合，建立基于遗传算法的 BP 神经网络模型，实现了两者的优势互补，既利用了神经网络的非线性映射能力、网络推理和预测功能，又利用了遗传算法的全局优化特征，因而在处理变量和目标函数及复杂工程问题中具有明显的优势。

## 6.9　基于粒子群算法的神经网络模型

### 6.9.1　粒子群算法的基本理论

1995 年，肯尼迪（Kennedy）和埃伯哈特（Eberhart）通过模拟鸟类觅食的过程提出了粒子群优化算法（particle swarm optimization，PSO）。作为一种新兴的智能优化算法，其概念简单易于理解、参数少易于实现、全局寻优能力强、鲁棒性强、收敛速度快。正是由于它的众多优点，其在解决连续非线性优化问题方面有独特的优势，因此该算法一经提出，就引起了计算机领域学者的广泛关注，短短几年便获得快速发展，研究成果也不断涌现。

1．粒子群算法的基本原理

在鸟类觅食过程中，鸟类为了寻找食物源，往往成群结伴飞行，它们时而改变飞行方向，时而散开，时而又重新聚集，最终聚集在有食物的地方。在此过程中，食物源作为鸟群飞行的目标，在飞行过程中鸟儿通过信息交换，逐渐向离食物源最近的同伴靠拢，最终从四面八方飞过来的鸟儿聚集成一个群体，飞向食物源。粒子群算法的基本原理就是模仿这种过程。在该算法中，把一个需要优化的问题看作是觅食的鸟群，每个粒子相当于一只鸟，代表问题的一个潜在的解，各粒子根据自身经历的最优位置和群体经历的最优位置，不断调整位置和速度，最终不断向着最优位置聚集。其中粒子的好坏程度用适应度函数评估，适应度函数可以是目标函数本身，也可以对目标函数进行变换。粒子群算法正是利用这样一个过程，从最初的随机位置进行迭代更新，逐步把“好”的粒子移到比较优的区域，直到找到全局最优位置。

粒子群算法的数学描述如下[55]。

设粒子群中粒子的个数为 $M$，问题解的维数为 $D$，在 $D$ 维搜索空间中：

粒子种群为

$$\boldsymbol{X}=\begin{bmatrix}x_1 & x_2 & \cdots & x_M\end{bmatrix}^{\mathrm{T}}$$

粒子的位置为

$$\boldsymbol{X}_i=\begin{bmatrix}x_{i1} & x_{i2} & \cdots & x_{iD}\end{bmatrix}^{\mathrm{T}}$$

粒子的速度为

$$\boldsymbol{V}_i=\begin{bmatrix}v_{i1} & v_{i2} & \cdots & v_{iD}\end{bmatrix}^{\mathrm{T}}$$

粒子所经历的自身最优位置为

$$\boldsymbol{P}_i=\begin{bmatrix}p_{i1} & p_{i2} & \cdots & p_{iD}\end{bmatrix}^{\mathrm{T}}$$

种群全局最优位置为

$$\boldsymbol{P}_g=\begin{bmatrix}p_{g1} & p_{g2} & \cdots & p_{gD}\end{bmatrix}^{\mathrm{T}}$$

则粒子的速度及位置更新公式为

$$v_{id}^{k+1}=v_{id}^{k}+c_1r_1(p_{id}^{k}-x_{id}^{k})+c_2r_2(p_{gd}^{k}-x_{id}^{k}) \tag{6.50}$$

$$x_{id}^{k+1}=x_{id}^{k}+v_{id}^{k+1} \tag{6.51}$$

式中：$1 \leqslant i \leqslant M$；$1 \leqslant d \leqslant D$；$k$ 为迭代次数；$c_1$ 及 $c_2$ 为学习因子，也称为加速因子或加速常数；$r_1$ 及 $r_2$ 为[0,1]之间的一个随机数。

从粒子的速度更新公式可以看出 $v_{id}^{k}$ 是粒子的当前速度，代表记忆部分，起到平衡全局和局部搜索的能力，$c_1r_1(p_{id}^{k}-x_{id}^{k})$ 表明粒子的飞行来源于自身经验，代表认知部分，主要加强局部搜索能力。$c_2r_2(p_{gd}^k - x_{id}^k)$ 表明粒子之间的信息交流，代表社会部分，起到加强全局搜索能力的作用，三个部分的共同作用，促使粒子达到最优位置。

1988 年，施（Shi）等引入惯性权重因子 $w$，得到新的速度更新公式

$$v_{id}^{k+1} = wv_{id}^k + c_1r_1(p_{id}^k - x_{id}^k) + c_2r_2(p_{gd}^k - x_{id}^k) \tag{6.52}$$

式（6.52）及式（6.51）就构成了标准 PSO 算法的速度和位置更新公式。

### 2. 粒子群算法参数的取值

标准 PSO 算法包含一系列参数，如惯性权重因子 $w$，学习因子 $c_1$ 及 $c_2$，这些参数选取得合适与否对 PSO 算法的寻优性能影响较大。此外，粒子的维数 $D$、最大速度 $v_{\max}$、位置范围及种群规模 $M$ 等参数的选取也是该算法在实际应用中需要解决的问题。下面根据已有的研究成果对 PSO 算法参数的分析与改进作一些简单介绍。

1）惯性权重因子 $w$

惯性权重因子 $w$ 表达了粒子的上代速度对这代速度影响的大小，它可以使粒子保持一定的运动惯性和扩展搜索空间的能力。研究表明，当其取值较大时，则粒子全局搜索能力强，局部搜索能力弱；当其取值较小时，则粒子局部搜索能力强，全局搜索能力弱，其值应该取多大没有固定的结论。Shi 等通过相关研究，提出了线性递减权值（linearly decreasing weight，LDW）策略，其表达式为

$$w = w_{\max} - \frac{w_{\max} - w_{\min}}{t_{\max}} t \tag{6.53}$$

式中：$w_{\max}$、$w_{\min}$ 分别为权重因子的最大值和最小值，通常取 $w_{\max}$=0.9，$w_{\min}$=0.4；$t$ 和 $t_{\max}$ 分别为当前迭代和最大迭代次数。从式（6.53）中可以看出，权重 $w$ 随着迭代次数的增加而逐渐减小，在搜索前期 $w$ 取值较大，这会使粒子群具备较强的全局搜索能力，随着 $w$ 的减小逐渐达到全局搜索和局部搜索的平衡，最终在 $w$ 取某一值时，粒子群依靠其较强的局部搜索能力在最优解附近快速收敛到最优解。

2）学习因子 $c_1$ 及 $c_2$

学习因子 $c_1$ 及 $c_2$ 反映了粒子之间的信息交流，当 $c_1$ 及 $c_2$ 均取较小值时，粒子会在局部徘徊；当 $c_1$ 及 $c_2$ 均取较大值时，粒子会突然飞向最优解附近甚至飞过最优解；当 $c_1$ 为 0 而 $c_2$ 不为 0 时，则粒子只有“社会经验”而没有“自身经验”，它会使粒子群具备很强的全局搜索能力，但在快速收敛到最优解附近时并不能保证较好的细部搜索，尤其是在处理高维复杂问题时，往往搜不到最优解，因此这种方法也称为全局 PSO 算法；当 $c_2$ 为 0 而 $c_1$ 不为 0 时，则粒子只有“自身经验”

而没有“社会经验”，它会使粒子群在搜索过程中各粒子之间无法进行信息交流，仅仅凭借自我的盲目搜索，这种方法的收敛速度很慢，而且搜不到最优解，因此这种方法也称为局部 PSO 算法。

通过对学习因子的影响分析，一些学者开始寻求相应的改进策略，其中有代表性的是由拉特纳维拉（Ratnaweera）提出的动态调整学习因子策略。在该策略中，学习因子 $c_1$ 及 $c_2$ 并非取某个固定值，而是遵循某种方式线性递增或线性递减，后来一些学者又对其进行了改进，其中有两种主流的调节方式。

（1）$c_1$ 及 $c_2$ 同步变化。将学习因子 $c_1$ 及 $c_2$ 的取值范围设定在$[c_{\min}, c_{\max}]$，第 $t$ 次迭代时，$c_1$ 及 $c_2$ 的取值为

$$c_1 = c_{1,\max} - \frac{c_{1,\max} - c_{1,\min}}{t_{\max}} t \tag{6.54}$$

$$c_2 = c_{2,\max} - \frac{c_{2,\max} - c_{2,\min}}{t_{\max}} t \tag{6.55}$$

（2）$c_1$ 及 $c_2$ 异步变化。$c_1$ 及 $c_2$ 在寻优过程中随着迭代次数的不同呈现异步变化，其公式为

$$c_1 = c_{1,ini} + \frac{c_{1,fin} - c_{1,ini}}{t_{\max}} t \tag{6.56}$$

$$c_2 = c_{2,ini} + \frac{c_{2,fin} - c_{2,ini}}{t_{\max}} t \tag{6.57}$$

式中：$c_{1,ini}$、$c_{2,ini}$ 分别表示 $c_1$、$c_2$ 的初值；$c_{1,fin}$、$c_{2,fin}$ 分别表示 $c_1$、$c_2$ 的终值。多数情况下，当 $c_{1,ini}=2.5$，$c_{1,fin}=0.5$，$c_{2,ini}=0.5$，$c_{2,fin}=2.5$ 时，粒子群的寻优效果较好。异步变化的学习因子可以使粒子在搜索前期更倾向于自我学习，在搜索后期更倾向于社会学习，这样在一定程度上保证粒子群全局搜索和局部搜索的协调发展，有利于收敛到最优解。

3）粒子的速度 $v$

从粒子的速度更新公式可以看出，粒子的速度既受上次速度的影响，又受个体极值和全局极值的影响，粒子的速度过大将使粒子飞过优秀区域，速度过小则飞行区域变小，可能无法到达最优区域，这就需要对飞行速度进行一定的限制。实际应用中可根据优化问题的具体情况限定一个粒子飞行时的最大速度，以保证粒子群在该速度范围内进行寻优。

一些学者通过相关研究给出了一些速度控制策略，典型的是由克莱克（Clerc）和 Kennedy 等提出的引入收缩因子的 PSO 算法，在该算法中，通过引入收缩因子 $\beta$，使粒子的速度得到有效控制，在一定程度上保证了算法的收敛。其公式如下：

$$v_{id}^{k+1} = \beta[v_{id}^{k} + c_1 r_1 (p_{id}^{k} - x_{id}^{k}) + c_2 r_2 (p_{gd}^{k} - x_{id}^{k})] \tag{6.58}$$

$$\beta = \frac{2}{\left|2 - \varphi - \sqrt{\varphi^2 - 4\varphi}\right|} \tag{6.59}$$

其中 $\varphi = c_1 + c_2$，且 $\varphi > 4$。典型的取法为 $c_1 = c_2 = 2.05$，此时 $\varphi$=4.1，$\beta$=0.729。

4）粒子的位置范围

粒子的位置范围也就是粒子的飞行区域，正如需要控制粒子的速度一样，也需要给定一个位置范围 $[p_{\max}, p_{\min}]$，保证粒子在合理的区域内飞行，具体取值一般根据实际问题确定。

5）粒子的维数 $D$

具体优化问题的维数就是粒子的维数，它根据需解决问题的实际情况直接确定。

6）种群规模 $M$

种群规模 $M$ 的取值同样需要根据具体问题具体分析确定，一般情况下取 20～50，相关研究表明 $M$ 的取值越小，则越容易陷入局部最优解，$M$ 的取值越大，则越能寻得最优解，但也会拖慢寻优速度。实际应用中，对于较为简单的问题，$M$ 取 10 就可以达到较好的优化效果，但对于一些复杂的问题，$M$ 需取到 100～200。

### 3. 粒子群算法的基本流程

粒子群算法的基本流程可概括如下[55]。

（1）确定种群规模 $M$、粒子维数 $D$、速度范围 $[-v_{\max}, v_{\max}]$、位置范围 $[p_{\max}, p_{\min}]$、惯性权重因子 $w$、学习因子 $c_1$ 及 $c_2$、初始化各粒子的位置和速度。

（2）计算粒子的适应度。

（3）更新个体极值及全局极值。对于每个粒子，如果当前的适应度大于自身经历的最优 pbest，则将当前值代替 pbest，如果当前的适应度大于群体最优值 gbest，则将当前值代替 gbest。

（4）根据速度和位置更新公式，更新速度和位置。

（5）判断适应度是否满足要求或是否达到最大迭代次数，是则结束并保存结果；否则返回步骤（2）继续搜索。

粒子群算法的流程见图 6.10。

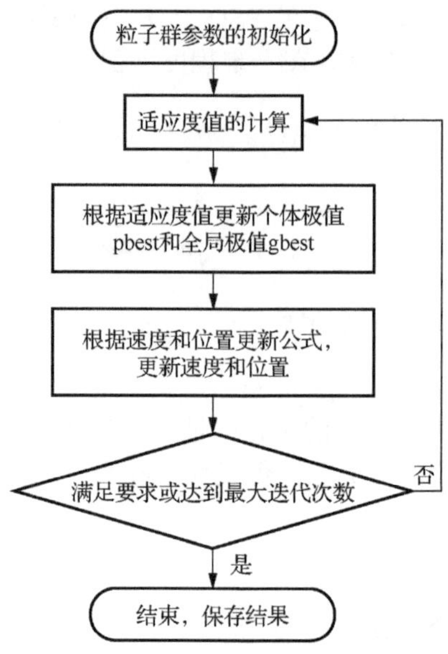


图 6.10　粒子群算法的流程

### 6.9.2　基于粒子群算法的神经网络模型的建立

粒子群算法作为一种智能寻优算法，其寻优能力和速度强于一般的寻优算法。研究表明，粒子群算法所采用的并行全局搜索策略、速度-位置模型比传统的遗传算法中复杂的交叉、变异操作简单得多，且寻优速度更快，寻优能力更强，是一种很有潜力的神经网络优化方法。

1. 基于粒子群算法的神经网络的基本思想

粒子群算法具有全局寻优的特点，在搜索空间中通过粒子之间的信息交流，快速收敛到全局最优位置，而 BP 算法具有精确的局部寻优能力，因此将两者结合起来将大大改善传统 BP 算法的缺陷，提高算法的性能。利用粒子群算法优化 BP 神经网络，其基本思想是利用粒子群算法优化 BP 神经网络的权值和阈值。粒子群算法与 BP 神经网络结合的方式为：首先，利用粒子群算法进行初步寻优，以种群搜索为基础，每个粒子即包含了 BP 神经网络的所有权值和阈值，通过粒子间不断的信息交流，使粒子快速聚集到全局最优位置，并输出最优位置；其次，利用 BP 算法再次训练，以粒子群算法输出的全局最优解作为 BP 神经网络训练的初始权值与阈值再次进行 BP 训练。

### 2. 基于粒子群算法的神经网络算法的基本流程

基于粒子群算法的神经网络的基本流程可概括如下[55]。

（1）初始化 BP 神经网络和粒子群算法的参数，包括 BP 神经网络的连接层数及各层的节点数，粒子群种群的规模、维数、速度和位置范围。其中粒子群的维数为

$$
\begin{aligned}
D= & \text{输入层至隐含层的连接权值个数}+\text{隐含层至输出层的连接权值个数} \\
& +\text{隐含层的阈值个数}+\text{输出层的阈值个数}
\end{aligned}
$$

粒子群中每个粒子都包含了 BP 神经网络的所有权值和阈值。

（2）计算粒子的适应度。

（3）更新粒子的速度和位置。

（4）判断是否满足停止条件，是则转至步骤（5），否则转至步骤（3）。

（5）输出全局最优解作为 BP 神经网络的初始权值与阈值，利用 BP 网络继续训练。

（6）训练结束，输出最优结果。

基于粒子群算法的神经网络算法的基本流程见图 6.11。

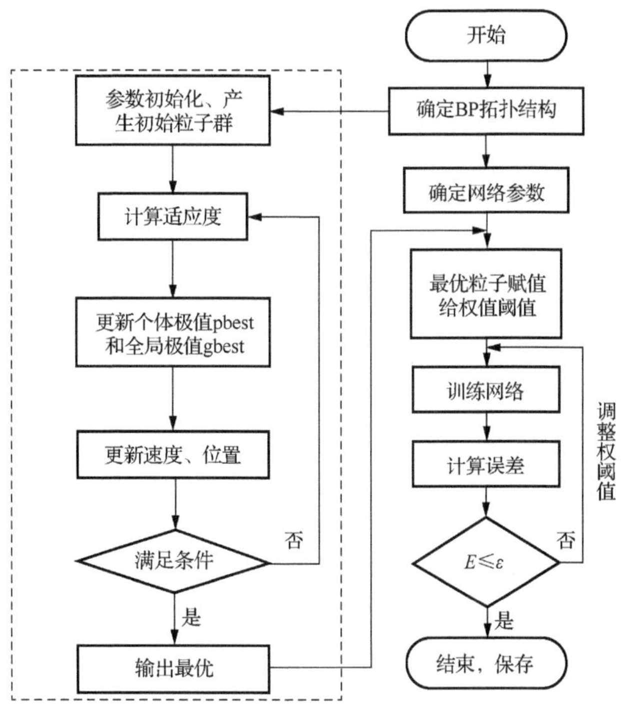


图 6.11　基于粒子群算法的神经网络算法的基本流程

### 6.9.3 基于混沌粒子群算法的神经网络模型

1. 混沌的定义

混沌现象是非线性系统中的一种普通现象，其行为复杂且类似随机，这使得看似一片混乱的混沌变化过程并不完全混乱，而是存在着精细的内在规律性。究竟如何定义混沌，目前没有统一的标准。下面简单介绍两种影响力较大的定义。

1975 年，科学家李天岩和数学家约克（Yorke）在“周期 3 蕴涵混沌”（Period Three Implies Chaos）中给出了混沌的定义：

设 $f(x)$ 是$[a,b]$上的连续自映射，若 $f(x)$ 满足：

（1）$f(x)$ 的周期点的周期无上界。

（2）存在不可数子集 $S\in[a,b]$，且 $S$ 不含周期点，满足

① 对任意 $x$，$y\in S$，当 $x\neq y$ 时有

$$\lim_{n\to\infty}\sup\left|f^{(n)}(x)-f^{(n)}(y)\right|>0$$

② 对任意 $x$，$y\in S$，当 $x=y$ 时有

$$\lim_{n\to\infty}\inf\left|f^{(n)}(x)-f^{(n)}(y)\right|=0$$

（3）对任意 $x\in S$ 和 $f(x)$ 的任一周期点 $y$，有

$$\lim_{n\to\infty}\sup\left|f^{(n)}(x)-f^{(n)}(y)\right|>0$$

则称 $f(x)$ 在 $S$ 上是混沌的。其中 $f^{(n)}(\cdot)$ 表示函数的 $n$ 重函数关系（复合映射），$\sup(\cdot)$ 和 $\inf(\cdot)$ 分别表示上界和下界。

1989 年，德瓦尼（Devaney）给出了混沌的另一种定义：

设 $X$ 是一度量空间，如果存在一个连续映射 $f$:

（1）$f$ 在 $X$ 上是拓扑传递的。

（2）$f$ 的周期点在 $X$ 中稠密。

（3）$f$ 对给定的初始条件具有敏感依赖性。

满足上述三个条件，则称 $f$ 在 $X$ 上是混沌的。

尽管对混沌这一概念还没有一个统一的定义，但从已有的定义可以看出，现实世界的事物不仅是有周期的、确定的，而且还存在一种随机的、无序的混沌运动。

### 2. 混沌的特点

（1）有界性：混沌系统典型特征是有一个混沌吸引域，无论系统内部稳定与否，混沌运动轨迹始终局限在这个区域内。

（2）对初始条件的高度敏感性：混沌系统的初始条件如果发生变化，系统状态将变得不可预测。

（3）内随机性：混沌的运动状态体现了随机性，是系统内部非线性机制自发产生的。

（4）遍历性：混沌运动在其混沌吸引域内是各态历经的，即混沌轨迹将经过混沌吸引域内的每一个状态点。

### 3. 混沌映射

混沌映射有多种，下面只对两种常用的混沌映射作简单介绍。

1）逻辑斯谛（Logistic）映射

Logistic 映射是目前应用最为广泛的混沌映射之一，其表达式为

$$x_{n+1} = \mu x_n(1 - x_n) \tag{6.60}$$

式中：$n$ 为迭代次数（$n$=1,2,⋯,$N$），$N$ 为最大迭代次数；$\mu$ 为控制参数。

当 $x_1 \in$（0,1），$\mu \in$（3.56,4.0）时，式（6.60）进入混沌状态，而当 $\mu$=4 时，式（6.60）则处于完全混沌状态。

2）帐篷（Tent）映射

Tent 映射的方程为

$$x_{n+1} = \begin{cases} ax_n & x_n \in [0, 0.5] \\ a(1 - x_n) & x_n \in (0.5, 1] \end{cases} \tag{6.61}$$

式中：$a$ 为控制参数，$a \in [0,2]$。当 $a \in [1,2]$时，Tent 映射表现出混沌行为。通常将 Tent 映射中 $a$=2 作为混沌系统。

### 4. 混沌粒子群算法

混沌粒子群算法将混沌理论与粒子群算法相结合，通过不同的结合方式，达到不同的优化结果。目前混沌粒子群算法大致分为三类。

第一类算法是用混沌序列替代粒子群算法中的一些参数。有的学者利用 Logistic 映射的混沌序列替代粒子群算法中的惯性因子 $w$，有的学者利用 Logistic 映射的混沌序列替代粒子群算法中的 $c_1$、$c_2$、$r_1$、$r_2$、$w$ 等参数。这类算法在一定程度上能增强粒子群算法的全局搜索能力。

第二类算法是用混沌序列初始化产生粒子群算法的粒子，目的是让粒子均匀分布在搜索空间。此类算法中，混沌起到的作用只是粒子的最初初始化，而仅通过混沌序列产生初始群体很难达到均匀分布的目的，因此此类方法与常用的随机产生初始群体的方法并没有什么本质的区别。

第三类算法是用混沌序列对粒子群算法搜索到的解进行混沌迭代，使其继续局部搜索。根据已有的研究成果，按照混沌搜索与粒子群搜索结合的方式又分为两种方法：第一种方法是当粒子群搜索一代或者数代后就开始混沌搜索；第二种方法是在粒子群迭代结束后再进行混沌搜索。由于第一种方法中混沌搜索与粒子群搜索相互进行，这样可以大大改善粒子群局部搜索的能力，因此第一种方法优于第二种方法。此外，根据如何选择进行混沌迭代的粒子，第三类算法又分为三种情况：第一种情况是选择粒子群中所有粒子进行混沌迭代；第二种情况是选择粒子群中部分粒子进行混沌迭代；第三种情况是选择粒子群中最优粒子进行混沌迭代。

本节将混沌迭代融入粒子群算法中，即粒子群每执行一次搜索，就对当前最优的粒子进行混沌迭代，当混沌搜索到的新解优于旧解时，就用新解替代旧解。这种结合方式使粒子群搜索与混沌搜索交替进行，从而保证最终搜到全局最优解，而且只对最优粒子进行混沌迭代也会大大节省系统的运行时间。该算法的基本流程可概括如下[55]：

（1）确定种群规模 $M$，粒子维数 $D$，最大迭代次数 $k_{\max}$，混沌最大迭代步数 $M_c$，惯性权重因子 $w$ 和学习因子 $c_1$ 及 $c_2$，速度范围 $[-v_{\max}, v_{\max}]$，位置范围 $[p_{\max}, p_{\min}]$。

（2）计算粒子的适应度并更新粒子的位置和速度，记录每个粒子迄今搜到的最优位置 pbest 和全局搜索到的最优位置 gbest。

（3）将粒子群最优位置 $\boldsymbol{P}_g = \begin{bmatrix} p_{g1} & p_{g2} & \cdots & p_{gD} \end{bmatrix}^{\mathrm{T}}$ 映射到 Logistic 方程定义域 [0,1]内：

$$y_i^k = \frac{p_{gi}^k - p_{\min}^k}{p_{\max}^k - p_{\min}^k} \qquad (i=1,2,\cdots,D)$$

（4）对 $y_i$ 通过 Logistic 方程进行迭代：

$$y_{i+1}^k = \mu y_i^k (1 - y_i^k)$$

并映射到原解空间：

$$p_{gm_c}^k = (p_{\max}^k - p_{\min}^k) y_{m_c}^k + p_{\min}^k$$

从而得到新解。

（5）计算新解的适应度，当新解优于原解时输出新解。

（6）判断是否满足停止条件，是则结束；否则返回步骤（2）。

5. 基于混沌粒子群算法的神经网络算法流程

混沌粒子群算法在很大程度上可以解决粒子群易陷入局部最优的问题，并且在处理高维复杂问题时具有明显的优势，因此，将混沌理论引入到粒子群 BP 神经网络中，形成基于混沌粒子群算法的 BP 神经网络算法，这种算法将大大改善基于粒子群算法的 BP 神经网络算法的不足。其算法流程见图 6.12。

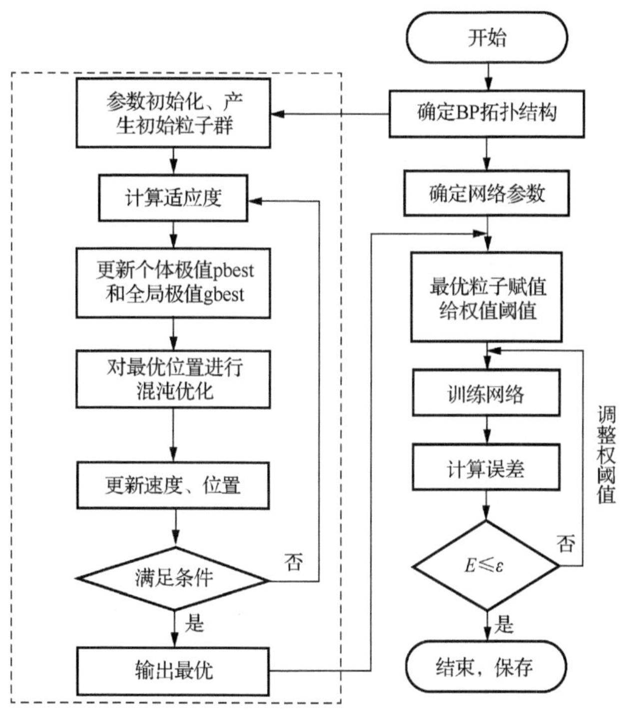


图 6.12　基于混沌粒子群算法的神经网络算法流程

### 6.9.4　计算实例

现选取郑州市一大楼基坑边坡某监测点 65 期的垂直位移（沉降量）监测数据进行计算[55]。某监测点累计沉降量列于表 6.11 中。

表 6.11　某监测点累计沉降量　（单位：mm）

| 期数 | 累计沉降量 | 期数 | 累计沉降量 | 期数 | 累计沉降量 | 期数 | 累计沉降量 |
|---|---|---|---|---|---|---|---|
| 1 | 0.00 | 18 | 3.32 | 35 | 3.93 | 52 | 10.35 |
| 2 | 0.45 | 19 | 3.34 | 36 | 4.00 | 53 | 10.34 |
| 3 | 0.87 | 20 | 3.37 | 37 | 4.07 | 54 | 10.41 |
| 4 | 1.73 | 21 | 3.38 | 38 | 4.07 | 55 | 10.53 |
| 5 | 2.29 | 22 | 3.39 | 39 | 4.21 | 56 | 10.64 |
| 6 | 2.67 | 23 | 3.47 | 40 | 4.33 | 57 | 10.80 |
| 7 | 2.79 | 24 | 3.50 | 41 | 5.85 | 58 | 10.96 |
| 8 | 2.86 | 25 | 3.53 | 42 | 6.73 | 59 | 11.07 |
| 9 | 2.92 | 26 | 3.55 | 43 | 6.92 | 60 | 11.21 |
| 10 | 3.12 | 27 | 3.55 | 44 | 8.24 | 61 | 11.38 |
| 11 | 3.20 | 28 | 3.61 | 45 | 8.98 | 62 | 11.56 |
| 12 | 3.25 | 29 | 3.64 | 46 | 9.36 | 63 | 11.64 |
| 13 | 3.25 | 30 | 3.67 | 47 | 9.68 | 64 | 11.77 |
| 14 | 3.25 | 31 | 3.73 | 48 | 10.03 | 65 | 11.91 |
| 15 | 3.27 | 32 | 3.79 | 49 | 10.17 | | |
| 16 | 3.27 | 33 | 3.80 | 50 | 10.19 | | |
| 17 | 3.30 | 34 | 3.84 | 51 | 10.27 | | |

变形体的变形具有明显的非线性性，是典型的非线性问题。变形监测数据构成了一组时间序列，该序列中各监测数据之间存在一定的关联性，且蕴含内在的规律，这种规律很难用传统的数学方法进行建模分析。而神经网络具有的非线性性和自适应性则能很好地解决这一问题，因此可以将变形监测数据作为输入和输出样本进行网络训练，用于相应的变形预测。

设对某变形体进行了 $n$ 次变形监测，变形量为 $x_1,x_2,\cdots,x_n$，从序列 $x_1,x_2,\cdots,x_n$ 中，依次取前 $m$ 个数据作为神经网络的输入，相应的第 $m+1$ 个数据作为网络的输出，这样就构成了 $n-m$ 组输入和输出数据，具体的数据格式如下：

| 序号 | 输入 | | | | | 输出 |
|---|---|---|---|---|---|---|
| 1 | $x_1$ | $x_2$ | $x_3$ | $\cdots$ | $x_m$ | $x_{m+1}$ |
| 2 | $x_2$ | $x_3$ | $x_4$ | $\cdots$ | $x_{m+1}$ | $x_{m+2}$ |
| 3 | $x_3$ | $x_4$ | $x_5$ | $\cdots$ | $x_{m+2}$ | $x_{m+3}$ |
| $\vdots$ | $\vdots$ | $\vdots$ | $\vdots$ | | $\vdots$ | $\vdots$ |
| $n-m$ | $x_{n-m}$ | $x_{n-m+1}$ | $x_{n-m+2}$ | $\cdots$ | $x_{n-1}$ | $x_n$ |

根据输入和输出数据进行网络训练，当达到训练目标时，网络即训练好，保存网络。

将序列 $x_{n-m+1},x_{n-m+2},x_{n-1},x_n$ 作为输入数据，通过训练好的网络即可得出预测值 $x_{n+1}$。

进行网络训练之前，先将样本序列进行归一化处理，使其位于[−1，1]区间内。

归一化处理方法为

$$y_i = \frac{2(x_i - x_{\min})}{x_{\max} - x_{\min}} - 1$$

本次计算神经网络参数为：输入层节点数为 3，输出层节点数为 1，隐含层节点数为 10，最大迭代次数为 1000，训练速率为 0.1，训练目标为 0.0008。

粒子群算法的参数为：种群规模为 20，最大迭代次数为 100，粒子的速度范围为[−1,1]，粒子的位置范围为[−5,5]，惯性权重 $w = w_{\max} - \frac{w_{\max} - w_{\min}}{t_{\max}} t$，其中 $w_{\max}$=0.9，$w_{\min}$=0.4，学习因子 $c_1 = c_2 = 1.494$。

由 65 期观测数据的前 55 期作为学习样本，后 10 期用于检验建模的误差。某监测点累计沉降量及相应模型的误差有关计算结果列于表 6.12 中，其中模型 1 为 BP 神经网络模型，模型 2 为基于粒子群算法的 BP 神经网络模型，模型 3 为基于混沌粒子群算法的 BP 神经网络模型。

**表 6.12　某监测点累计沉降量及相应模型的误差有计算结果**　（单位：mm）

| 期数 | 原始监测值 | 模型 1 的误差 | 模型 2 的误差 | 模型 3 的误差 |
|---|---|---|---|---|
| 56 | 10.64 | −0.1364 | −0.1254 | −0.1046 |
| 57 | 10.80 | −0.2798 | −0.2458 | −0.2105 |
| 58 | 10.96 | −0.3404 | −0.2933 | −0.2383 |
| 59 | 11.07 | −0.4011 | −0.3263 | −0.2377 |
| 60 | 11.21 | −0.4890 | −0.3996 | −0.2792 |
| 61 | 11.38 | −0.5459 | −0.4370 | −0.2967 |
| 62 | 11.56 | −0.6478 | −0.5071 | −0.3239 |
| 63 | 11.64 | −0.6441 | −0.4704 | −0.2309 |
| 64 | 11.77 | −0.7343 | −0.5640 | −0.2676 |
| 65 | 11.91 | −0.7552 | −0.5290 | −0.2302 |

由表 6.12 可以看出，基于粒子群算法的 BP 神经网络模型的预测精度优于 BP 神经网络模型；而基于混沌粒子群算法的 BP 神经网络模型优于基于粒子群算法的 BP 神经网络模型。

## 6.10 基于卡尔曼滤波和遗传算法的 BP 神经网络模型

BP 神经网络具有自适应、自学习、强大的并行运算和良好的非线性逼近能力，应用于大坝变形预测前景广阔，但由于 BP 神经网络自身的局限性，算法效率较低且易收敛于局部极小，推广能力也相对较差，影响了预测结果的精度。为此，一些学者提出先利用遗传算法进行全局寻优，进而搜索出一定的权值，再以此权值作为 BP 算法的初始权值，代入神经网络进行计算。由于外界不确定因素或人为因素的影响，监测数据中可能出现个别异常数据，将此类数据代入模型中进行计算得到的预测值其精度往往有所下降。为此，可以引入卡尔曼滤波方法对大坝位移观测值进行滤波处理，减少由于原始数据中异常值造成的误差，结合遗传算法的思想对神经网络权（阈）值进行寻优，进而将滤波后的数据代入改进的网络参与训练，得到基于卡尔曼滤波和遗传算法的 BP 神经网络模型。

1. 卡尔曼滤波方程的建立

在大坝变形测量中，假设监测点位移速度的均值不变，在卡尔曼滤波过程中将监测点的位置及其位移速度作为状态参数，将位移加速度作为动态噪声。若 $t_k$ 时刻某监测点的位移为 $x_k$，位移速度为 $u_k$，位移加速度为 $\boldsymbol{\Omega}_k$，则有状态方程

$$\boldsymbol{X}_{k+1}=\begin{bmatrix}x_{k+1}\\u_{k+1}\end{bmatrix}=\begin{bmatrix}1&\Delta t_{k+1}\\0&1\end{bmatrix}\begin{bmatrix}x_k\\u_k\end{bmatrix}+\begin{bmatrix}\frac{1}{2}\Delta t_{k+1}^2\\\Delta t_{k+1}\end{bmatrix}\boldsymbol{\Omega}_k \tag{6.62}$$

其中

$$\Delta t_{k+1}=t_{k+1}-t_k$$

设 $t_k$ 时刻的观测向量为 $\boldsymbol{L}_k$，则有观测方程

$$\boldsymbol{L}_{k+1}=[1\quad 0]\begin{bmatrix}x_{k+1}\\u_{k+1}\end{bmatrix}+\boldsymbol{\Delta}_{k+1} \tag{6.63}$$

令

$$\boldsymbol{\Phi}_{k+1,k}=\begin{bmatrix}1&\Delta t_{k+1}\\0&1\end{bmatrix},\quad \boldsymbol{F}_{k+1,k}=\begin{bmatrix}\frac{1}{2}\Delta t_{k+1}^2\\\Delta t_{k+1}\end{bmatrix},\quad \boldsymbol{B}_{k+1}=[1\quad 0]$$

则有状态方程和观测方程

$$\boldsymbol{X}_{k+1} = \boldsymbol{\Phi}_{k+1,k}\boldsymbol{X}_k + \boldsymbol{F}_{k+1,k}\boldsymbol{\Omega}_k \tag{6.64}$$

$$\boldsymbol{L}_{k+1} = \boldsymbol{B}_{k+1}\boldsymbol{X}_{k+1} + \boldsymbol{\Delta}_{k+1} \tag{6.65}$$

由状态方程和观测方程并顾及随机模型，由卡尔曼滤波方程即可进行卡尔曼滤波。

2. 遗传算法优化 BP 神经网络的原理

BP 神经网络通过将输入信号正向传递与误差逆向传播相结合，实现输入到输出的非线性映射。以三层神经网络为例，其拓扑结构图如图 6.13 所示。

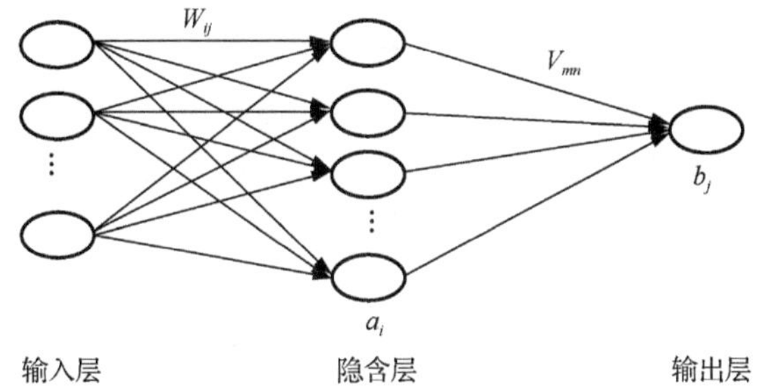


图 6.13　BP 神经网络拓扑结构图

首先给定一组输入样本 $P$ 以及目标样本 $T$。输入样本依次经过三层网络（输入层、隐含层、输出层）处理，即正向传播过程，得到输出的预测结果。将该结果与目标样本比较，以最小化误差为依据，沿原网络路径返回，逐次修正各节点的连接权（阈）值，实现误差反向传播。当预测输出逼近目标样本满足要求时，上述迭代过程终止。由于 BP 神经网络算法权（阈）值初始随机给定，寻优结果易落入局部极小，因而引入遗传算法加以改进。遗传算法具有良好的并行运算与全局寻优能力，可利用其确定网络初始权（阈）值，优化思路如下。

对于三层神经网络结构，遗传编码完成后的个体可表示为

$$X = \{W_{11}, W_{12}, \cdots, W_{ij};\ a_1, a_2, \cdots, a_i;\ V_{11}, V_{12}, \cdots, V_{mn};\ b_1, b_2, \cdots, b_j\}$$

式中：$W_{ij}$ 为输入层到隐含层的权值；$V_{mn}$ 为隐含层到输出层的权值；$a_i$ 为隐含层的阈值；$b_j$ 为输出层的阈值。若干这样的个体即构成种群，种群规模需根据实际情况确定。将每个个体所包含的权值、阈值代入神经网络进行计算，比较所得到的实际输出值与期望值之间的误差，以误差平方和最小作为判定权阈值最优的依据。选择、交叉和变异等手段是基于概率思想的随机操作，其搜索覆盖面大，灵

活性强。重复此类遗传操作，当满足终止条件时运算结束，将得到的最优初始权（阈）值赋予网络，即实现了优化过程。

3. 基于卡尔曼滤波和遗传算法的 BP 神经网络模型

首先用卡尔曼滤波法平滑观测值，剔除原始观测数据中的随机误差，从而获得与真实情况较为接近的位移值。然后将处理后的位移数据代入改进的神经网络参与训练，即以遗传算法实现初始权（阈）值的全局最优，从而建立基于卡尔曼滤波和遗传算法的 BP 神经网络模型。

建模型的步骤如下[56]。

（1）根据监测位移值确定卡尔曼滤波的初值、参数等，对原始数据进行滤波，得到处理后的平稳位移序列。

（2）确定神经网络拓扑结构，即层数与各层节点数，以及训练参数等，将环境量作为输入，滤波后的位移序列作为输出目标，归一化处理后代入网络。

（3）对网络权（阈）值进行遗传编码，产生包含网络各层全部权（阈）值在内的遗传个体，定义适应度函数，并利用遗传算子（选择、交叉、变异）寻找最优个体。

（4）将上一步得到的适应度最优个体作为网络初始权（阈）值，实现神经网络的优化，得到基于卡尔曼滤波和遗传算法的 BP 神经网络模型。

（5）选取训练数据之后一段时期的监测位移，利用该模型进行预测，对比预测结果和实际位移。

4. 算例

现选取某水库 8 号坝段 2007 年 1 月 1 日至 6 月 9 日共 160 组水平位移监测数据进行计算[56]。首先对水平位移监测数据进行卡尔曼滤波处理，以尽可能消除其中随机干扰的影响，然后建立基于遗传算法的 BP 神经网络模型。

由于监测值为等时间间隔，即 $\Delta t_{k+1}=1$，则

$$\boldsymbol{\Phi}_{k+1,k}=\begin{bmatrix}1 & 1\\ 0 & 1\end{bmatrix},\quad \boldsymbol{F}_{k+1,k}=\begin{bmatrix}0.5\\ 1\end{bmatrix}$$

计算时取[56]

$$D_{\Delta}(k)=\pm 1,\quad \boldsymbol{X}(0/0)=\begin{bmatrix}9.55\\ 0\end{bmatrix},$$

$$D_{X}(0/0)=D_{X}(0)=\begin{bmatrix}0.01 & 0\\ 0 & 0.001\end{bmatrix},\quad D_{\Omega}(k)=\pm 1$$

计算时，采用三层 BP 神经网络。由于影响大坝变形的主要因素包括水位、温度和时效，输入层因子分别取 $H$、$H^2$、$H^3$、$T_1$～$T_5$、$t$、lg($t$+1)（其中 $H$ 为上游水位，$T_1$～$T_5$ 分别为前 10d、前 11～20d、前 21～35d、前 36～50d、前 51～70d 的平均温度，$t$ 为测值日的累计天数）。以上共 10 个因子，故神经网络输入层节点数取为 10，隐含层节点设为 20，输出层为水平位移值，此时神经网络结构为 10-20-1。最大学习步数取值为 2000 次，学习速率取值为 0.05，期望目标取值为 $10^{-6}$。借助于 MATLAB 遗传算法工具箱，实现对神经网络的优化，其中权（阈）值编码取决于网络结构，由于神经网络各层节点数分别为 10、20 和 1，因此权值个数为 10×20+20×1=220，阈值个数为 20+1= 21，个体编码长度为 220+21=241。

适应度函数定义为

$$fitness = \frac{1}{\frac{1}{n}\sum (y_k - \hat{y}_k)^2}$$

式中：$y_k$、$\hat{y}_k$ 分别为期望值和实际输出值。群体大小取值为 50，终止进化代数取值为 100，其余参数取默认值。

分别将经卡尔曼滤波后的数据和未经滤波处理的原始数据代入神经网络参与训练，并对所选训练数据后 10d 的位移进行预测，有关预测结果见表 6.13。其中：模型 1 为单纯的 BP 神经网络模型；模型 2 为基于遗传算法的 BP 神经网络模型；模型 3 为基于卡尔曼滤波和遗传算法的 BP 神经网络模型；预测误差为预测值与实测值之差。

**表 6.13　三种模型的预测结果**　　（单位：mm）

| 观测时间 | 实测值 | 模型 1 | | 模型 2 | | 模型 3 | |
|---|---|---|---|---|---|---|---|
| | | 预测值 | 预测误差 | 预测值 | 预测误差 | 预测值 | 预测误差 |
| 2007 年 6 月 10 日 | 13.51 | 12.88 | −0.63 | 12.92 | −0.59 | 12.93 | −0.58 |
| 2007 年 6 月 12 日 | 13.38 | 12.90 | −0.48 | 12.82 | −0.56 | 12.87 | −0.51 |
| 2007 年 6 月 13 日 | 13.02 | 13.14 | 0.12 | 13.10 | 0.08 | 12.94 | −0.08 |
| 2007 年 6 月 14 日 | 12.50 | 13.17 | 0.67 | 13.08 | 0.58 | 12.79 | 0.29 |
| 2007 年 6 月 15 日 | 12.07 | 13.16 | 1.09 | 12.58 | 0.51 | 12.16 | 0.09 |
| 2007 年 6 月 16 日 | 12.23 | 13.11 | 0.88 | 12.38 | 0.15 | 12.09 | −0.14 |
| 2007 年 6 月 17 日 | 12.54 | 13.12 | 0.58 | 12.77 | 0.23 | 12.32 | −0.22 |
| 2007 年 6 月 18 日 | 12.70 | 13.18 | 0.48 | 12.92 | 0.22 | 12.58 | −0.12 |
| 2007 年 6 月 20 日 | 13.21 | 13.59 | 0.38 | 13.26 | 0.05 | 13.15 | −0.06 |
| 2007 年 6 月 21 日 | 13.31 | 13.63 | 0.32 | 13.51 | 0.20 | 13.19 | −0.12 |

由表 6.13 可以看出，基于卡尔曼滤波和遗传算法的 BP 神经网络模型，对大坝位移预测的精度要优于单纯的 BP 神经网络模型及基于遗传算法的 BP 神经网络模型。利用卡尔曼滤波法可以去除原始监测数据的随机误差干扰，将处理后的数据代入基于遗传算法的 BP 神经网络模型，可获得更接近实测值的预测结果。

# 第7章　小波分析模型

## 7.1　从傅里叶变换到小波分析

对信号进行分析或分解是了解和掌握信号特征和性质的基本方法。在信号分析中，通过变换，使得比较复杂、特征不够明确的信号变得简洁和特征明确。

### 7.1.1　傅里叶变换

1807年，傅里叶提出任何函数都能用一组正余弦函数的和表示，这就是傅里叶分析。傅里叶变换（Fourier transform）是傅里叶分析的抽象，它可以将时域中某一信号变换至频域中，还能描述信号的整体频谱特征。这里约定：小写字母$f(t)$表示时间信号或函数，其中$t$表示时间域自变量；对应的大写字母$F(\omega)$表示相应函数或信号的傅里叶变换，其中$\omega$表示频域自变量。

函数$f(t)\in L^1(R)$，即满足

$$\int_{-\infty}^{\infty}\left|f(t)\right|\mathrm{d}t<\infty \tag{7.1}$$

其连续傅里叶变换定义[1]为

$$F(\omega)=\int_{-\infty}^{\infty}\mathrm{e}^{-\mathrm{i}\omega t}f(t)\mathrm{d}t \tag{7.2}$$

$F(\omega)$的傅里叶逆变换定义为

$$f(t)=\frac{1}{2\pi}\int_{-\infty}^{\infty}\mathrm{e}^{-\mathrm{i}t\omega}F(\omega)\mathrm{d}\omega \tag{7.3}$$

为了计算傅里叶变换，需要使用数值积分，即取$f(t)$在$R$上的离散点上的值计算这个积分。下面给出离散傅里叶变换（discrete Fourier transform，DFT）的定义：

给定实数或复数的离散时间序列$f_0,f_2,\cdots,f_{N-1}$，设该序列绝对可和，即满足

$$\sum_{n=0}^{N-1}\left|f_n\right|<\infty \tag{7.4}$$

称

$$X(k)=F(f_n)=\sum_{n=0}^{N-1} f_n \mathrm{e}^{-\mathrm{i}\frac{2\pi k}{N}n} \qquad (k=0,1,\cdots,N-1) \tag{7.5}$$

为序列$\{f_n\}$的离散傅里叶变换。

称

$$f_n=\frac{1}{N}\sum_{k=0}^{N-1} X(k)\mathrm{e}^{\mathrm{i}\frac{2\pi k}{N}n} \qquad (n=0,1,\cdots,N-1) \tag{7.6}$$

为序列$\{X(k)\}$的逆离散傅里叶变换（inverse discrete Fourier transform，IDFT）。式（7.6）中，$n$ 相当于对时间域的离散化，$k$ 相当于对频率域的离散化，且它们都以 $N$ 点为周期。离散傅里叶变换序列$\{X(k)\}$以 $2\pi$ 为周期，且具有共轭对称性。

当 $f(t)$ 为实轴上以 $2\pi$ 为周期的平方可积函数时，即 $f(t)\in L^2(0,2\pi)$，则 $f(t)$ 可以表示成傅里叶级数的形式，即

$$f(t)=\sum_{n=-\infty}^{\infty} C_n \mathrm{e}^{-\mathrm{i}nt} \tag{7.7}$$

式中：$C_n$ 为傅里叶系数，且

$$C_n=\frac{1}{2\pi}\int_0^{2\pi} f(t)\mathrm{e}^{\mathrm{i}nt} \tag{7.8}$$

傅里叶变换是时域到频域互相转化的工具。从物理意义上讲，傅里叶变换的实质是把周期变化的信号 $f(t)$ 这个波形分解成许多不同频率的正弦波的叠加和；从数学意义上讲，傅里叶变换是通过一个被称为基函数的函数 $\mathrm{e}^{-\mathrm{i}\omega t}$ 的整数膨胀而生成任意一个周期平方可积函数 $f(t)\in L^2(0,2\pi)$ 。这样就可以把对原函数 $f(t)$ 的研究转化为对其权系数，即其傅里叶变换 $F(\omega)$ 的研究。从傅里叶变换中可以看出，这些标准基是由正弦波及其高次谐波组成的。通过傅里叶变换把时域中连续变化的信号转化为频域中的信号，因此傅里叶变换在频域内是局部化的。

虽然傅里叶变换能够将信号的时域特征与频域特征联系起来，能分别从信号的时域和频域观察，但不能把二者有机结合起来。这是因为信号的时域波形中不包含任何频域信息。而其傅里叶谱是信号的统计特性，从其表达式中也可以看出，它是整个时间域内的积分，没有局部化分析信号的功能，完全不具备时域信息，也就是说，对于傅里叶谱中的某一频率，不知道这个频率是在什么时候产生的。这样在信号分析中就面临一对最基本的矛盾即时域和频域的局部化矛盾。

在实际信号处理过程中，尤其是对非平稳信号的处理中，信号在任一时刻附近的频域特征非常重要，仅从时域或频域上分析是不够的，这就促使人们去寻找

一种新的方法，能将时域和频域结合起来，描述观察信号的时频联合特征，构成信号的时频谱。

### 7.1.2　短时傅里叶变换

传统的信号分析是建立在傅里叶变换的基础之上的，由于傅里叶分析使用的是一种全局的变换，要么完全在时域，要么完全在频域，因此无法表述信号的时频局域性质，而这种性质恰恰是非平稳信号最根本和最关键的性质。由于标准的傅里叶变换只在频域里有局部分析的能力，而在时域里不存在这种能力，为了克服傅里叶变换在时域上无任何分辨率能力的缺点，丹尼斯（Dennis）于 1946 年引入了短时傅里叶变换（short-time Fourier transform，STFT），也称为窗口傅里叶变换（window Fourier transform），其实质是在傅里叶变换中加一个时间窗，以便给出信号的谱的时变信息。STFT 的基本思想是把信号划分成许多小的时间间隔，用傅里叶变换分析每一个时间间隔，以便确定该时间间隔存在的频率。其表达式为[1]

$$S(\omega,\tau)=\int_R f(t)g^*(t-\tau)\mathrm{e}^{-\mathrm{i}\omega t}\mathrm{d}t \tag{7.9}$$

式中：上角的“*”表示复共轭；$g(t)$ 为有紧支集的函数；$f(t)$ 为进入分析的信号。在这个变换中，在傅里叶变换的基函数 $\mathrm{e}^{-\mathrm{i}\omega t}$ 前乘上一个时间上有限的时限函数 $g^*(t)$（窗函数），然后再用 $g^*(t)\mathrm{e}^{-\mathrm{i}\omega t}$ 作为分析工具，这样 $\mathrm{e}^{-\mathrm{i}\omega t}$ 起频限作用，$g^*(t)$ 起时限作用，合在一起起时频分析作用。随着时间 $\tau$ 的变化，$g^*(t)$ 所确定的“时间窗”在 $t$ 轴上移动，使 $f(t)$ “逐渐”进行分析。因此，$g^*(t)$ 往往被称之为窗口函数，$S(\omega,\tau)$ 大致反映了 $f(t)$ 在时刻 $\tau$ 时、频率为 $\omega$ 的“信号成分”的相对含量。这样信号在窗函数上的展开就可以表示为在$[\tau-\delta,\tau+\delta]$、$[\omega-\varepsilon,\omega+\varepsilon]$这一区域内的状态，并把这一区域称为窗口，$\delta$ 和 $\varepsilon$ 分别称为窗口的时宽和频宽，表示了时域分析中的分辨率，窗宽越小则分辨率就越高。显然，希望 $\delta$ 和 $\varepsilon$ 都非常小，以便有更好的时频分析效果，但海森堡的不确定原理（Heisenberg's uncertainty principle）指出 $\delta$ 和 $\varepsilon$ 是互相制约的，两者不可能同时都任意小。

由此可见，STFT 虽然在一定程度上克服了标准傅里叶变换不具有时域局部分析能力的缺陷，但它也存在自身不可克服的缺陷，即当窗口函数 $g^*(t)$ 确定后（时间宽度是 $2\delta$ 并为一个定值），矩形窗口的形状就确定了，$\tau$ 和 $\omega$ 只能改变窗口在相平面上的位置，而不能改变窗口的形状。可以说 STFT 实质上是具有单一分辨率的信号分析方法，若要改变分辨率，则必须重新选择窗函数 $g^*(t)$。因此，STFT 用来分析平稳信号尚可，但对于非平稳信号，在信号波形变化剧烈的时刻，主频是高频，要求有较高的时间分辨率（即 $\delta$ 要小），而波形变化比较平缓的时刻。主频是低频，则要求有较高的频率分辨率（即 $\varepsilon$ 要小），而 STFT 不能兼顾两者。

### 7.1.3 小波分析

对于平稳信号或短时间内平稳信号的处理，傅里叶变换与 STFT 这两种方法都是有效的。但在许多科学领域中，普遍存在着非稳定信号，而目前傅里叶变换及 STFT 信号处理技术尚不能很好地分析具有时变特性（即信号的幅值特性和频率特性随时间不断改变）的非稳定信号。

具有突变性质的（瞬变事件不能事先知道发生）、非稳定变化的信号，人们不只是对该信号的频率感兴趣，尤其关心该信号在不同时刻的频率，即需要时间和频率两个指标来刻画信号，研究其在时域和频域中的全貌和局部性质，既能总体上把握信号，又能深入到信号局部中分析信号的非平稳性，才能提取出更多的特征信息。显然，傅里叶变换是无能为力的，这是因为傅里叶变换在频域上是完全局部化了的（能把信号分解到每个频率细节），但在时域上却没有任何分辨能力。实际上，信号是由多种频率分量组成的，当信号尖锐变化时，需要有一个短的时间窗为其提供更多的频率信息；当信号变化平缓时，需要一个长的时间窗用于描述信号的整体行为。而 STFT 也无法做到这一点，这是因为 STFT 的窗口函数的大小和形状是固定不变的，不能适应不同频率分量信号的变化。因此，对于非稳定信号的研究，需要不同于傅里叶变换及 STFT 的分析技术，这就导致了小波分析的出现。小波分析这种新的时频分析方法特别适用于非稳定信号的分析处理。

小波分析（wavelet analysis）是当前数学学科中一个迅速发展的新领域，它是一种窗口大小（即窗口面积）固定但其形状可改变、时间窗和频率窗都可改变的时频局部化分析方法。即在低频部分具有较高的频率分辨率和较低的时间分辨率，在高频部分具有较高的时间分辨率和较低的频率分辨率，所以被誉为“数学显微镜”。正是这种特性，使小波变换（wavelet transform）具有对信号的自适应性。它与傅里叶变换、STFT 相比，是一个时间和频率的局域变换，因而能有效从信号中提取信息，通过伸缩和平移等运算功能对函数或信号进行多尺度细化分析，解决了傅里叶变换不能解决的许多困难问题。“小波”就是小的波形。小波分析被认为是傅里叶分析的新里程碑。用小波基分解任意函数，具有优良的“变焦”性能。它是一种窗口大小不变，但形状可变的时频局部化分析方法。与传统的傅里叶变换不同，小波变换的最大特点是可以用来描述信号中局部区域的频率特性。

# 7.2 小 波 变 换

## 7.2.1 小波变换的概念

对于任意函数或信号 $\psi(t)\in L^2(R)$（其中 $L^2(R)$ 表示平方可积的实数空间，即 $\psi(t)$ 为能量有限的空间信号），$\hat{\psi}(\omega)$ 为 $\psi(t)$ 的傅里叶变换。如果 $\hat{\psi}(\omega)$ 满足[1]：

$$C_\psi=\int_{R^*}\frac{|\hat{\psi}(\omega)|^2}{|\omega|}\mathrm{d}\omega<\infty \tag{7.10}$$

则称 $\psi(t)$ 为小波函数，又称母小波。

式（7.10）中 $R^*=R-\{0\}$，表示非 0 实数的全体。

对小波函数 $\psi(t)$ 进行平移和伸缩操作后，可以得到一个小波序列，简称为小波。

$$\psi_{a,b}(t)=|a|^{-\frac{1}{2}}\psi\left(\frac{t-b}{a}\right)\quad（a、b\in R，且 a\neq 0）\tag{7.11}$$

式中：$a$ 为伸缩因子；$b$ 为平移因子。

对于任意函数或信号 $f(t)\in L^2(R)$，其连续小波变换定义为该函数或信号与小波序列的内积：

$$W_f(a,b)=\langle f(t),\psi_{a,b}(t)\rangle=|a|^{-\frac{1}{2}}\int_R f(t)\bar{\psi}\left(\frac{t-b}{a}\right)\mathrm{d}t \tag{7.12}$$

式中：$\bar{\psi}(t)$ 是 $\psi(t)$ 的共轭。

为了理论分析和计算上的方便，在实际应用中，需要将连续小波 $\psi_{a,b}(t)$ 及其变换 $W_f(a,b)$ 离散化，取 $a=a_0^j$，$b=kb_0a_0^j$，代入式（7.11）得[57]

$$\psi_{j,k}(t)=a_0^{-\frac{j}{2}}\psi\left(\frac{t-kb_0a_0^j}{a_0^j}\right)=a_0^{-\frac{j}{2}}\psi(a_0^{-j}t-kb_0) \tag{7.13}$$

相应式（7.12）变为

$$W_f(j,k)=\langle f(t),\psi_{j,k}(t)\rangle=a_0^{-\frac{j}{2}}\int_R f(t)\bar{\psi}(a_0^{-j}-kb_0)\mathrm{d}t \tag{7.14}$$

若伸缩因子和平移因子取离散值 $a_0$=2，$b_0$=1，则式（7.13）及式（7.14）变为离散的二进小波及其变换，即[57]

$$\psi_{j,k}(t)=2^{-\frac{j}{2}}\psi(2^{-j}t-k) \tag{7.15}$$

$$W_f(j,k)=2^{-\frac{j}{2}}\int_R f(t)\overline{\psi}(2^{-j}t-k)\mathrm{d}t \tag{7.16}$$

### 7.2.2 小波变换的性质与特点

1. 小波变换的性质

1）小波变换的恒等式

小波变换的帕塞瓦尔（Parseval）恒等式为

$$C_\psi\int_R f(t)\overline{g}(t)\mathrm{d}t=\iint_{R^2}W_f(a,b)\overline{W}_g(a,b)\frac{\mathrm{d}a\mathrm{d}b}{a^2} \tag{7.17}$$

2）小波变换的反演公式

利用小波变换的 Parseval 恒等式（7.17）可得，在空间 $L^2(R)$ 中小波变换有反演公式

$$f(t)=\frac{1}{C_\psi}\iint_{R\times R^*}W_f(a,b)\psi_{a,b}(t)\frac{\mathrm{d}a\mathrm{d}b}{a^2} \tag{7.18}$$

如果函数 $f(t)$ 在点 $t=t_0$ 处连续，则小波变换有如下定点反演公式：

$$f(t_0)=\frac{1}{C_\psi}\iint_{R\times R^*}W_f(a,b)\psi_{a,b}(t_0)\frac{\mathrm{d}a\mathrm{d}b}{a^2} \tag{7.19}$$

这说明，小波变换作为信号变换和信号分析的工具，在变换过程中没有信息损失，这一点保证了小波分析在变换域对信号进行分析的有效性。

3）小波变换的吸收公式

当吸收条件

$$\int_0^{+\infty}\frac{|\psi(\omega)|^2}{\omega}\mathrm{d}\omega=\int_0^{+\infty}\frac{|\psi(-\omega)|^2}{\omega}\mathrm{d}\omega \tag{7.20}$$

成立时，可得到如下的吸收 Parseval 恒等式：

$$\frac{1}{2}C_\psi\int_{-\infty}^{+\infty}f(t)\overline{g}(t)\mathrm{d}t=\int_0^{+\infty}\left[\int_{-\infty}^{+\infty}W_f(a,b)\overline{W}_g(a,b)\mathrm{d}b\right]\frac{\mathrm{d}a}{a^2} \tag{7.21}$$

此时，对于空间 $L^2(R)$ 中的任何函数或者信号 $f(t)$，它所包含的信息完全被由 $a$>0 所决定的半个变换域上的小波变换$\{W_f(a,b)$；$a>0, b\in R\}$所记忆。

此外小波变换还具有以下重要性质：

（1）线性性：一个多分量信号的小波变换等于各个分量的小波变换之和。

（2）平移不变性：若 $f(t)$ 的小波变换为 $W_f(a,b)$，则 $f(t-\tau)$ 的小波变换为 $W_f(a,b-\tau)$。

（3）伸缩共变性：若 $f(t)$ 的小波变换为 $W_f(a,b)$，则 $f(ct)$ 的小波变换为 $\frac{1}{\sqrt{c}}W_f(ca,cb)$（其中 $c>0$）。

（4）自相似性：对应不同尺度参数 $a$ 和不同平移参数 $b$ 的连续小波变换之间是相似的。

2. 小波变换的特点

小波变换有如下特点。

1）双域性

小波分析是时频分析，它在时域和频域两个域内揭示信号的特征，具有优越的时频窗。当频率较高时，它具有较宽的频率窗；当频率较低时，它具有较宽的时间窗。

2）灵活性

由于小波函数 $\psi(t)$ 不是唯一的，只要满足小波的允许条件即可，就有很多构造小波的方法。不同小波具有不同的特性，可分别用来逼近不同特性的信号，以便得到最佳结果。而傅里叶变换只用正弦函数去逼近任意信号，没有选择的余地，因而逼近的效果就不可能完全理想。

3）快速性

由于有了多分辨分析这一工具，大大提高了小波分析的效率。人们易于从尺度函数和两尺度关系推导出小波系数，甚至不需要知道小波函数的解析表达式也可得到分析的结果。尺度函数相当于低通滤波器，小波相当于带通滤波器。将信号用低通和带通滤波器进行分解，显然比用频率点分解更快捷。频带分析从表面上看比频率分析粗糙，但信号分析的目的在许多情况下是提取信号的特征，同时小波分析并不排除对细节分析的可能性。在需要的时候，可以将频带细分下去，起到显微镜的作用，这一点是傅里叶分析无法比拟的。

4）尺度转换性

若 $f(t)$ 的连续小波变换是 $W_f(a,b)$，则 $f\left(\frac{t}{\lambda}\right)$ 的连续小波变换是 $\sqrt{\lambda}W_f\left(\frac{a}{\lambda},\frac{b}{\lambda}\right)$，其中 $\lambda>0$。这表明，当信号函数 $f(t)$ 作某一倍数伸缩时，其连续小波变换将在 $a$、$b$ 两轴上作同一比例的伸缩，且不发生失真变形。这正是小波变换被誉为“数学显微镜”的重要依据。

# 7.3　小波分解与重构

## 7.3.1　多分辨分析

多分辨分析（multiresolution analysis，MRA）是小波分析的重要概念，这个思想是由马拉特（Mallat）在 1989 年首先引入小波函数的构造以及信号按小波变换的分解与重构中，从而成功地统一了此前各种具体小波函数的构造方法，并给出了正交小波的构造方法及正交小波变换的快速算法，即 Mallat 算法。多分辨分析在一维空间平方可积函数组成的矢量空间 $L^2(R)$ 内，将函数描述为一系列近似函数的极限，每个近似都是函数的平滑版本。多分辨分析实质就是逼近，又称为多尺度分析，即为了有效寻找空间基底，可先从某个子空间 $L^2(R)$ 出发，在这个子空间中建立基底，然后用极简单的变换，再把基底扩充到 $L^2(R)$ 中去。这样小波正交基的构造就可以统一起来，这成为构造小波基的通用方法。Mallat 算法在小波分析中的地位相当于快速傅里叶变换在经典傅里叶分析中的地位。

多分辨分析能将信号在不同分辨级上进行分解，分解得到低一级上的信号叫平滑信号，它反映信号的概貌；在高一级上存在而在低一级上消失的信号叫细节信号，它刻画信号的细节。这种信号分解的能力能将各种交织在一起的不同频率组成的混合信号分解成不同频带的子信号，因而能有效应用于信号的分析与重构、信号与噪声的分离等领域。

关于多分辨分析的理解，可借用小波分解的多分辨分析树结构图进行说明（以一个三层分解为例），见图 7.1。从图 7.1 中可以看出，多分辨分析只是对低频部分 $C_j$ 进行进一步分解，使频率的分辨率变得越来越高。分解具有关系

$$S=C_3+D_3+D_2+D_1$$

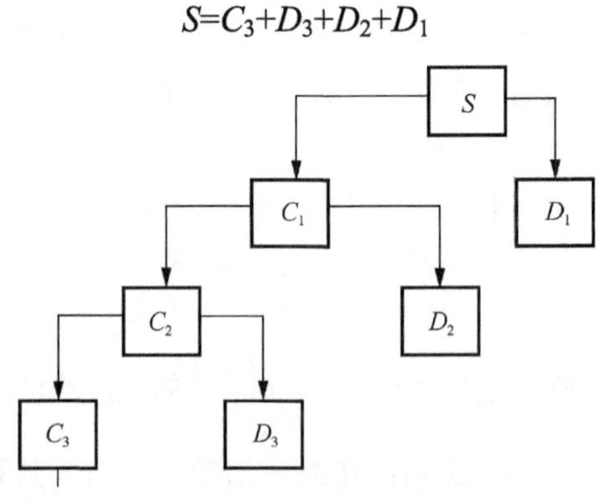


图 7.1　多分辨分析树结构图

### 7.3.2　正交小波基的构造

小波基（wavelet basis）函数的构造是小波变换的关键，目前主要采用 MRA 方法，构造的基本思想概括如下[1]。

空间 $L^2(R)$ 中的多分辨分析是指 $L^2(R)$ 中满足如下条件的一个空间序列 $\{V_j\}$（其中 $j \in Z$）。

（1）单调性：$V_j \supset V_{j+1}$（$j \in Z$）。

（2）逼近性：$\bigcap_{j \in Z} V_j = \{0\}$，$\text{close}\left\{\bigcup_{-\infty}^{+\infty} V_j\right\} = L^2(R)$。

（3）伸缩性：$f(t) \in V_j \Leftrightarrow f(2t) \in V_{j-1}$。

（4）平移不变性：$\phi_j\left(2^{-\frac{j}{2}} t\right) \in V_j \Rightarrow \phi_j\left(2^{-\frac{j}{2}} t - k\right) \in V_j$（$k \in Z$）。

（5）Riesz 基（Riesz basis）存在性：存在 $\phi(t) \in V_0$，使得 $\left\{\phi\left(2^{-\frac{j}{2}} t - k \middle| k \in Z\right)\right\}$ 构成 $V_j$ 的 Riesz 基。

对于条件（5），存在唯一数列 $\{a_k\} \in L^2(R)$，满足

$$\phi(t) = \sum_{k \in Z} a_k \phi(t-k) \tag{7.22}$$

如果选取适当的 $\{a_k\}$，使 $\phi(t) \in V_0$ 的整体平移系 $\{\phi(t-k) \mid k \in Z\}$ 构成 $V_j$ 的规范正交基，则称 $\phi(t)$ 为尺度函数（scaling function），其有效宽度表征了 $V_0$ 空间的分辨率。

定义函数

$$\phi_{j,k}(t) = 2^{-\frac{j}{2}} \phi(2^{-j} t - k) \qquad (j, k \in Z) \tag{7.23}$$

则函数系 $\{\phi_{j,k}(t)\}$ 构成 $V_j$ 的规范正交基。

由式（7.22）可得尺度函数的双尺度方程为

$$\phi(t) = \sqrt{2} \sum_{k=-\infty}^{+\infty} h(k) \phi(2t-k) \tag{7.24}$$

其中

$$h(k) = \sqrt{2} \int_{-\infty}^{+\infty} \phi(t) \phi(2t-k) \mathrm{d}t$$

因此，当给定一个尺度函数 $\phi(t)$ 时，就可以求出序列 $h(k)$。

设$W_{j+1}$是$V_{j+1}$关于$V_j$的补空间，由式（7.22）知小波函数的双尺度方程为

$$\psi(t)=\sqrt{2}\sum_{-\infty}^{+\infty}g(k)\phi(2t-k) \tag{7.25}$$

其中

$$g(k)=(-1)^{k-1}h(1-k)$$

则$\psi(t)$称为小波函数的基（母）函数。

定义函数

$$\psi_{j,k}(t)=2^{-\frac{j}{2}}\psi(2^{-j}t-k) \quad (j,k\in Z) \tag{7.26}$$

则函数系$\{\psi_{j,k}(t)\}$构成$W_j$的规范正交基。

当$k$是无穷大时，数列$\{h(k)\}$趋于 0 的速度对构造小波基函数$\psi(t)$的计算起关键作用，尽量使$\phi(t)$和$\psi(t)$是紧支集的，因此需要$k$是有界值。令$k\in[-N,N]$，数列$\{h(k)\}$为有限值，此时作适当的平移变换可得到如下双尺度方程：

$$\begin{cases}\phi(t)=\sqrt{2}\sum\limits_{k=0}^{2N-1}h(k)\phi(2t-k)=\sum\limits_{n=0}^{2N-1}p(n)\phi(2t-n)\\ \psi(t)=\sqrt{2}\sum\limits_{k=0}^{2N-1}g(k)\phi(2t-k)=\sum\limits_{n=0}^{2N-1}q(n)\phi(2t-n)\end{cases} \tag{7.27}$$

式（7.27）表明，小波基$\psi_{j,k}(t)$可由尺度函数$\phi(t)$的平移和伸缩的线性组合获得。

### 7.3.3　离散小波分解与重构的 Mallat 算法

尺度函数$\phi(t)$和小波函数$\psi(t)$是小波理论的核心，然而，在工程应用中并不直接采用$\phi(t)$和$\psi(t)$，如果直接采用$\phi(t)$和$\psi(t)$计算工作量大，而且$\phi(t)$和$\psi(t)$一般无显示的表达式，通常将两个函数进行变换，使得它们与滤波器对应起来。通常$\phi(t)$对应低通滤波器 H，$\psi(t)$对应高通滤波器 G，$h(k)$和$g(k)$分别为相应的滤波器的冲激响应。

离散小波分解与重构的 Mallat 算法通常有矩阵方法和卷积方法。

设$V_j$表示图 7.1 分解中的低频部分$C_j$，$W_j$表示图 7.1 分解中的高频部分$D_j$，则$W_{j+1}$是$V_{j+1}$在$V_j$中的正交补，即

$$V_{j+1}\oplus W_{j+1}=V_j \quad (j\in Z) \tag{7.28}$$

显然

$$V_{j+m} \oplus W_{j+1} \oplus W_{j+2} \oplus \cdots \oplus W_{j+m} = V_j \tag{7.29}$$

空间$V_j$和$W_j$中的规范正交基分别由尺度函数列$\{\phi_{j,k}(t) \mid k \in Z\}$和小波函数列$\{\psi_{j,k}(t) \mid k \in Z\}$构成，由于$\phi(t)$的低通作用，$V_j$中得到的逼近可以理解为$f(t)$略去高频分量后的低频逼近；而被略去的高频分量即信号的细节则恰好可以在$W_j$中获得，这是$\psi(t)$具有高通作用的缘故。而$V_j$中的逼近和$W_j$中细节又可对上一级空间$V_{j-1}$中的在$j-1$尺度上对原信号$f(t)$的逼近进行重构，这样对上一级空间中信号不断进行重构，最终又可恢复$f(t)$。

采用 Mallat 算法将信号分解成不同频率的成分

$$f(t) = A_{j-1}f(t) = A_j f(t) + D_j f(t) \tag{7.30}$$

其中信号在空间$V_j$上的投影为

$$A_j f(t) = \sum_{k \in Z} C_{j,k} \phi_{j,k}(t) \tag{7.31}$$

信号在空间$W_j$上的投影为

$$D_j f(t) = \sum_{k \in Z} D_{j,k} \psi_{j,k}(t) \tag{7.32}$$

$A_j f(t)$是信号$f(t)$的频率不超过$2^{-j}$的成分，而$D_j f(t)$是频率介于$2^{-j}$到$2^{-j+1}$之间的成分。

1. 矩阵方法

设$C_0$为原始的采样信号，小波分解式实际可以写成如下的矩阵形式：

$$\begin{cases} C_{j+1} = HC_j \\ D_{j+1} = GC_j \end{cases} \quad (j=0,1,2,\cdots,J-1) \tag{7.33}$$

式中：$H$为尺度函数对应的低通滤波器，$H = (h_{k-2n})$；$G$为小波函数对应的带通滤波器，$G = (g_{k-2n})$；$C_j$为在$2^j$分辨率下的离散逼近；$D_{j+1}$为在$2^{j+1}$分辨率下的离散细节，$\{h_k\}_{k \in Z}$及$\{g_k\}_{k \in Z}$是一对离散正交镜像滤波器。式（7.33）即为塔式分解算法。图 7.2 表示 Mallat 塔式分解计算过程。

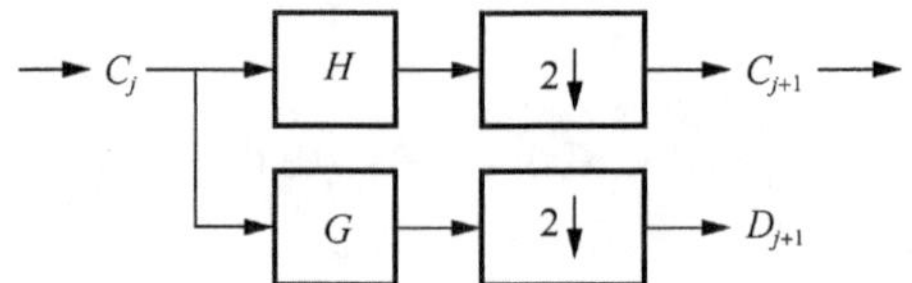


图 7.2　Mallat 塔式分解计算过程

注：2↓表示只取偶数位置的值。

Mallat 重构算法为

$$\tilde{C}_j = H^*\tilde{C}_{j+1} + G^*\tilde{D}_{j+1} \qquad (j=J-1,\cdots,1,0) \tag{7.34}$$

式中：$H^*$ 和 $G^*$ 分别为 $H$ 和 $G$ 的共轭。图 7.3 表示其重构计算过程。隐含条件为

$$H^*H + G^*G = I$$

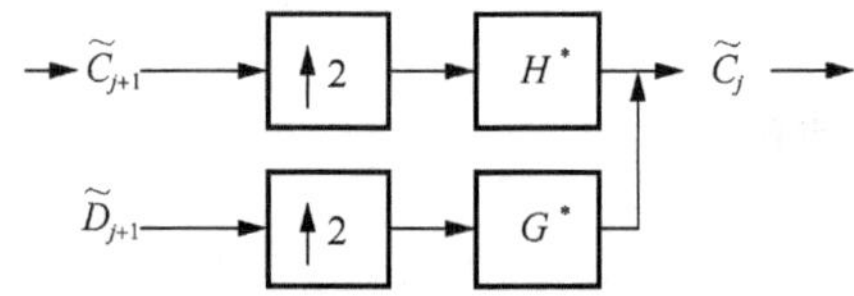


图 7.3　Mallat 塔式重构计算过程

注：↑2 表示升样，即得到的样数为原样数的两倍。

只有正交小波才满足上述条件，对于其他非正交小波而言，重构公式为

$$\tilde{C}_j = H_1\tilde{C}_{j+1} + G_1\tilde{D}_{j+1} \qquad (j=J-1,\cdots,1,0) \tag{7.35}$$

式中：$H_1$ 和 $G_1$ 为综合滤波器，且满足

$$H_1H + G_1G = I$$

设输入信号为 $\boldsymbol{X} = (x_1, x_2, \cdots, x_n)^{\mathrm{T}}$，则经过一次小波变换为

$$\begin{cases} H\boldsymbol{X} = S \\ G\boldsymbol{X} = W \end{cases} \tag{7.36}$$

每分解一次，小波系数长度要减半，通常设原始数据长度为 $N = 2^k$。

2. *卷积方法*

设 $D = S_{2^0}^d f[n]$（$n \in N$）为原始信号 $f$ 的离散采样序列，$W_{2^j}^d f[n]$（$n \in Z$）为 $D$ 在每一尺度 $j$ 上的小波变换值，$S_{2^j}^d f[n]$（$n \in N$）为 $D$ 在尺度上的逼近系数，离散信号序列$\{(S_{2^j}^d f, W_{2^j}^d f)_{1\leqslant j\leqslant J}\}$构成了信号 $D$ 的二进小波变换。

小波快速算法的基本思想是在每个尺度 $j$ 上将信号 $S_{2^j}^d f$ 分解为下一尺度的 $S_{2^{j+1}}^d f$ 和 $W_{2^{j+1}}^d f$，计算过程如图 7.4 所示，即

$$\begin{aligned} S_{2^{j+1}}^d f &= S_{2^j}^d f^* h_j \\ W_{2^{j+1}}^d f &= W_{2^j}^d f^* g_j \end{aligned} \quad (j=1,2,3,\cdots,J-1)$$

式中：$J$ 为最佳尺度；$h_j$ 和 $g_j$ 分别表示 $h$ 和 $g$ 中每相邻两系数间插入 $2^j-1$ 个零点构成的新的滤波器。小波快速重构算法为

$$S_{2^j}^d f = S_{2^{j+1}}^d f^* \overline{h}_j + W_{2^{j+1}}^d \overline{g}_j \quad (j=J-1,\cdots,1,0) \tag{7.37}$$

式中：$\overline{h}_j$ 和 $\overline{g}_j$ 分别表示 $h_j$ 和 $g_j$ 的共轭。

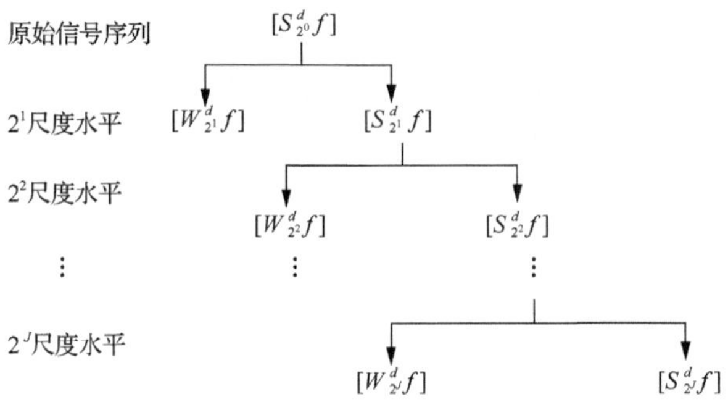


图 7.4　多尺度分解过程

式（7.37）只适用于正交小波，对于非正交小波，则采用重构小波对应的滤波系数 $k_j$ 和 $l_j$，则

$$S_{2^j}^d f = S_{2^{j+1}}^d f^* k_j + W_{2^{j+1}}^d l_j \tag{7.38}$$

信号与滤波器进行卷积计算的结果会使信号长度略有增加，因此需要在两端做适当的截断处理，使经小波变换后保持原信号长度不变。

## 7.4　小 波 函 数

### 7.4.1　小波基的数学特征

1. 正交性

正交性是小波基的一个非常优良的性质，正交小波对应的低通滤波器和高通滤波器系数间存在直观联系，即

$$g_n = (-1)^{n-1} h_{-n-1} \quad 或 \quad g_n = (-1)^n h_{1-n}$$

即它们在相差一个平移因子的意义下是等价的，这对于正交小波的构造和应用非常方便。在计算小波逆变换时，综合滤波器和分析滤波器之间只差一个共轭，算法更简洁。

从正交性出发，小波基分为 4 类，即正交小波基、半正交小波基、平移正交小波基和双正交小波基。其中正交小波基和双正交小波基最常用。

2. 消失矩

小波函数 $\psi(t) \in L^2(R)$，不仅应当是零均值，而且具有高阶消失矩。如果满足

$$\int_{-\infty}^{+\infty} t^r \psi(t) \mathrm{d}t = 0 \qquad (r=0,1,\cdots,M-1)$$

则称小波 $\psi(t)$ 具有 $M$ 阶消失矩。一般而言 $M\geqslant1$，即至少有一阶消失矩。消失矩描述了小波函数 $\psi(t)$ 相对于尺度函数 $\phi(t)$ 的振荡性质，$M$ 越大，小波函数 $\psi(t)$ 振荡越剧烈，并可通过小波变换将该振荡性质传递到小波变换域内。

3. 正则性

正则性在数学上表现为小波基的可微性或光滑性，它包括整体正则性和局部正则性。连续可微的小波基对于在小波变换中有效发现信号的奇异点是必要的，对于大部分正交基，正则度越高就意味着有更高的消失矩。

函数在某一点或某一区间内 $k$–1 阶连续，但 $k$ 阶导数不连续，则称该函数在这一点或这一区间内 $k$–1 阶光滑。实际中为分析和应用方便，希望小波具有一定的光滑性，但这与紧支性和快速衰减性相矛盾，在此之间需要平衡。

4. 紧支性

如果函数 $\psi(t)$ 在区间 $[a,b]$ 外恒为零，则称该函数在这个区间上紧支撑（compact support）。具有该性质的小波称为紧支撑小波。如果描述尺度函数的低通滤波器 $h(n)$ 可表征为 FIR 滤波器，那么尺度函数和小波函数只在有限的区间非零，称小波函数具有紧支性。其支撑区间由 $h(n)$ 决定，紧支性是小波的重要性质，支集越小的小波，局部化能力就越强。紧支小波不需要做人为截断，在信号的突变点检测中，紧支区间越小，越有利于确定信号的突变点；但同时又失去了很好的正则性。

不存在时域和频域同时紧支的小波基，一般希望时域有紧支性。因此通常所说的紧支性为时域紧支性。

5. 对称性

具有线性相位或广义线性相位的小波函数，可以避免对信号分解与重构时的相位失真，这是刻画小波性能的一个基本特征。

如果$\psi(t)$为实函数时，满足

$$\psi(a+t)=\psi(a-t) \quad （对称性）$$

或

$$\psi(a+t)=-\psi(a-t) \quad （反对称性）$$

则该函数具有至少广义线性相位。

对称或反对称的尺度函数和小波函数可以构造紧支的小波基，使其具有线性相位。在信号分析中，尺度函数和小波函数能作为滤波函数，如果滤波器具有线性相位，则能避免信号在分解与重构中失真。

多拜赫斯（Daubeches）已经证明，除哈尔（Haar）小波基外，不存在对称的紧支正交小波基。为了得到小波基的对称性，在构造小波函数和尺度函数时，使用某些技巧，使小波函数和尺度函数具有一定的对称性，如通过选用不同的根，使小波函数更接近线性相位，从而得到近似对称正交紧支小波西姆莱茨（Symlets）小波基系列。通过小波函数和尺度函数消失矩获得较好的对称性，即科弗利茨（Coiflets）小波系列。放弃小波函数和尺度函数的某些特性，获得严格意义下的对称，如放弃其正交性，构造双正交小波。

### 7.4.2 几种常用的小波函数

小波分析与傅里叶分析的区别之一是小波函数不唯一，即小波函数$\psi(t)$具有多样性。

小波分析因应用领域的不同，在工程实践中的实现方法和步骤也略有不同。但选择合适的基本小波函数是小波分析更好解决工程实际问题的关键。此外，也可根据实际工程问题构造基本小波函数，由于此项工作往往比解决工程问题本身更复杂，利用经典小波函数做工程分析是多数工程人员的首选。所以，小波分析在工程应用中一个十分重要的问题是最优小波基的选择问题，这是因为选用不同的小波基分析同一个问题会产生不同的结果。目前主要是通过用小波分析方法处理信号的结果与理论结果的误差来判定小波基的好坏，并由此选定小波基。

选择小波基的标准如下。

（1）正交性：正交性这一特性对正交小波的构造和应用非常重要。

（2）消失矩：$\psi$和$\phi$的消失矩阶数对于压缩是非常有用的。

（3）正则性：正则性对信号或图像的重构获得较好的平滑效果非常有用。

（4）紧支性：$\psi$ 和 $\phi$ 的支撑长度。

（5）对称性：对称性在图像处理中对于避免移相非常有用。

应用小波变换进行信号处理时，可根据实际需要结合以上某些标准选择合适的小波基。如果为了使多分辨分析随尺度的增大而使起伏减小或极值点减小，可选择正则度高而消失矩小的小波函数或滤波器；为了使小波变换衰减更快，往往选择消失矩较高的小波函数；而对较短分析，为了使滤波器足够短，正则度和消失矩则需要降至可用的最小值，以满足不失真的需要。除 Haar 小波外，目前构造的正交小波基都是无限支集的函数，但具有紧支的正交小波基在理论上和应用上都具有特别重要的意义，尤其在数字信号的小波分解过程中可以提供有限长的更实际更具体的数字滤波器，紧支的正交小波基更重要。

在众多小波基函数的家族中，有一些小波函数被实践证明是非常有用的。目前经典小波函数主要有 Haar 小波、Daubeches 小波、Symlets 小波、迈耶（Meyer）小波、莫雷（Morlet）小波、梅西肯 • 哈特（Mexican Hat）小波。这些经典小波在对称性、紧支性、消失矩、正则性等方面均有不同的特点，实际工程应用可参考相关资料进行选取。下面对常用的小波函数作简要介绍。

1. Haar 小波

Haar 小波在小波分析中最早用到的一个具有紧支集的正交小波函数，同时也是最简单的小波函数，Haar 小波函数和尺度函数[58]分别为

$$\psi(t)=\begin{cases}1 & \left(0\leqslant t\leqslant\dfrac{1}{2}\right)\\ -1 & \left(\dfrac{1}{2}\leqslant t\leqslant 1\right)\\ 0 & (\text{其他})\end{cases} \tag{7.39}$$

$$\phi(t)=\begin{cases}1 & (0\leqslant t\leqslant 1)\\ 0 & (\text{其他})\end{cases} \tag{7.40}$$

从 Haar 小波函数的表达式可以看出，Haar 小波函数是正交紧支集小波，它的变换形式简单，易于实现，计算速度快，适合对脉冲信号进行高速实时检测。但它不具有连续性，频率的局部性差，这对信号的分析不利。

2. Daubeches 小波

Mallat 算法是建立在二进正交小波基础上的。如何得到具有离散正交特性的小波就变得非常重要。Daubeches 提出了一种简便的求解方法，即 Daubeches 小波（又称 DbN 小波），它是一种具有紧支集正交小波，其在理论研究和应用上均具有

重要的意义。DbN 小波函数$\psi$的消失矩阶数为$N$，大多数情况下不具有对称性，正则性则随着$N$的增加而增加[59]。除 Db1（即 Haar 小波）外，其余 DbN 小波函数没有明确的表达式。

3. Symlets 小波

Symlets 小波是由 Daubeches 小波构造出的一个近似对称小波正交紧支集小波（又称 SymN 小波）。Symlets 小波是对 DbN 小波的改进，它也没有明确的表达式，其光滑性随着$N$的增加而增加。

4. Meyer 小波

Meyer 小波不是在时域中定义小波函数和尺度函数，而是在频域中定义小波函数和尺度函数。Meyer 小波函数和尺度函数分别为

$$\psi(\omega)=\begin{cases}(2\pi)^{-\frac{1}{2}}\mathrm{e}^{\frac{\mathrm{i}\omega}{2}}\sin\left[\frac{\pi}{2}v\left(\frac{3}{2\pi}|\varpi|-1\right)\right] & \left(\frac{2\pi}{3}\leqslant|\omega|<\frac{4\pi}{3}\right)\\(2\pi)^{-\frac{1}{2}}\mathrm{e}^{\frac{\mathrm{i}\omega}{2}}\cos\left[\frac{\pi}{2}v\left(\frac{3}{2\pi}|\varpi|-1\right)\right] & \left(\frac{4\pi}{3}\leqslant|\omega|<\frac{8\pi}{3}\right)\\0 & \left(|\omega|\notin\left[\frac{2\pi}{3},\frac{8\pi}{3}\right]\right)\end{cases} \tag{7.41}$$

$$\phi(\omega)=\begin{cases}(2\pi)^{-\frac{1}{2}} & \left(|\omega|\leqslant\frac{2\pi}{3}\right)\\(2\pi)^{-\frac{1}{2}}\cos\left[\frac{\pi}{2}v\left(\frac{3}{2\pi}|\varpi|-1\right)\right] & \left(\frac{2\pi}{3}<|\omega|\leqslant\frac{4\pi}{3}\right)\\0 & \left(|\omega|>\frac{4\pi}{3}\right)\end{cases} \tag{7.42}$$

其中

$$v(a)=a^4(35-84a+70a^2-20a^3)\quad(a\in[0,1]) \tag{7.43}$$

Meyer 小波具有对称性，但它的最大缺陷是不是紧支集小波，因而不能很快地收敛，分析信号往往产生失真。

5. Morlet 小波

Morlet 小波函数定义为

$$\psi(t)=C\mathrm{e}^{-\frac{t^2}{2}}\cos(5t) \tag{7.44}$$

Morlet 小波是一种单频复正弦调制高斯波，由于它的尺度函数不存在，所以不具有正交性，也无紧支撑性，无法对分解信号进行重构，由于是一种复数小波，因此具有很好的时频局部性。在用于连续小波变换中具有对称性，适用于连续信号的小波分析和复数信号的时频分析。

6. Mexican Hat 小波

Mexican Hat 小波函数为

$$\psi(t)=\frac{2}{\sqrt{3}}\pi^{-\frac{1}{4}}(1-t^2)\mathrm{e}^{-\frac{t^2}{2}} \tag{7.45}$$

Mexican Hat 小波函数在时域和频域都具有很好的局部性，且具有对称性，它适用于连续小波变换，且满足

$$\int_{-\infty}^{+\infty}\psi(t)\mathrm{d}t=0 \tag{7.46}$$

它的尺度函数不存在，所以不具有正交性。

## 7.5　小波分解与重构法去噪

1. 小波分解与重构法去噪的基本原理

设 $f(t)$ 为观测点的变形序列（变形信号），小波分解与重构法去噪就是根据分解式（7.30）～式（7.32）将含有噪声的信号分解在不同的频带内，然后在信号重构时将与噪声相应的高频细节信号有关部分 $D_j$ 置零，即得到重构后的信号，从而达到去噪（denoising）的目的，即[1]

$$\hat{f}(t)=A_j\hat{f}(t)=\sum_{k\in Z}\hat{C}_{j,k}\phi_{j,k}(t) \tag{7.47}$$

式中：$\hat{f}(t)$ 是 $f(t)$ 经过滤波去噪后的平滑信号的表达式，即提取的变形信号。为了达到较好的去噪效果，一般需要知道变形信号所在频带的一些先验信息，即在去噪时哪些信号（变形信号）需要保留，哪些信号（噪声）需要置零。

2. 最大尺度的确定

从式（7.33）、式（7.34）及式（7.47）可以看出，最大尺度 $J$ 越大，则被滤掉的噪声越多，越有利于噪声的分离，但由于在小波重构时，$D_j$ 信号（噪声）需要置零越多，信号失真也就越大，所以必须选择一个合适的最大尺度 $J$。通过试验，$J$ 一般取 5～10 即可。信噪比如果较大，说明观测值中信号量级比噪声量级

大许多，或者说信号相对于噪声而言较强，则只需取较小的 $J$ 就可以滤掉噪声，否则 $J$ 可取大一些。

实测数据的信噪比一般不能事先知道，只能估计。这时可逐渐增大 $J$，然后根据均方根误差（root mean square error，RMSE）的变化是否趋于稳定确定 $J$。原始信号与去噪后的估计信号之间的均方根误差定义为[1]

$$\mathrm{RMSE}=\sqrt{\frac{1}{n}\sum_{n}[f(n)-\hat{f}(n)]^2} \tag{7.48}$$

当 $J$ 分别取 $k$ 为 $1,2,3,\cdots$ 时，分别得到

$$\mathrm{RMSE}(k)=\sqrt{\frac{1}{n}\sum_{n}[f(n)-\hat{f}_k(n)]^2} \tag{7.49}$$

可计算出[1]

$$r_{k+1}=\frac{\mathrm{RMSE}(k+1)}{\mathrm{RMSE}(k)} \quad (k=1,2,3,\cdots) \tag{7.50}$$

一般总有 $r_{k+1}>1$，当 $r_{k+1}$ 接近于 1 时，如 $r_{k+1}\leqslant 1.1$ 时，噪声已基本消除，则 $J$ 可取 $k$ 或 $k+1$，相应的结果则为滤波去噪的结果。

## 7.6　非线性小波变换阈值法去噪

### 1. 非线性小波变换阈值法去噪的原理

非线性小波变换阈值法（nonlinear wavelet threshold value）主要针对信号中混有白噪声的情况，白噪声在任何正交基上的变换仍然是白噪声，并且有着相同的幅度，信号的小波系数必然大于那些能量分散且幅值较小的噪声小波系数，这样可以设计一门限，使低于该门限的小波系数为零，从而使信号中的噪声得到有效抑制。该方法得到的是原始信号的近似最优估计，具有较广泛的适用性。

设对叠加了高斯白噪声的有限长度信号，某一尺度 $j$ 时小波变换系数为 $y_i=A_jf(x)$ 可表示为如下形式[1]：

$$y_i=x_j+\delta z_j \tag{7.51}$$

式中：$x_j$ 为原始信号的小波变换系数；$\delta$ 为常数且 $\delta>0$；$z_j$ 为一个标准的高斯白噪声，且服从正态分布 $N(0,\sigma^2)$。若要求从被污染的信号中恢复原始信号，可采用多诺霍（Donoho）法去噪。Donoho 法去噪的方法为，首先计算含噪声信号的正交小波变换，选择合适的小波分解层数 $i$，将含噪声的信号按式（7.33）分解至

第 $j$ 层，得到小波分解系数，然后对小波分解系数进行阈值处理。Donoho 对 $x_j$ 提出了下述硬阈值法（hard shrinkage）和软阈值法（soft shrinkage）去噪方法[1]。

硬阈值法：

$$\hat{x}_j=\begin{cases}y_j & \left(|y_j|>\delta\right)\\0 & \left(|y_j|\leqslant\delta\right)\end{cases}\tag{7.52}$$

软阈值法

$$\hat{x}_j=\begin{cases}\operatorname{sgn}(y_j)(|y_j|-\delta) & \left(|y_j|>\delta\right)\\0 & \left(|y_j|\leqslant\delta\right)\end{cases}\tag{7.53}$$

设共有 $N$ 个离散点，通常取 $\delta=\sigma\sqrt{2\lg N}$，式（7.52）和式（7.53）的含义为：当 $|y_j|>\delta$ 时，$y_j$ 被认为主要是信号所对应的小波系数，予以保留；否则，$y_j$ 被认为主要是由噪声引起的，应当予以消除。然后通过小波逆变换得到恢复的原始信号估计。

2. 基于 Neyman-pearson 准则的小波阈值法去噪

基于尼曼-皮尔森（Neyman-pearson）准则（criterion）的小波阈值法去噪，其小波阈值选取以设定虚警概率后使得检测概率为最大作为依据，这种方法比固定阈值法去噪效果好。

设 $H_0$ 表示信号 $S$ 的小波变换系数 $WS$ 不存在，即只存在噪声 $WN$，设 $H_1$ 表示信号 $S$ 的小波变换系数 $WS$ 存在

$$H_0\text{：}Wf=WN\tag{7.54}$$

$$H_1\text{：}Wf=WS+WN\tag{7.55}$$

用 $P(H_0/Wf)$ 表示 $H_0$ 为真的条件概率密度，用 $P(H_1/Wf)$ 表示 $H_1$ 为真的条件概率密度，似然比 $\lambda(Wf)=P(H_0/Wf)/P(H_1/Wf)$。设 $\lambda_0$ 为检测阈值，当 $\lambda(Wf)\leqslant\lambda_0$ 时，$H_0$ 为真；当 $\lambda(Wf)>\lambda_0$ 时，$H_1$ 为真。其等效检测为当 $Wf\leqslant\delta$ 时，$H_0$ 为真；当 $Wf>\delta$ 时，$H_1$ 为真，其中 $\delta$ 为阈值。设虚警概率 $\alpha\in$（0,1），为了使检测概率最大，根据 Neyman-pearson 准则，$\delta$ 应满足

$$2\int_\delta^\infty P(H_0/Wf)\mathrm{d}(Wf)=2\int_\delta^\infty\frac{1}{\sqrt{2\pi\sigma}}\mathrm{e}^{-\frac{x^2}{2\sigma^2}}\mathrm{d}x=\alpha\tag{7.56}$$

则 $\delta=u_{\frac{\alpha}{2}}\sigma$，式中 $u_{\frac{\alpha}{2}}$ 为标准正态分布关于 $\frac{\alpha}{2}$ 的上分位数。

## 7.7　小波滤波去噪效果评价指标

小波滤波去噪的方法有很多，如何评价小波滤波去噪的效果，就需要一些具体指标来衡量[1]。

1. 均方根误差

均方根误差定义为

$$\mathrm{RMSE}=\sqrt{\frac{1}{n}\sum_{n}[f(n)-\hat{f}(n)]^2} \tag{7.57}$$

式中：$f(n)$ 为原始信号；$\hat{f}(n)$ 为小波滤波去噪后的估计信号。均方根误差越小，滤波去噪的效果越好。

2. 偏差

偏差定义为

$$\mathrm{BIAS}=\frac{1}{n}\sum_{n}[f(n)-\hat{f}(n)] \tag{7.58}$$

偏差越小，滤波去噪的效果越好。

3. 信噪比

信噪比（SNR）是测量信号中噪声量度的传统方法，常常用于评价去噪效果的指标。其定义为

$$\mathrm{SNR}=10\lg_{10}\left(\frac{power_{\mathrm{signal}}}{power_{\mathrm{noise}}}\right) \tag{7.59}$$

其中

$$power_{\mathrm{signal}}=\frac{1}{n}\sum_{n}f^2(n) \tag{7.60}$$

$$power_{\mathrm{noise}}=\mathrm{RMSE}^2 \tag{7.61}$$

式中：$power_{\mathrm{signal}}$ 为真实信号的功率；$power_{\mathrm{noise}}$ 为噪声的功率。信噪比的单位为 dB。

信噪比越高，去噪效果越好。

4. 信噪比增益

信噪比增益（GSNR）为小波去噪后的信噪比 $\text{SNR}_{dn}$ 与去噪前的原始信噪比 $\text{SNR}_n$ 的比值，即

$$\text{GSNR} = \frac{\text{SNR}_{dn}}{\text{SNR}_n} \tag{7.62}$$

信噪比增益越大，去噪效果越好。

5. 恢复信号的光滑性

一般而言，恢复信号的光滑性好，则滤波去噪的方法越好。

## 7.8　基于小波分析的非线性回归模型

1. 非线性回归分析

非线性回归分析是回归分析的一种，它主要研究因变量与自变量之间非确定的非线性关系。其数学模型[60]为

$$\boldsymbol{y} = f(\boldsymbol{x},\boldsymbol{\theta}) + \boldsymbol{\varepsilon} \tag{7.63}$$

式中：$\boldsymbol{y} = \begin{bmatrix} y_1 & y_2 & \cdots & y_m \end{bmatrix}^{\mathrm{T}}$ 为因变量；$f(\boldsymbol{x},\boldsymbol{\theta})$ 为一个非线性函数，可通过线性代换转换为线性函数（本节为多项式）；$\boldsymbol{x}$ 是自变量，由监测值构成；$\boldsymbol{\theta} = \begin{bmatrix} \theta_1 & \theta_2 & \cdots & \theta_n \end{bmatrix}^{\mathrm{T}}$ 是待估计的参数，$n$ 为多项式的项数；$\boldsymbol{\varepsilon} = \begin{bmatrix} \varepsilon_1 & \varepsilon_2 & \cdots & \varepsilon_m \end{bmatrix}^{\mathrm{T}}$，是服从同一正态分布 $N(0,\sigma^2)$ 的 $m$ 维随机向量。非线性回归分析法的基本思路是在确定预报量并选定恰当因子的基础上，通过适当的变量代换将其转化为线性回归模型，然后利用最小二乘法求回归参数，得到估计函数 $f(\boldsymbol{x},\boldsymbol{\theta})$，最后根据 $f(\boldsymbol{x},\boldsymbol{\theta})$ 预测其未来状态。

直接运用回归分析处理数据时，往往对所有数据一视同仁，认为各数据对预测对象的影响程度相同，这样建立模型时，容易受到噪声的影响，而小波变换能较好地反映问题的内部特征并有较强的去噪能力，因此将小波分析引入回归分析中具有一定的现实意义。

2. 基于小波分析的非线性回归估计

为了能对监测数据样本进行小波变换，假设回归估计函数 $f(\boldsymbol{x},\boldsymbol{\theta}) \in L^2(R)$，根据小波分析的相关理论，可以将 $f(\boldsymbol{x},\boldsymbol{\theta})$ 分解为各个小波基上的系数，则 $f(\boldsymbol{x},\boldsymbol{\theta})$ 可以在小波域表示为

$$f(\boldsymbol{x},\boldsymbol{\theta})=\sum_{k\in Z}c_{j,k}\varphi_{j,k}(\boldsymbol{x})+\sum_{j=-\infty}^{J}\sum_{k}d_{j,k}\psi_{j,k}(\boldsymbol{x}) \tag{7.64}$$

式中：$J$ 为要分解的任意尺度；$\varphi_{j,k}(\boldsymbol{x})$ 和 $\psi_{j,k}(\boldsymbol{x})$ 分别为尺度方程和构造方程；$c_{j,k}$ 和 $d_{j,k}$ 分别为 $f(\boldsymbol{x},\boldsymbol{\theta})$ 的尺度系数和小波系数，分别定义如下：

$$\begin{cases} c_{j,k}=\int_R f(\boldsymbol{x},\boldsymbol{\theta})\varphi_{j,k}(\boldsymbol{x})\mathrm{d}\boldsymbol{x} \\ d_{j,k}=\int_R f(\boldsymbol{x},\boldsymbol{\theta})\psi_{j,k}(\boldsymbol{x})\mathrm{d}\boldsymbol{x} \end{cases} \tag{7.65}$$

由于 $f(\boldsymbol{x},\boldsymbol{\theta})$ 为待估计函数，如把 $\varphi_{j,k}(\boldsymbol{x})$ 和 $\psi_{j,k}(\boldsymbol{x})$ 作为随机变量，则 $\int_R f(\boldsymbol{x},\boldsymbol{\theta})\varphi_{j,k}(\boldsymbol{x})\mathrm{d}\boldsymbol{x}$ 是该随机变量的数学期望 $E(\varphi_{j,k}(\boldsymbol{x}))$。在一般情况下，数学期望可以通过简单求均值求得，即

$$\hat{c}_{j,k}=\frac{1}{n}\sum_{i=1}^{n}\varphi_{j,k}(x_i) \tag{7.66}$$

同理可得 $d_{j,k}$ 的数学期望

$$\hat{d}_{j,k}=\frac{1}{n}\sum_{i=1}^{n}\psi_{j,k}(x_i) \tag{7.67}$$

由于监测数据序列的长度 $n$ 是有限的，则可通过式（7.66）及式（7.67）得到的小波系数集合进行估计，再将处理过的系数还原，就得到 $f(\boldsymbol{x},\boldsymbol{\theta})$ 的一个估计，即

$$f(\boldsymbol{x},\boldsymbol{\theta})=\sum_{k\in Z}\hat{c}_{j,k}\varphi_{j,k}(\boldsymbol{x})+\sum_{j=-\infty}^{J}\sum_{k}\hat{d}_{j,k}\psi_{j,k}(\boldsymbol{x}) \tag{7.68}$$

3. 基于小波分析的非线性回归估计流程

基于上述原理，小波分析的非线性回归估计算法的流程如下。

（1）数据预处理。将不等间隔的监测数据序列进行等间隔处理，其目的是消除随机信号引入的不确定性。

（2）将样本（$\boldsymbol{x},\boldsymbol{y}$）规约到（$x_a,y_b$）。方法是把 $\boldsymbol{x}$ 序列分为 $n_a$ 个类，第 $l$ 个类的中心存在 $x_a(l)$ 中，该类中出现的 $x_i$ 值频率存放在 $n$（$l$）中，定义 $y_a(l)$ 为该类中所有 $x_i$ 值所对应的 $y_i$ 值的总和除以 $x_i$ 值出现的频率。

（3）将 $y_a$ 作为信号对其进行小波分解，$x_a$ 隐含的定义域是 $1,2,\cdots,n_a$（其中 $n_a$ 为类的数目）。

（4）对分解得到的小波系数作用于阈值，其优点在于避免保留所有系数可能

引起的波动，即噪声的影响。通过作用于阈值后的小波系数重建得到估计函数 $f_l$。这时小波系数为

$$\hat{c}_{j,k}=\frac{1}{n}\sum_{i=1}^{n}y_a(l)\varphi_{j,k}(x_a(l)) \tag{7.69}$$

$$\hat{d}_{j,k}=\frac{1}{n}\sum_{i=1}^{n}y_a(l)\psi_{j,k}(x_a(l)) \tag{7.70}$$

（5）对得到的估计函数 $f_l$ 做后处理，将估计函数的定义域通过尺度转换重新转化为 $\boldsymbol{x}$，并通过差值把 $f_l$ 转换为估计函数 $f(\boldsymbol{x},\boldsymbol{\theta})$。

经过这个流程，得到 $f(\boldsymbol{x},\boldsymbol{\theta})$ 的误差 $\boldsymbol{\delta}=f(\boldsymbol{x},\boldsymbol{\theta})-\boldsymbol{y}$，然后可利用这个估计函数进行变形预测。

4. 应用实例

以某拱坝圆弧顶部 OP03 监测点径向变形数据为例进行相应计算[60]，计算结果列入表 7.1 中，其中模型 1 为非线性回归模型；模型 2 为小波非线性回归模型，误差为拟合值与观测值之差。

本节借助 MATLAB 和样条小波对表 7.1 中的变形监测数据进行小波分解。由于尺度选择太小则受噪声影响，如果尺度选择太大则变形特征不明显甚至消失，根据本次监测数据样本的大小，分解时取 $N$=3。根据统计资料，监测期间水库相对水位由 9.750m 持续下降到 2.320m，20d 水位下降达 7.43m，日平均下降约 0.372m，温度在 14.5～9.2℃变化。在此期间，大坝水库水位下降和温度因素的影响，沿径向产生了 8mm 的变形，因此水库水位的变化及温度的影响是大坝变形的主要原因。为此，以致变因子水位（$x_1$）和温度（$x_2$）建立非线性回归方程如下：

$$y=2.976-1.1562x_1+2.3207x_2+0.1291x_1^2-0.0516x_2^2-0.1163x_1x_2 \tag{7.71}$$

为了对比，对相同的资料建立小波分析的非线性回归方程，其形式如下：

$$y=8.709-1.1843x_1+1.4610x_2+0.1038x_1^2-0.0257x_2^2-0.0897x_1x_2 \tag{7.72}$$

**表 7.1 原始监测数据与预测结果对照**

| 观测日期 | 相对水位/m | 温度/℃ | 径向变形量/mm | 模型 1 的误差/mm | 模型 2 的误差/mm |
|---|---|---|---|---|---|
| 2001 年 12 月 31 日 | 9.75 | 14.5 | 10.0 | 0.33 | 0.13 |
| 2002 年 1 月 1 日 | 9.45 | 11.6 | 10.2 | 0.61 | 0.24 |
| 2002 年 1 月 2 日 | 9.27 | 9.2 | 10.3 | 0.12 | −0.03 |
| 2002 年 1 月 3 日 | 9.02 | 12.8 | 10.7 | 0.17 | −0.09 |

续表

| 观测日期 | 相对水位/m | 温度/℃ | 径向变形量/mm | 模型 1 的误差/mm | 模型 2 的误差/mm |
|---|---|---|---|---|---|
| 2002 年 1 月 5 日 | 8.36 | 13.6 | 11.2 | −0.07 | −0.22 |
| 2002 年 1 月 6 日 | 8.01 | 12.2 | 11.2 | 0.06 | −0.08 |
| 2002 年 1 月 7 日 | 7.64 | 12.8 | 11.9 | −0.35 | −0.45 |
| 2002 年 1 月 8 日 | 7.19 | 13.4 | 12.1 | −0.14 | −0.22 |
| 2002 年 1 月 9 日 | 6.81 | 12.8 | 11.5 | 0.70 | 0.63 |
| 2002 年 1 月 10 日 | 6.47 | 13.5 | 12.3 | 0.37 | 0.30 |
| 2002 年 1 月 11 日 | 5.21 | 12.8 | 12.9 | 1.05 | 0.97 |
| 2002 年 1 月 12 日 | 5.93 | 12.6 | 13.4 | −0.38 | −0.44 |
| 2002 年 1 月 13 日 | 5.73 | 15.2 | 13.6 | 0.21 | 0.19 |
| 2002 年 1 月 14 日 | 4.42 | 13.9 | 14.9 | 0.63 | 0.43 |
| 2002 年 1 月 15 日 | 4.01 | 14.0 | 16.1 | 0.16 | −0.09 |
| 2002 年 1 月 16 日 | 3.65 | 14.6 | 17.0 | 0.16 | −0.16 |
| 2002 年 1 月 17 日 | 3.38 | 13.8 | 17.2 | 0.12 | −0.22 |
| 2002 年 1 月 18 日 | 3.04 | 12.8 | 17.5 | −0.12 | −0.43 |
| 2002 年 1 月 19 日 | 2.73 | 13.2 | 18.3 | −0.07 | −0.48 |
| 2002 年 1 月 20 日 | 2.32 | 12.3 | 18.0 | 0.41 | 0.04 |

式（7.71）和式（7.72）尽管相似，但回归参数明显不同。由表 7.1 可以看出，大多数情况下小波非线性回归模型的误差明显小于非线性回归模型的误差。这表明，小波非线性回归模型明显优于非线性回归模型。

## 7.9　灰色小波模型

### 1. 灰色小波变换的基本原理

1）小波变换方法

小波变换的主要特点是通过小波变换能够充分突出问题某些方面的特征，因此，小波变换在许多领域得到了广泛的应用。由基于小波生成的小波函数系[61]可表示为

$$\psi_{(a,b)}(t)=\frac{1}{\sqrt{|a|}}\psi\left(\frac{t-b}{a}\right) \tag{7.73}$$

对于任意的函数或者信号 $f(t)$，其小波变换定义为

$$W_f(a,b)=\frac{1}{\sqrt{|a|}}\int_R f(t)\bar{\psi}\left(\frac{t-b}{a}\right)\mathrm{d}t \tag{7.74}$$

小波变换分为连续和离散两种，在使用小波变换重构信号的过程中，常采用离散化处理。尽管在变形预测中使用的数据是离散时间序列，但这里的离散化不同于习惯上的时间离散化，它不是针对时间变量 $t$，而是针对连续的尺度参数 $a$ 和连续的平移参数 $b$。在实际中最常用的是二进制的动态采样网格，即 $a_0=2$，$b_0=1$。每个网格点对应的尺度为 $2^j$ 而平移为 $2^j k$。其对应的二进小波公式为

$$\psi_{(2^{-k},b)}(t)=2^{\frac{k}{2}}\psi(2^k(t-b)) \tag{7.75}$$

设 $J$ 为要分解的任意尺度，则 $f(t)$ 在分解水平为 $J$ 下的完全重构公式为

$$f(t)=\sum_{k\in Z}c_{j,k}\varphi_{j,k}(t)+\sum_{j=-\infty}^{J}\sum_{k}d_{j,k}\psi_{j,k}(t) \tag{7.76}$$

式中：$d_{j,k}$ 称为小波展开系数；$c_{j,k}$ 称为尺度展开系数。式（7.76）中的第 1 项为概貌序列，第 2 项为分解重构得到的各细节序列。可采用 Daubeches 正交小波对变形监测数据序列进行分解。

2）灰色小波变换模型

若函数 $x(t)$（$-\infty<t<\infty$）满足狄氏条件及 $\int_{-\infty}^{\infty}|f(t)|\mathrm{d}t<\infty$，则 $x(t)$ [61]可表示为

$$x(t)=\frac{1}{2\pi}\int_{-\infty}^{\infty}\mathrm{e}^{\mathrm{i}\omega t}F_x(\omega)\mathrm{d}\omega \quad (-\infty<t<\infty) \tag{7.77}$$

其中

$$F_x(\omega)=\int_{-\infty}^{\infty}x(t)\mathrm{e}^{-\mathrm{i}\omega t}\mathrm{d}t \quad (-\infty<\omega<\infty) \tag{7.78}$$

式（7.77）表明，信号 $x(t)$ 可以表示成谐分量 $\frac{1}{2\pi}F_x(\omega)\mathrm{d}\omega\mathrm{e}^{\mathrm{i}\omega t}$ 的无限叠加，其中 $\omega$ 为圆频率，$\frac{1}{2\pi}|F_x(\omega)|d\omega$ 是圆频率为 $\omega$ 的谐分量的振幅，由于 $\omega=2\pi f$，其中 $f$ 为频率，则

$$\frac{1}{2\pi}|F_x(\omega)|\mathrm{d}\omega=\frac{1}{2\pi}|F_x(2\pi f)|\mathrm{d}\omega=\left|\int_{-\infty}^{\infty}x(t)\mathrm{e}^{-2\pi f i t}\mathrm{d}t\right|\mathrm{d}f \tag{7.79}$$

灰色小波模型建立的基本思想是通过小波变换将变形监测数据序列进行分

解，从而得到多个不同的子序列，然后利用灰色模型对这些子序列进行预测，再通过重构得出预测的变形监测数据序列。其流程见图 7.5。

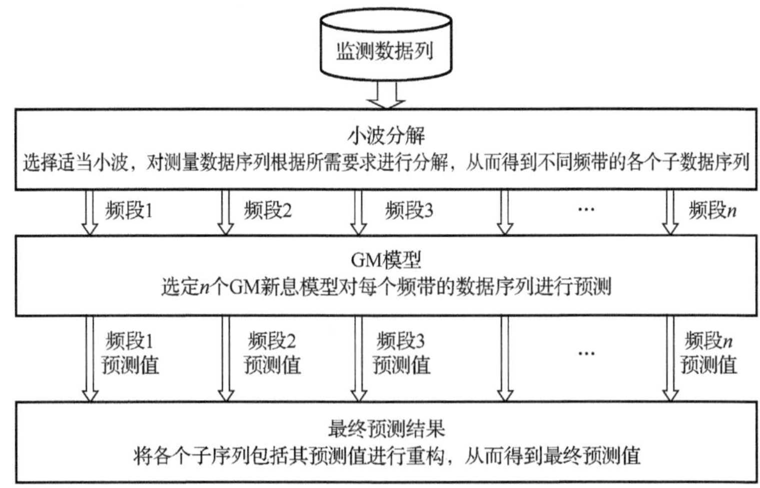


图 7.5　灰色小波模型预测流程

2. 算例

现以 2003 年 1 月某大坝变形监测点的水平位移监测资料进行计算，其中前 8 天的数据用于建模，后面的数据用于与预测结果进行比较[61]，计算结果列于表 7.2 中。为了对比，在表 7.2 中分别给出了灰色模型及灰色小波模型的计算结果，其中模型 1 为灰色模型；模型 2 为灰色小波模型，残差（及预测误差）为拟合值（预测值）与监测值之差。

表 7.2　某大坝变形监测点水平位移计算结果

| 序号 | 观测日期/日 | 监测值/mm | 模型 1 的残差（及预测误差）/mm | 模型 2 的残差（及预测误差）/mm |
|---|---|---|---|---|
| 1 | 6 | 6.2 | −0.43 | −0.08 |
| 2 | 7 | 5.8 | 0.05 | 0.27 |
| 3 | 8 | 6.1 | −0.45 | −0.39 |
| 4 | 9 | 6.0 | −0.52 | −0.41 |
| 5 | 10 | 6.4 | −1.12 | −0.81 |
| 6 | 11 | 8.5 | −1.55 | −0.85 |
| 7 | 12 | 11.1 | −2.19 | −1.52 |
| 8 | 13 | 8.5 | 1.07 | 0.83 |
| 9 | 14 | 8.2 | 1.42 | 0.58 |

续表

| 序号 | 观测日期/日 | 监测值/mm | 模型 1 的残差（及预测误差）/mm | 模型 2 的残差（及预测误差）/mm |
|---|---|---|---|---|
| 10 | 15 | 8.0 | −0.91 | 0.06 |
| 11 | 16 | 7.8 | −0.71 | 0.04 |
| 12 | 17 | 7.5 | 0.22 | −0.10 |
| 13 | 18 | 7.2 | −0.07 | 0.07 |
| 14 | 19 | 7.0 | 0.10 | 0.19 |
| 15 | 20 | 8.2 | −0.80 | −0.68 |
| 16 | 21 | 11.7 | −2.11 | −1.50 |
| 17 | 22 | 13.4 | 0.58 | 1.24 |
| 18 | 23 | 12.6 | 2.05 | 1.80 |
| 19 | 24 | 15.6 | −1.61 | −0.02 |
| 20 | 25 | 14.2 | 0.76 | 1.58 |
| 21 | 26 | 16.3 | −0.51 | 0.32 |

由表 7.2 可以看出，大多数情况下灰色小波模型的残差小于灰色模型的残差，而且灰色模型残差（及预测误差）绝对值之和为 19.23mm，而灰色小波模型残差（及预测误差）绝对值之和为 13.34mm，表明灰色小波模型的拟合误差及预测误差小于灰色模型的拟合误差及预测误差。

## 7.10　基于小波去噪的卡尔曼滤波模型

### 1. 应用小波变换进行信噪分离

变形体的变形可以描述为随时间和空间变化的信号，其中包含有用信号和噪声两部分，由于变形观测的变形量一般比较小，噪声会对变形特征的提取造成较大的影响，利用小波变换可以对信号和噪声进行有效分离。

变形监测的观测数据由两部分组成，可由下式进行描述：

$$x(t)=s(t)+n(t) \tag{7.80}$$

式中：$x(t)$ 为观测数据；$s(t)$ 为有用信号；$n(t)$ 为噪声信号。

观测数据序列中的有用信号和噪声的时频特性通常是不一样的。有用信号在时域和频域上是局部变化的，表现为低频特性，而噪声在时频空间中的分布是全局性的，它在整个观测的时域内处处存在，在频域上表现为高频特性。因此，小波变换可有效分离有用信号 $s(t)$ 和噪声信号 $n(t)$，从而达到消噪的目的，对观测数据序列进行消噪的基本步骤可以归纳如下[62]：

1）小波分解

小波分解是运用小波函数将信号在不同分辨级上进行分解，分解得到近似信号和细节信号。而一般的噪声信号主要存在细节信号中，通过对细节信号的系数做一定的处理，就能把噪声消除。

2）小波分解高频系数的阈值化处理

对信号进行小波去噪时，最主要的一步就是阈值的选取，选取的阈值过大，可能会使有用信号丢失，导致信号失真；选取的阈值过小，则不能完全消除噪声，阈值的选取主要有通用阈值、斯坦（Stein）无偏风险阈值、启发式 SURE 阈值、极大极小方差阈值。本节采用 Stein 无偏风险阈值。

3）小波重构

重构运算是小波变换的逆运算，也就是把分解到的近似系数和细节系数加载到原始信号。重构的过程首先从尺度低的近似系数 $cA_{j+1}$ 和细节系数 $cD_{j+1}$ 开始通过作用低频和高频重构滤波器恢复出上一尺度的近似信号 $cA_j$，把这个过程继续下去，得到原始信号 $S$。

重构的 MATLAB 算法为

$$\tilde{C}_j = H^* \tilde{C}_{j+1} + G^* \tilde{D}_{j+1} \tag{7.81}$$

式中：$H^*$ 和 $G^*$ 分别为 $H$ 和 $G$ 的共轭。

2. 卡尔曼滤波方程的建立

在变形观测中，假设监测点位移速度的均值不变，在卡尔曼滤波过程中将监测点的位置及其位移速度作为状态参数，将位移加速度作为动态噪声。若 $t_k$ 时刻某监测点的位移为 $x_k$，位移速度为 $u_k$，位移加速度为 $\boldsymbol{\Omega}_k$，则有状态方程：

$$\boldsymbol{X}_{k+1} = \begin{bmatrix} x_{k+1} \\ u_{k+1} \end{bmatrix} = \begin{bmatrix} 1 & \Delta t_{k+1} \\ 0 & 1 \end{bmatrix} \begin{bmatrix} x_k \\ u_k \end{bmatrix} + \begin{bmatrix} \frac{1}{2}\Delta t_{k+1}^2 \\ \Delta t_{k+1} \end{bmatrix} \boldsymbol{\Omega}_k \tag{7.82}$$

其中

$$\Delta t_{k+1} = t_{k+1} - t_k$$

设 $t_k$ 时刻的观测向量为 $\boldsymbol{L}_k$，则有观测方程：

$$\boldsymbol{L}_{k+1} = [1 \quad 0] \begin{bmatrix} x_{k+1} \\ u_{k+1} \end{bmatrix} + \boldsymbol{\varDelta}_{k+1} \tag{7.83}$$

令

$$\boldsymbol{\Phi}_{k+1,k}=\begin{bmatrix}1 & \Delta t_{k+1}\\ 0 & 1\end{bmatrix},\quad \boldsymbol{F}_{k+1,k}=\begin{bmatrix}\frac{1}{2}\Delta t_{k+1}^2\\ \Delta t_{k+1}\end{bmatrix},\quad \boldsymbol{B}_{k+1}=[1\quad 0]$$

则有状态方程和观测方程

$$\boldsymbol{X}_{k+1}=\boldsymbol{\Phi}_{k+1,k}\boldsymbol{X}_k+\boldsymbol{F}_{k+1,k}\boldsymbol{\Omega}_k \tag{7.84}$$

$$\boldsymbol{L}_{k+1}=\boldsymbol{B}_{k+1}\boldsymbol{X}_{k+1}+\boldsymbol{\Delta}_{k+1} \tag{7.85}$$

由状态方程和观测方程并顾及随机模型，由卡尔曼滤波方程即可进行卡尔曼滤波。

3. 算例

现以某岸堤某监测点 70 期沉降监测数据为例进行相应的计算，其中前 55 期数据用于建模，后 15 期数据用于与模型预测值进行比较[62]。计算时，采用两种方案：第一种方案是直接用原始数据进行卡尔曼滤波计算；第二种方案是先用小波去噪，再以小波去噪后的数据进行卡尔曼滤波计算。

由于是等间隔观测，即 $\Delta t_{k+1}=1$，则

$$\boldsymbol{\Phi}_{k+1,k}=\begin{bmatrix}1 & 1\\ 0 & 1\end{bmatrix},\quad \boldsymbol{F}_{k+1,k}=\begin{bmatrix}0.5\\ 1\end{bmatrix}$$

计算时取[62]

$$D_{\Delta}(k)=\pm 0.4,\quad D_{\boldsymbol{X}}(0/0)=D_{\boldsymbol{X}}(0)=\begin{bmatrix}0.15 & 0\\ 0 & 0.15\end{bmatrix},\quad D_{\Omega}(k)=\pm 0.1$$

有关计算结果列于表 7.3 中，其中预测误差为预测值与观测值之差。

**表 7.3　某监测点沉降量预测结果**　　（单位：mm）

| 期数 | 累计沉降量 | 卡尔曼预测值 | 小波卡尔曼预测值 | 卡尔曼预测误差 | 小波卡尔曼预测误差 |
|---|---|---|---|---|---|
| 56 | 94.99 | 94.26 | 94.77 | −0.73 | −0.22 |
| 57 | 97.41 | 96.93 | 96.88 | −0.48 | −0.53 |
| 58 | 98.80 | 99.58 | 99.08 | 0.78 | 0.28 |
| 59 | 101.62 | 101.21 | 101.27 | −0.41 | −0.35 |
| 60 | 102.88 | 103.71 | 103.18 | 0.83 | 0.30 |
| 61 | 104.09 | 105.18 | 104.63 | 1.09 | 0.54 |

续表

| 期数 | 累计沉降量 | 卡尔曼预测值 | 小波卡尔曼预测值 | 卡尔曼预测误差 | 小波卡尔曼预测误差 |
|---|---|---|---|---|---|
| 62 | 105.51 | 106.15 | 105.80 | 0.64 | 0.29 |
| 63 | 106.49 | 107.21 | 106.71 | 0.72 | 0.22 |
| 64 | 106.95 | 108.00 | 107.57 | 1.05 | 0.62 |
| 65 | 107.97 | 108.26 | 108.50 | 0.29 | 0.53 |
| 66 | 112.46 | 108.91 | 110.16 | −3.55 | −2.30 |
| 67 | 113.30 | 113.06 | 112.92 | −0.24 | −0.38 |
| 68 | 114.83 | 115.20 | 115.42 | 0.37 | 0.59 |
| 69 | 116.41 | 116.84 | 116.61 | 0.43 | 0.20 |
| 70 | 118.96 | 118.32 | 118.79 | −0.64 | −0.17 |

表 7.3 计算表明，经过小波去噪后的数据进行卡尔曼滤波其预测误差明显小于用原始数据直接进行卡尔曼滤波。

## 7.11　小波神经网络模型

### 1. 小波神经网络模型

小波神经网络是以小波基函数作为神经元的非线性激励函数，利用仿射小波变换构造的神经网络。在小波神经网络中，输入信号 $S(x)$ 可用小波基 $h_{a,b}(x)$ 拟合，即[63]

$$\tilde{S}(x)=\sum_{k=1}^{K}\omega_k h\left(\frac{x-b_k}{a_k}\right) \tag{7.86}$$

式中：$\tilde{S}(x)$ 为拟合信号；$\omega_k$ 为权值；$b_k$ 为小波基平移因子；$a_k$ 为伸缩因子；$K$ 为小波基个数。

本节中小波基函数采用常用的 Morlet 母小波，有

$$h(x)=\cos(1.75x)\mathrm{e}^{-\frac{x^2}{2}}$$

设网络输入样本数为 $R$，输出节点数为 $N$，第 $p$ 个样本第 $n$ 个节点的输出可表示为

$$f_{n,p}=f\left[\sum_{k=1}^{K}\omega_{n,k}\sum_{m=1}^{M}S^p(x_m)h\left(\frac{x_m-b_k}{a_k}\right)\right] \tag{7.87}$$

式中：$M$ 为输入层单元数；$\omega_{n,k}$ 为隐含层第 $k$ 个单元与输出层第 $n$ 个单元之间的连接权值。输出层 $f(z)=\dfrac{1}{1+\mathrm{e}^{-z}}$ 为对数 S 型激活函数，可将输出值限制在 0 和 1 之间。

小波神经网络的网络结构见图 7.6。

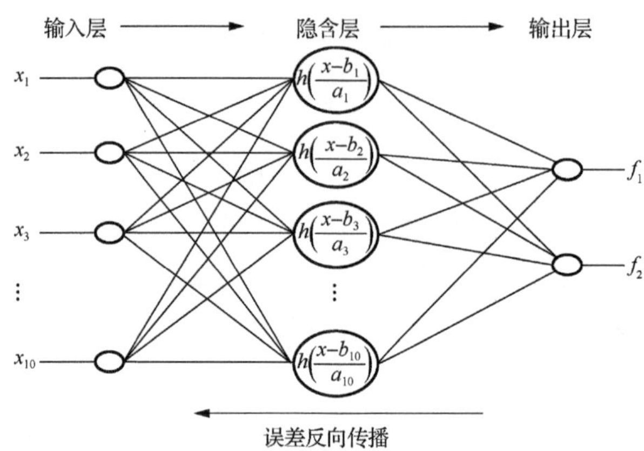


图 7.6　小波神经网络的网络结构

小波神经网络算法的程序实现及其步骤[63]：

（1）网络的初始化，即给网络参数（小波伸缩因子 $a_k$、平移因子 $b_k$ 以及网络连接权重 $\omega_k$）赋以随机初始值，并设置网络学习率 $\eta$、动量系数 $\alpha$、容许误差 $e$。

（2）为网络提供一组学习样本，包括输入向量 $S^p(x_m)$（$m=1,2,\cdots,M$; $p=1,2,\cdots,R$）和期望输出 $\tilde{f}_{n,p}$（$n=1,2,\cdots,N$; $P=1,2,\cdots,R$）。

（3）网络的自学习，即利用当前网络参数计算网络的实际输出 $f_{n,p}$［即式（7.87)］。

（4）计算网络的输出误差 $E=\dfrac{1}{2}\sum\limits_{p=1}^{R}\sum\limits_{n=1}^{N}(f_{n,p}-\tilde{f}_{n,p})^2$。

（5）当 $E$ 小于容许误差 $e$ 或者达到指定的迭代次数时，学习过程结束；否则转向步骤（6）。

（6）进行误差反向传播，使权值沿误差函数的负梯度方向改变，利用梯度下降法求网络参数的变化及误差反向传播；网络参数的变化为

$$\Delta\omega_{n,k}^{(i+1)}=-\eta\frac{\partial E}{\partial\omega_{n,k}^{(i)}}+\alpha\Delta\omega_{n,k}^{(i)}$$

$$\Delta a_k^{(i+1)}=-\eta\frac{\partial E}{\partial a_k^{(i)}}+\alpha\Delta a_k^{(i)}$$

$$\Delta b_k^{(i+1)} = -\eta \frac{\partial E}{\partial b_k^{(i)}} + \alpha \Delta b_k^{(i)}$$

修正后的网络参数为

$$\omega_{n,k}^{(i+1)} = \omega_{n,k}^{(i)} + \Delta\omega_{n,k}^{(i+1)}$$

$$a_k^{(i+1)} = a_k^{(i)} + \Delta a_k^{(i+1)}$$

$$b_k^{(i+1)} = b_k^{(i)} + \Delta b_k^{(i+1)}$$

式中：$\omega_{n,k}^{(i)}$、$a_k^{(i)}$、$b_k^{(i)}$ 分别为第 $i$ 次迭代时的网络参数。

（7）转到步骤（2）。

小波神经网络具有如下特点。

（1）小波神经网络的基元和整个结构依据小波理论确定，可以避免神经网络结构上的盲目性。

（2）小波神经网络学习时调整参数少，加上小波基函数具有紧支性，神经元之间的相互影响小，使得小波神经网络具有更快的收敛速度。

（3）小波神经网络的学习过程是对一个凸问题的优化逼近过程，所以能够最终找到一个全局的最优解，不存在局部最小点。

（4）隐层单元等于小波基数，由于它引入了两个新变量即伸缩因子和平移因子，使其具有更灵活更有效的函数逼近能力。

（5）当输入信号样本空间不均匀分布即数据点在某些区域较密，而在另外一些区域较稀疏时，小波神经元的良好局部特性和多分辨率学习可实现与信号的良好匹配，使得小波神经网络具有更高的预测精度，在数据稠密区，以高分辨率学习，在稀疏区采用低分辨率学习，而单一分辨率的激励函数对数据疏密不加区分。

2. 算例

利用某烟囱的一个沉降观点前面 1～40 期监测数据，对其第 41～45 期沉降变形数据分别利用 BP 神经网络模型以及小波神经网络模型进行预测[63]，其结果列入表 7.4 中。其中，模型 1 为 BP 神经网络模型，模型 2 为小波神经网络模型，误差为预测值与实测值之差。

**表 7.4　BP 神经网络模型与小波神经网络模型预测结果比较**　（单位：mm）

| 预测期数 | 实测值 | 模型 1 的预测值 | 模型 1 的误差 | 模型 2 的预测值 | 模型 2 的误差 |
|---|---|---|---|---|---|
| 41 | 21.00 | 21.17 | 0.17 | 20.69 | −0.31 |
| 42 | 21.98 | 21.15 | −0.83 | 21.56 | −0.42 |
| 43 | 24.02 | 23.21 | −0.81 | 24.36 | 0.34 |

续表

| 预测期数 | 实测值 | 模型 1 的预测值 | 模型 1 的误差 | 模型 2 的预测值 | 模型 2 的误差 |
|---|---|---|---|---|---|
| 44 | 24.49 | 25.05 | 0.56 | 24.63 | 0.14 |
| 45 | 27.05 | 25.50 | −1.55 | 26.52 | −0.53 |

从表 7.4 中可以看出，小波神经网络模型的预测误差总体比 BP 神经网络模型小，预测效果较为理想。

## 7.12　基于灰色模型的小波神经网络模型

人工神经网络是模拟大脑处理信息的模式，通过学习训练，找到输入数据和输出数据的关系，在处理背景不清楚的情况下可以显示其强大的功能。在变形数据非线性关系的处理和预报中，由于变形因素错综复杂，不能用准确的数学或力学模型表示，此时神经网络模型的优势就表现出来了[64]。小波分析在时域和频率域有很好的局部化优点，可以很好地逼近非线性函数，因此小波神经网络强化了神经网络模型的优点。

小波神经网络可分为两大类。第一类是将小波分析与神经网络分离，称为辅助式小波神经网络。二者相互独立又紧密联系，小波分析作为数据预处理的过程，体现小波强大的去噪功能，输入神经网络的值实际是经过去噪后的数据，为网络模型去除了噪声。另一类是将小波分析与神经网络结合在一起，将激励函数换作小波函数，这样的小波神经网络称为嵌入式神经网络。隐含层的激励函数用小波函数代替，相对应的输入层到隐含层的权值及隐含层阈值分别由小波函数的伸缩因子与平移因子代替。本节采用嵌入式神经网络。

1. 小波神经网络模型的结构

小波神经网络模型一般分为 3 部分，即输入层、隐含层和输出层。各层节点之间通过激励函数传递，之间存在连接权值。小波神经网络隐含层的激励函数利用小波函数，这点与 BP 神经网络不同，信号前向传播的同时误差反向传播，此处采用 Morlet 小波函数，其表达式为

$$\psi(f(x)) = \mathrm{e}^{-\frac{f^2(x)}{2}} \cos\left(5\frac{f(x)-\beta}{\alpha}\right) \tag{7.88}$$

式中：$f(x)$ 为加权和；$\beta$ 为平移因子；$\alpha$ 为伸缩因子。

小波神经网络输出层计算公式为

$$y(k)=\sum_{i=1}^{l} w_{ik} h(i) \qquad (k=1,2,\cdots,m) \tag{7.89}$$

式中：$w_{ik}$ 为隐含层到输出层权值；$h(i)$ 为第 $i$ 个隐含层的节点输出；$l$ 为隐含层节点数；$m$ 为输出层节点数。

小波神经网络算法步骤如下[65]。

（1）网络初始化：对伸缩因子，平移因子以及网络连接权重进行随机初始化，并设置学习率。

（2）样本分类处理：样本分为训练样本和测试样本，网络模型需要先训练才能进行测试，测试网络预测的精度，将样本归一化后输入网络。

（3）网络训练：输入训练值，计算预测输出值及输出值与期望输出值的误差。误差符合标准则输出预测值和权值。此时可以进行网络测试，输入测试值，输出预测值和误差。

（4）权值修正：经过步骤（3）的计算，分析误差是否符合要求。若不符合要求，则修正网络权值和小波函数参数，使预测值更加接近期望输出值，不断进行训练修正，直至误差符合要求。

（5）训练结束：得到预测值后，反归一化处理得到最终预测值。

一般情况下，对于神经网络，往往根据工程的实际情况确定输入层和输出层的个数，隐含层节点数的确定一般由工程实际或者公式法确定。用公式法确定隐含层节点数其表达式为

$$n=\sqrt{i+j}+k \tag{7.90}$$

式中：$i$ 为输出层的节点数；$j$ 为输入层节点数；$k$ 为常数，取值范围为 1～10。根据工程情况，给网络一个最大的学习次数，将样本数据输入网络，进行训练。若网络收敛且未达到最大学习次数，则减少隐含层的节点数，若样本达到最大训练次数，但仍未收敛，则增加隐含层节点数。经过计算，确定最佳隐含层节点数。

### 2. 灰色小波神经网络模型的结构

在小波神经网络处理数据之前，先用 GM（1，1）灰色模型对数据进行预处理，然后将预处理的数据作为输入数据，原始观测数据作为期望输出数据。训练小波神经网络模型，对模型准确度进行分析。

### 3. 算例

现以某基坑 ZQC1 沉降监测点 39 期的沉降监测数据（累计沉降量）为例进行相应的计算，其中前 33 期监测数据用于建模，后 6 期监测数据用于与预测值进行

对比分析[64]。计算时，先用 GM（1,1）模型对数据进行预处理，然后将预处理的数据作为输入数据，原始观测数据作为期望输出数据，训练小波神经网络模型，计算结果列入表 7.5 中，其中模型 1 为 GM（1,1）模型，模型 2 为基于灰色模型的小波神经网络模型，预测误差为预测值与实测值之差。

**表 7.5　灰色模型与基于灰色模型的小波神经网络模型预测结果比较**　（单位：mm）

| 预测期数 | 累计沉降量 | 模型 1 的预测值 | 模型 2 的预测值 | 模型 1 的预测误差 | 模型 2 的预测误差 |
|---|---|---|---|---|---|
| 34 | 8.05 | 8.14 | 8.07 | 0.09 | 0.02 |
| 35 | 8.07 | 8.15 | 8.08 | 0.08 | 0.01 |
| 36 | 8.11 | 8.17 | 8.08 | 0.06 | −0.03 |
| 37 | 8.13 | 8.19 | 8.09 | 0.06 | −0.04 |
| 38 | 8.09 | 8.19 | 8.10 | 0.10 | 0.01 |
| 39 | 8.12 | 8.21 | 8.07 | 0.09 | −0.05 |

由表 7.5 可以看出，基于灰色模型的小波神经网络模型的预测精度明显优于灰色模型的预测精度。

# 第8章　非线性模型

对自然界相关现象的描述，有时只有建立非线性模型才能真实地反映其客观规律，因此为了正确研究各种自然现象，就必须研究非线性问题。非线性问题远比线性问题复杂。目前线性参数模型的估计其相关理论和方法已日趋成熟，而对于非线性参数模型的估计问题研究还不够深入。

对于许多非线性模型，传统的方法是进行线性近似，即将其展开成泰勒级数，取至1次项，而略去2次及以上的各项。非线性程度不同，线性近似时引起的模型误差也不同，非线性模型的非线性程度称为非线性强度。非线性强度一般采用固有曲率、参数效应曲率或曲率立体阵进行度量。非线性强度越大，线性近似时产生的模型误差就越大。有些非线性模型对参数的近似值非常敏感，线性近似时引起的模型误差有时较大，有些非线性模型甚至不能进行线性近似。如果线性近似引起的模型误差小于测量误差，则这种线性近似引起的模型误差可以忽略不计。在某些领域如精密工程测量及变形测量领域，随着测量精度的不断提高，线性近似引起的模型误差往往与测量误差相当甚至大于测量误差，这时线性近似会导致精度的损失。

线性模型是数理统计学中发展比较早的一个分支，关于线性参数模型的估计可以追溯到18世纪初。1794年，高斯提出了用最小二乘法从带有误差的观测值中求解待定参数的最优值，马尔可夫于1900年证明最小二乘估计的方差最小，形成了著名的高斯-马尔可夫（Gauss-Markov）模型。

非线性参数模型的估计研究始于20世纪60年代，1985年大地测量学者托伊尼森（Teunissen）先后研究了非线性模型最小二乘估计的一阶矩阵、二阶矩阵，阐述了非线性强度识别、度量指标及非线性模型曲率的几何意义。布莱哈（Blaha）研究了非线性最小二乘的无迭代求解理论。洛泽（Lohse）研究了非线性模型的参数估计理论。阿塔纳西斯·德曼尼斯（Athanasios Dermanis）和费尔南多·桑索（Fernando Sanso）提出了非线性估计的贝叶斯（Bayes）方法。国内一些学者对非线性参数模型也做了一些研究，得出了一些有价值的研究成果。

变形分析涉及大量的非线性问题：一方面，只有变形监测的精度高才能发现微小的变形；另一方面，只有变形分析的方法和模型非常准确才能得出正确的结论。

在变形监测网的优化设计中，绝大多数函数关系是非线性的，这就需要根据精度要求直接构造以变形参数的精度为质量准则的非线性目标函数，并顾及灵敏度、可靠性及费用等线性、非线性约束条件进行变形监测网的非线性二类动态优化设计。为此，需采用非线性解算方法，求解最佳观测权。

对于变形监测网，由于需要进行周期性观测，且要求的精度较高，当采用 GPS 方法进行观测时，网点上空的观测条件往往不太好，在这种情况下，解算 GPS 基线向量时，图形条件较差，可能导致基线向量的精度较低。但是人们可以通过网点精确的近似坐标，减少非线性模型线性化的误差；另外，还可以通过增加地面的边长和角度观测，提高形监测网平差的图形强度，把病态方程变成非病态方程，这也涉及非线性问题。

# 8.1　非线性参数模型

## 8.1.1　最小二乘参数估计法的基本原理

对于非线性模型[1]

$$\boldsymbol{L}=f(\boldsymbol{X})+\boldsymbol{\Delta} \tag{8.1}$$

相应的误差方程为

$$\boldsymbol{V}=f(\hat{\boldsymbol{X}})-\boldsymbol{L} \tag{8.2}$$

残差平方和为

$$\boldsymbol{V}^{\mathrm{T}}\boldsymbol{V}=(f(\hat{\boldsymbol{X}})-\boldsymbol{L})^{\mathrm{T}}(f(\hat{\boldsymbol{X}})-\boldsymbol{L}) \tag{8.3}$$

且

$$\boldsymbol{V}^{\mathrm{T}}\boldsymbol{V}=\min \tag{8.4}$$

式中：$f(\boldsymbol{X})$ 为参数向量 $\boldsymbol{X}$ 的非线性函数向量；$\boldsymbol{L}$ 为 $n$ 维同精度观测值向量；$\hat{\boldsymbol{X}}$ 为 $\boldsymbol{X}$ 的一个非线性最小二乘估计。

非线性参数模型的最小二乘估计方法有参数变换法、迭代解法、直接解法和半参数解法等方法[1]。

## 8.1.2　最小二乘参数估计法

### 1. 参数变换法

当模型的固有曲率较小而参数效应曲率较大时，可先进行参数变换，在新参数下使参数效应曲率小于固有曲率，或者参数效应立体阵等于 0，然后进行线性化，转化为线性模型，利用最小二乘法求解模型参数。参数变换法常用于非线性回归计算。由于使用了变量代换，往往不能保证回归方程的残差平方和最小。

### 2. 迭代解法

迭代解法适用于非线性强度较大的模型。

式（8.4）等价于

$$f^{\mathrm{T}}(\hat{\boldsymbol{X}})f(\hat{\boldsymbol{X}})-2f^{\mathrm{T}}(\hat{\boldsymbol{X}})\boldsymbol{L}=\min \tag{8.5}$$

式（8.5）是一个非线性无约束最优化问题，具体的迭代解法有高斯-牛顿（Gauss-Newton）法、牛顿-拉弗森（Newton-Raphson）法、信赖域法、奎斯-牛顿（Quisi-Newton）法以及阻尼最小二乘法等。

### 3. 直接解法

直接解法是将非线性模型展开至高次项直接进行解算，有顾及一次项、二次项及三次项的直接解法。仅仅顾及一次项的直接解法是将模型按非线性最小二乘估计准则$\boldsymbol{V}^{\mathrm{T}}\boldsymbol{V}$=min 求极小解，即满足下列非线性方程组的$\boldsymbol{X}$的估值$\hat{\boldsymbol{X}}$。

$$\left(\left.\frac{\partial f(\boldsymbol{X})}{\partial \boldsymbol{X}}\right|_{\boldsymbol{X}=\hat{\boldsymbol{X}}}\right)^{\mathrm{T}}(f(\hat{\boldsymbol{X}})-\boldsymbol{L})=0 \tag{8.6}$$

将上式中的$\left.\frac{\partial f(\boldsymbol{X})}{\partial \boldsymbol{X}}\right|_{\boldsymbol{X}=\hat{\boldsymbol{X}}}$及$f(\hat{\boldsymbol{X}})$在近似值$\boldsymbol{X}^0$处用泰勒级数展开仅取一次项得

$$\mathrm{d}\boldsymbol{X}=(\boldsymbol{B}^{\mathrm{T}}\boldsymbol{B})^{-1}\boldsymbol{B}^{\mathrm{T}}\boldsymbol{l}+(\boldsymbol{B}^{\mathrm{T}}\boldsymbol{B})^{-1}[(\boldsymbol{l}-\boldsymbol{B}(\boldsymbol{B}^{\mathrm{T}}\boldsymbol{B})^{-1}\boldsymbol{B}^{\mathrm{T}}\boldsymbol{l})^{-1}][\boldsymbol{w}](\boldsymbol{B}^{\mathrm{T}}\boldsymbol{B})^{-1}\boldsymbol{B}^{\mathrm{T}}\boldsymbol{l} \tag{8.7}$$

由此求出参数的估值$\hat{\boldsymbol{X}}$。

顾及二次项的直接解法是将式（8.6）中的$\left.\frac{\partial f(\boldsymbol{X})}{\partial \boldsymbol{X}}\right|_{\boldsymbol{X}=\hat{\boldsymbol{X}}}$及$f(\hat{\boldsymbol{X}})$在近似值$\boldsymbol{X}^0$处用泰勒级数展开并取至二次项得

$$\begin{aligned}\mathrm{d}\boldsymbol{X}=&(\boldsymbol{B}^{\mathrm{T}}\boldsymbol{B})^{-1}\boldsymbol{B}^{\mathrm{T}}\boldsymbol{l}+(\boldsymbol{B}^{\mathrm{T}}\boldsymbol{B})^{-1}\{[\boldsymbol{l}-\boldsymbol{B}\mathrm{d}\boldsymbol{X}^{\mathrm{T}}][\boldsymbol{w}](\boldsymbol{B}^{\mathrm{T}}\boldsymbol{B})^{-1}\boldsymbol{B}^{\mathrm{T}}\boldsymbol{l}\\&-((\boldsymbol{B}^{\mathrm{T}}\boldsymbol{B})^{-1}\boldsymbol{B}^{\mathrm{T}}\boldsymbol{l})^{\mathrm{T}}[\boldsymbol{B}^{\mathrm{T}}][\boldsymbol{w}](\boldsymbol{B}^{\mathrm{T}}\boldsymbol{B})^{-1}\boldsymbol{B}^{\mathrm{T}}\boldsymbol{l}/2\}\end{aligned} \tag{8.8}$$

由于上述直接解法忽略了二阶、三阶以上的偏导数项，因此得到的是近似直接解。当模型的非线性强度很强时，则存在较大的模型误差。

## 8.2　非线性非参数模型

非参数估计是指对研究总体的分布极少限制，也不作具体的模型假设，只是对总体的一些未知特征进行统计推断的一种估计方法，常用的方法包括权函数法和最小二乘类估计法。

### 8.2.1　权函数法

设非参数模型[1]为

$$L_i = g(t_i) + \Delta_i \quad (i=1,2,\cdots,n) \tag{8.9}$$

式中：$L_i$为$t_i$时的观测值；$\Delta_i$为随机误差，$\{t_i\}$与$\{\Delta_i\}$相互独立，且$E(\Delta_i)=0$，$E(\Delta_i\Delta_j)=0$（$i\neq j$），$E(\Delta_i^{\ 2})=\sigma^2$（$0\leqslant t_1<\cdots<t_n\leqslant 1$）。

$g(t_x)$的权函数估计$g_W(t_x)$可表示为[1]

$$\hat{g}_W(t_x) = \sum_{i=1}^{n} W_i(t_x) L_i \tag{8.10}$$

式中：$\{W_i(t_x)\}$为权函数，核函数和近邻函数是两种最基本的权函数，相应的估计称为核估计和近邻估计。

### 8.2.2　最小二乘类估计法

最小二乘类估计法包括傅里叶级数法、多项式法等方法[1]。

1．傅里叶级数法

设$g(t_x)\in L_2[0,1]$，有傅里叶级数

$$g(t_x) \sim \frac{\alpha_0}{2} + \sum_{j=1}^{\infty}[\alpha_j \cos(2\pi j t_x) + \beta_j \sin(2\pi j t_x)] \quad (t_x \in [0,1]) \tag{8.11}$$

取$\lambda$为正整数，用$g_\lambda(t_x) \sim \frac{\alpha_0}{2} + \sum_{j=1}^{\lambda}[\alpha_j \cos(2\pi j t_x) + \beta_j \sin(2\pi j t_x)]$逼近$g(t_x)$。令$t_x = t_i$（$i=1,2,\cdots,n$），求$\alpha_0$及$\{\alpha_j,\beta_j\}$（$j=1,2,\cdots,\lambda$），使$\sum_{i=1}^{n}(L_i - g_\lambda(t_i))^2 = \min$，得$\alpha_0$及$\{\alpha_j,\beta_j\}$（$j=1,2,\cdots,\lambda$）的最小二乘估计为

$$\hat{\alpha}_j = \frac{2}{n}\sum_{i=1}^{n} L_i \cos(2\pi j t_i) \quad (j=0,1,2,\cdots,\lambda) \tag{8.12}$$

$$\hat{\beta}_j = \frac{2}{n}\sum_{i=1}^{n} L_i \sin(2\pi j t_i) \quad (j=1,2,\cdots,\lambda) \tag{8.13}$$

则$g(t_x)$的傅里叶级数估计为

$$g_\lambda(t_x) \sim \frac{\hat{\alpha}_0}{2} + \sum_{j=1}^{\lambda}[\hat{\alpha}_j \cos(2\pi j t_x) + \hat{\beta}_j \sin(2\pi j t_x)] \tag{8.14}$$

2. 多项式法

设 $g(t_x)\in L_2[0,1]$，$\{U_j\}$是一组由多项式函数构成的基，则

$$g(t_x)\sim\sum_{j=1}^{\infty}\beta_j U_j(t_x)$$

取 $\lambda$ 为正整数，用 $g_\lambda(t_x)=\sum_{j=1}^{\lambda}\beta_j U_j(t_x)$ 逼近 $g(t_x)$，取 $t_x=t_i$（$i$=1,2,⋯,$n$），由最小二乘准则有

$$\sum_{i=1}^{n}(L_i-g_\lambda(t_i))^2=\min \tag{8.15}$$

此方程等价于

$$\sum_{i=1}^{n}(L_i-\sum_{j=1}^{\lambda}\beta_j U_j(t_i))^2=\min \tag{8.16}$$

则可求得 $\beta_j$ 的估值 $\hat{\beta}_j$。

## 8.3　非线性半参数模型

半参数估计是指对研究总体中部分是参数模型部分是非参数模型的一种估计方法，它是相对于参数模型和非参数模型而言的，非线性半参数模型的一般形式[1]为

$$\boldsymbol{L}=f(\boldsymbol{X})+g(\boldsymbol{t})+\boldsymbol{\varDelta} \tag{8.17}$$

式中：$f$ 为观测值与部分参数间的非线性确定性函数，为模型的参数部分，是非线性函数；$g$ 是表达观测值与参数之间无确定函数关系部分，称为模型的非参数部分；$\boldsymbol{X}=\begin{bmatrix}X_1 & \cdots & X_P\end{bmatrix}^{\mathrm{T}}$ 为未知参数，$p\geqslant 1$，$t_i$ 为 $\boldsymbol{t}$ 的元素，$t_i\in[0,1]$，$\varDelta_i$ 为独立同分布随机误差，且 $E$（$\varDelta_i$）=0，$E$（$\varDelta_i{}^2$）$=\sigma^2<\infty$，$t_i$ 与 $\varDelta_i$ 相互独立，且 $\boldsymbol{L}=\begin{bmatrix}L_1 & \cdots & L_n\end{bmatrix}^{\mathrm{T}}$，$f(\boldsymbol{X})=\begin{bmatrix}f_1(\boldsymbol{X}) & \cdots & f_n(\boldsymbol{X})\end{bmatrix}^{\mathrm{T}}$。

非线性半参数模型的估计方法主要有核估计法、近邻估计法、两阶段估计法等[1]。

1. 核估计法

选定 $R$ 上的概率密度核函数 $K(\cdot)$ 及窗宽 $H>0$，假设 $\boldsymbol{X}$ 已知，基于 $\{L_i-f_i(\boldsymbol{X}),t_i\}_{i=1}^{n}$ 作出 $g(t_i)$ 的非参数核估计：

$$\hat{g}(t_i, \boldsymbol{X}) = \sum_{j=1}^{n} W_j(t_i)(L_j - f_j(\boldsymbol{X}))$$

$$= \sum_{j=1}^{n}\left[\frac{K((t_i - t_j)H^{-1})}{\sum_{k=1}^{n} K((t_i - t_k)H^{-1})}(L_j - f_j(\boldsymbol{X}))\right] \tag{8.18}$$

式中：$W_j(t_i)$ 为核权函数。

设$\boldsymbol{V} = f(\hat{\boldsymbol{X}}) - \boldsymbol{L} + \hat{\boldsymbol{g}}(\boldsymbol{t}, \hat{\boldsymbol{X}})$，则有

$$\boldsymbol{V} = (\boldsymbol{I} - \boldsymbol{W})(f(\hat{\boldsymbol{X}}) - \boldsymbol{L}) \tag{8.19}$$

由最小二乘准则

$$(f(\hat{\boldsymbol{X}}) - \boldsymbol{L})^{\mathrm{T}}(\boldsymbol{I} - \boldsymbol{W})^{\mathrm{T}}\boldsymbol{P}\ (\boldsymbol{I} - \boldsymbol{W})(f(\hat{\boldsymbol{X}}) - \boldsymbol{L}) = \min$$

得 $\boldsymbol{X}$ 的非线性最小二乘估计 $\hat{\boldsymbol{X}}$ 。

设 $f(\boldsymbol{X})$ 一阶可导，令

$$\boldsymbol{P}(H) = (\boldsymbol{I} - \boldsymbol{W})^{\mathrm{T}}\boldsymbol{P}(\boldsymbol{I} - \boldsymbol{W}) \tag{8.20}$$

可得最小二乘准则下的法方程组

$$\left(\frac{\partial f(\hat{\boldsymbol{X}})}{\partial \hat{\boldsymbol{X}}}\right)^{\mathrm{T}} \boldsymbol{P}(H)(f(\hat{\boldsymbol{X}}) - \boldsymbol{L}) = 0 \tag{8.21}$$

由于 $f(\boldsymbol{X})$ 是 $\boldsymbol{X}$ 的非线性方程，故式（8.21）为非线性方程组，可采用顾及一次项及顾及二次项的非线性直接解法或高斯–牛顿迭代解法等方法解算。

2. 近邻估计法

引进一个衡量 $R$ 中两点距离的函数，指定空间中的点 $t_j$ 估计函数在该点的值

$$\hat{\boldsymbol{g}}(t_j,\ \boldsymbol{X}) = \sum_{i=1}^{n} C_i(t_j)(L_i - f_i(\boldsymbol{X})) \tag{8.22}$$

式中：$C_i(t_j)$ 是近邻权。

设$\boldsymbol{V} = \boldsymbol{L} - f(\boldsymbol{X}) - \hat{\boldsymbol{g}}(\boldsymbol{t},\ \boldsymbol{X})$，由最小二乘准则得

$$(f(\boldsymbol{X}) - \boldsymbol{L})^{\mathrm{T}}(\boldsymbol{I} - \boldsymbol{C})^{\mathrm{T}}\boldsymbol{P}\ (\boldsymbol{I} - \boldsymbol{C})(f(\boldsymbol{X}) - \boldsymbol{L}) = \min$$

满足此式的 $\hat{\boldsymbol{X}}$ 是 $\boldsymbol{X}$ 的非线性最小二乘近邻估计。

设 $f(\boldsymbol{X})$ 一阶可导，令

$$\boldsymbol{P}(C) = (\boldsymbol{I} - \boldsymbol{C})^{\mathrm{T}}\boldsymbol{P}(\boldsymbol{I} - \boldsymbol{C}) \tag{8.23}$$

可得最小二乘准则下的法方程组

$$\left(\frac{\partial f(\hat{\boldsymbol{X}})}{\partial \hat{\boldsymbol{X}}}\right)^{\mathrm{T}} \boldsymbol{P}(C)(f(\hat{\boldsymbol{X}})-\boldsymbol{L})=0 \tag{8.24}$$

由于 $f(\boldsymbol{X})$ 是 $\boldsymbol{X}$ 的非线性方程，式（8.24）不能得到 $\boldsymbol{X}$ 的显示表达式，因此可采用非线性参数模型的解算方法进行解算。

3. 两阶段估计法

对于式（8.17），$\alpha=E(g(t_i))$，$E(g^2(t_i))<\infty$，记 $e_i=g(t_i)-\alpha-\Delta_i$（$i$=1,2,⋯,$n$），$e_i$ 为独立同分布的随机量，且 $E(e_i)=0$，$E(e_i^{\,2})=\sigma_\varepsilon^2<\infty$。令 $\boldsymbol{e}=[e_1 \quad \cdots \quad e_n]^{\mathrm{T}}$，$\boldsymbol{J}=[1 \quad \cdots \quad 1]^{\mathrm{T}}$，即 $\boldsymbol{J}$ 为 $n$ 阶单位列向量，则有非线性参数模型

$$\boldsymbol{L}=f(\boldsymbol{X})+\alpha\boldsymbol{J}+\boldsymbol{e} \tag{8.25}$$

使用最小二乘准则解算非线性方程组，可得 $\alpha$ 及 $\boldsymbol{X}$ 的最小二乘解 $\alpha^*$ 及 $\boldsymbol{X}^*$。$\boldsymbol{X}^*$ 称为第一阶段的估值。将 $\boldsymbol{X}^*$ 回代，有

$$L_i-f_i(\boldsymbol{X}^*)=g(t_i)+\Delta_i \tag{8.26}$$

式（8.26）是一个标准的非参数模型，按照非参数模型的估计方法，可以得到 $g(t_i)$ 的估值 $g^*(t_i)$。将 $g^*(t_i)$ 回代，求下列极小问题的解：

$$\sum_{i=1}^{n}[L_i-f_i(\boldsymbol{X})-g^*(t_i)]^2=\min \tag{8.27}$$

可得 $\boldsymbol{X}$ 的第二阶段的估值 $\hat{\boldsymbol{X}}$。求 $\hat{\boldsymbol{X}}$ 的过程也是一个求解非线性方程组的过程。

# 参 考 文 献


[1] 张正禄，黄全义，文鸿雁，等．工程的变形监测分析与预报[M]．北京：测绘出版社，2007.

[2] 黄声享，尹晖，蒋征．变形监测数据处理[M]．武汉：武汉大学出版社，2003.

[3] 陈伟．三维激光扫描测量技术在变形监测中的应用[J]．地理空间信息，2019，17（7）：103-106.

[4] 陆付民，任德记，何薪基．大坝变形预测模型的研究[J]．岩土工程技术，2000（4）：204-207.

[5] 陆付民，何薪基，任德记．"+"函数在滑坡变形分析中的应用[J]．勘察科学技术，2000（3）：49-51.

[6] 何薪基．修正回归方程系数拟合法在土石坝沉陷分析中的应用[J]．大坝观测与土工测试，1992，16（4）：37-41.

[7] 何薪基，田斌，周建军．最优权组合模型与参数优化在安全监测分析中的应用[J]．大坝观测与土工测试，2000，24（5）：24-26.

[8] 王尚庆，陆付民，徐进军．三峡库区崩塌滑坡监测预警与工程实践[M]．北京：科学出版社，2011.

[9] 陆付民．时间水位因子模型在大坝变形分析中的应用[J]．三峡大学学报（自然科学版），2003，25（6）：488-491.

[10] 郑东健，顾冲时，吴中如．边坡变形的多因素时变预测模型[J]．岩石力学与工程学报，2005，24（17）：3180-3184.

[11] 葛永慧．线性回归方法的相对有效性和估值漂移[M]．北京：科学出版社，2017.

[12] 孙永荣，胡应东，陈武，等．基于 GM（1,1）改进模型的建筑物沉降预测[J]．南京航空航天大学学报，2009，41（1）：107-110.

[13] 李秀珍，孔纪名，王成华．中心逼近式灰色 GM（1,1）模型在滑坡变形预测中的应用[J]．工程地质学报，2007，15（5）：673-676.

[14] 陆艳华．GM（1,1）加权模型预测建筑物沉降的研讨[J]．黑龙江水专学报，2003，30（4）：57-59.

[15] 曹昶，樊重俊．非等间距无偏 GM（1,1）模型在建筑沉降预测中的应用[J]．测绘工程，2013，22（6）：55-57.

[16] 王冬，黄鑫，王明东，等．灰色 GM（2,1）模型在滑坡变形预测中的应用[J]．水文地质工程地质，2013，40（3）：121-125.

[17] 王穗辉，潘国荣．基于 MATLAB 多变量灰色模型及其在变形预测中的应用[J]．土木工程学报，2005，38（5）：24-27.

[18] 崔伟杰，包腾飞，张学峰，等．改进的灰色线性回归组合模型在大坝变形监测中的应用[J]．水电能源科学，2013，31（6）：103-105.

[19] 张仪萍，俞亚南，张土乔．时变参数灰色沉降预测模型及其应用[J]．浙江大学学报（工学版），2002，36（4）：357-360.

[20] 王黎明，王连，杨楠．应用时间序列分析[M]．上海：复旦大学出版社，2009.

[21] 尹晖．时空变形分析与预报的理论和方法[M]．北京：测绘出版社，2002.

[22] 刘祖强，张正禄，邹启新，等．工程变形监测分析预报的理论与实践[M]．北京：中国水利水电出版社，2008.

[23] 程丕，黄腾，李桂华．基于 TGM-ARMA 模型的地铁隧道结构沉降预测分析[J]．工程勘察，2010（12）：66-69.

[24] 刘凯，赵军平，惠章珂．离散卡尔曼滤波在大坝变形监测中的应用[J]．西北水电，2017（3）：95-97.

[25] 崔希璋，於宗俦，陶本藻，等．广义测量平差[M]．北京：测绘出版社，1992.

[26] 陆付民．卡尔曼滤波法在大坝变形分析中的应用[J]．勘察科学技术，2002（1）：43-45.

[27] 陆付民，王尚庆，李劲．离散卡尔曼滤波法在滑坡变形预测中的应用[J]．水利水电科技进展，2009，29（4）：6-9.

[28] 王洪兴，唐辉明，陈聪．指数趋势模型在斜坡变形位移预测中的应用[J]．岩土力学，2004，25（5）：808-810.

[29] 陆付民，王尚庆．基于指数趋势模型的卡尔曼滤波法在危岩体变形分析中的应用[J]．岩土力学，2008，29（6）：1716-1718．

[30] 陈刚．建筑物沉降变形监测数据处理与预测方法研究[D]．赣州：江西理工大学，2011．

[31] 陆付民，蒋廷耀．基于双曲线模型的卡尔曼滤波法在建筑物沉降预测中的应用[J]．大地测量与地球动力学，2016，36（6）：517-519．

[32] 苏观南，郑东健，孙斌斌．卡尔曼滤波灰色模型在大坝变形预测中的应用[J]．水电能源科学，2014，32（4）：37-40．

[33] 吴定洪．边坡位移实时跟踪预测模型研究[J]．大坝观测与土工测试，1995，19（3）：9-13．

[34] 陆付民，任德记．基于 AR（1）模型的卡尔曼滤波法在危岩体变形分析中的应用[J]．岩土工程技术，2002（1）：1-3．

[35] 王正明，易东云．测量数据建模与参数估计[M]．长沙：国防科技大学出版社，1997．

[36] 陆付民，何薪基．基于模型筛选法的卡尔曼滤波法在大坝变形分析中的应用[J]．水电自动化与大坝监测，2002，26（4）：55-56．

[37] 陆付民．模型优化法在滑坡变形分析中的应用[J]．勘察科学技术，2003（2）：48-51．

[38] 陆付民．基于 AR（*n*）模型的卡尔曼滤波模型[J]．数学的实践与认识，2007，37（19）：6-11．

[39] 陆付民．顾及时间和水位因子的卡尔曼滤波法在大坝变形分析中的应用[J]．三峡大学学报（自然科学版），2004，26（5）：392-394．

[40] 陆付民，王尚庆，李劲，等．顾及地下水位因子的卡尔曼滤波模型在滑坡变形预测中的应用[J]．武汉大学学报（信息科学版），2010，35（10）：1184-1187．

[41] 陆付民，蒋廷耀．基于多因素的卡尔曼滤波模型在滑坡变形预测中的应用[J]．数学的实践与认识，2018，48（4）：177-181．

[42] 陆付民，蒋廷耀．基于多因子及泰勒级数的滑坡变形预测模型研究[J]．大地测量与地球动力学，2017，37（10）：1029-1032．

[43] 樊琨．基于人工神经网络的大坝位移预测[J]．长江科学院院报，1998，15（5）：45-48．

[44] 陆付民．顾及多个因子的卡尔曼滤波法在大坝变形分析中的应用[J]．水电自动化与大坝监测，2003，27（3）：71-73．

[45] 陆付民，王尚庆，李劲．顾及降雨及温度因子的卡尔曼滤波模型[J]．数学的实践与认识，2011，41（7）：86-90．

[46] 胡伍生．神经网络理论及其工程应用[M]．北京：测绘出版社，2006．

[47] 姜成科．基于遗传算法的神经网络在大坝变形预报中的应用[D]．大连：大连理工大学，2008．

[48] 袁曾任．人工神经元网络及其应用[M]．北京：清华大学出版社，1999．

[49] 钟珞，饶文碧，邹承明．人工神经网络及其融合应用技术[M]．北京：科学出版社，2007．

[50] 阳武，伍元，吴中如．模糊神经网络预报模型的研究[J]．水电能源科学，2004，22（1）：63-65．

[51] 方毅，花向红，李海英，等．灰色神经网络模型在建筑物变形预测中的应用[J]．测绘工程，2008，17（2）：51-53．

[52] 刘晓，曾祥虎，刘春宇．边坡非线性位移的神经网络-时间序列分析[J]．岩石力学与工程学报，2005，24（19）：3499-3503．

[53] 方苏阳，蒋创，魏涛，等．基于时间序列的动态神经网络沉降预测[J]．测绘与空间地理信息，2018，41（11）：24-27．

[54] 秦真珍，杨帆，黄胜林，等．基于 GA-BP 算法的大坝边坡变形预测模型[J]．测绘工程，2010，19（1）：13-16．
[55] 冯康．基于混沌粒子群神经网络变形预测模型的应用研究[D]．郑州：华北水利水电大学，2016．
[56] 郭志扬，王建，黄庆．基于卡尔曼滤波的 GA-BP 模型在大坝变形预测中的应用[J]．中国农村水利水电，2016（12）：113-116．
[57] 杜勇，蒋征．基于小波分解的动态变形预报[J]．地理空间信息，2009，7（2）：146-148．
[58] 杨丽．小波理论在大坝变形监测数据分析中的应用研究[D]．西安：西安理工大学，2010．
[59] 袁德宝．GPS 变形监测数据的小波分析与应用研究[D]．北京：中国矿业大学，2009．
[60] 蒋廷臣，张勤，周立，等．基于小波方法的非线性回归模型研究[J]．测绘学报，2006，35（4）：337-341．
[61] 王秀萍，吴清海，赵宝锋．灰色模型联合小波变换进行变形预测的研究[J]．工程勘察，2006（12）：66-68．
[62] 李亚，田林亚，陈尚登．小波卡尔曼模型在岸堤沉降监测数据处理中的应用[J]．勘察科学技术，2015（3）：42-44．
[63] 潘国荣，谷川．变形监测数据的小波神经网络预测方法[J]．大地测量与地球动力学，2007，27（4）：47-50．
[64] 姜刚，李举，陈盟，等．灰色-小波神经网络支持下对地铁工程沉降变形的预测[J]．测绘通报，2019（5）：60-63．
[65] 曲径．基于灰色小波神经网络的船舶交通流预测研究[J]．天津航海，2010（3）：33-35．